21 世纪高等院校计算机应用规划教材

C语言程序设计教程

吕俊 谢旻 张军强 编著

南京大学出版社

图书在版编目(CIP)数据

C语言程序设计教程 / 吕俊，谢旻，张军强编著. —
南京 ：南京大学出版社，2014.1(2019.7 重印)
21世纪高等院校计算机应用规划教材
ISBN 978-7-305-12869-1

Ⅰ. ①C… Ⅱ. ①吕… ②谢… ③张… Ⅲ. ①C语言—程序设计—高等学校—教材 Ⅳ. ①TP312

中国版本图书馆CIP数据核字(2014)第011646号

出版发行 南京大学出版社
社　　址 南京市汉口路22号　　　邮　编 210093
出 版 人 金鑫荣

丛 书 名 21世纪高等院校计算机应用规划教材
书　　名 C语言程序设计教程
编　　著 吕　俊　谢　旻　张军强
责任编辑 王秉华　单　宁　　　编辑热线 025-83595860

照　　排 南京南琳图文制作有限公司
印　　刷 南京人文印务有限公司
开　　本 787×1092　1/16　印张 25　字数 618千
版　　次 2014年1月第1版　　2019年7月第8次印刷
ISBN 978-7-305-12869-1
定　　价 49.00元

发行热线 025-83594756　83686452
电子邮箱 Press@NjupCo.com
Sales@NjupCo.com(市场部)

前言

C语言是得到广泛应用的程序设计语言之一，它功能丰富、使用灵活方便，既具有高级语言的优点，又具有直接操纵计算机硬件的能力，是许多计算机专业人员和计算机爱好者学习程序设计语言的首选。

传统的C语言教材侧重于介绍语法规则和程序结构，学生即使掌握了所有知识点，但在解决实际问题时仍会茫然不知所措。本书从计算思维培养的角度出发，以应用为背景，通过对实际案例的思考分析，借助任务驱动的模式将知识点串接起来，形成逻辑清晰的脉络和主线，加深读者对C语言的理解和驾驭能力，提升分析问题和解决问题的能力。

作为程序设计语言的入门教材，编者在编写过程中力求从读者的角度出发，由浅入深地安排内容、简洁而准确地阐述ANSI C的基本概念，并配以详实的图表。通过实例引导读者思考解决问题的方法和步骤，着力培养程序设计能力和语言的应用能力。文中所有例题均在Visual C＋＋6.0环境下运行通过。全书共十四章，分为三个部分，第1～5章侧重C语言基本语法知识和程序结构的介绍，包括数据表达中的基本数据类型，数据处理中的表达式，以及流程控制中的顺序、分支、循环三种语句及控制方式；第6～13章以语言应用能力提升为目的，介绍了函数、构造数据类型以及指针和文件的使用；第14章以实际应用为背景，通过一个实例系统阐述用结构化程序设计思想思考解决复杂问题的过程，并使用C语言来实现系统功能。在每章内容后，还安排了适量的习题，这些习题从易到难地帮助读者在理解、掌握基本概念和语法规则的基础上，一步一步提高编程能力。

本书的编者都是长期工作在计算机程序设计语言教学一线的教师，有着丰富的教学经验，对程序设计语言初学者的学习情况比较熟悉。因此，编者将教学过程中的体会、经验和教训融会到教材的编写中，力求为读者呈现一本实用而易于理解的教材。本书可作为全国或省级计算机等级考试(二级C语言)的参考用书,也可作为各类院校相关专业的C语言程序设计的教材。

全书由吕俊、谢敏、张军强主编,其中第1、8、10、12～14章由吕俊编写,第2～5章由谢旻编写,第6、7、9、11章由张军强编写。同时衷心的感谢在编写过程中曾经帮助过我们的同志。

由于编者的水平有限,加之编写时间仓促,错误和疏漏在所难免,敬请读者批评指正。

编　者

目 录

第一章 绪 论

1.1 程序与算法

1.1.1 程序与程序设计语言

迄今为止，我们所使用的计算机大多是按照匈牙利数学家冯·诺依曼提出的“存储程序控制”的原理进行工作的，即一个问题的解决步骤（程序）连同它处理的数据都使用二进制表示，并预先存放在存储器中。程序运行时，CPU 从内存中一条一条地取出指令和相应的数据，按指令操作码的规定，对数据进行运算处理，直到程序执行完毕为止。

程序（Program）是为实现特定目标或解决特定问题而用计算机语言编写的命令序列的集合，是为实现预期目的而进行操作的一系列语句和指令。由于计算机不能理解人类的自然语言，所以必须要用一种特殊的语言来和计算机进行交流。用于编写计算机可执行程序的语言称为程序设计语言，程序设计语言按其发展的先后可分为机器语言、汇编语言和高级语言。

1. 机器语言

机器语言是伴随着第一台计算机的诞生而出现的，在形式上它是由“0”和“1”构成的一串二进制代码，每台计算机都有自己的一套机器指令。机器指令的集合就是机器语言，例如下面这段代码就是实现两数相加的机器语言代码的片段：

10111111000100110011

机器语言由于直接用二进制表示，是计算机硬件系统真正理解和执行的唯一语言。因此它的效率最高，执行速度最快且无需翻译。但它与人们所习惯的自然语言、数学语言等差别很大，难学、难记、难读，难以用来开发实用的计算机程序。

2. 汇编语言

汇编语言将机器指令映射为一些可以被人们读懂的助记符，如 ADD、SUB 等，同时又用变量取代各类地址，这样就构成了计算机符号语言。用汇编语言编写的源程序必须经过翻译（即汇编）变成机器语言后，才能被计算机识别和执行，所以其执行速度要慢于机器语言编写的程序。

汇编语言用指令代替了相应的机器代码，例如前面提到将两数相加的那段机器代码，用汇编指令描述为：

add ax，bx

汇编语言在一定程度上克服了机器语言难以辨认和记忆的缺点，但对大多数用户来说，仍然是不方便理解和使用的。

3. 高级语言

为了克服机器语言、汇编语言的缺点，人们又设计了高级程序设计语言。在语言表示和语义描述上，高级语言更接近人类的自然语言(英语)和数学语言，具有学习容易、使用方便、通用性强、移植性好等特点。如前面提到的那段机器代码，用高级语言可以直接描述为：

C＝A＋B

早期应用比较广泛的几种高级语言有 FORTRAN、BASIC、PASCAL 和 C 等，在此之后，又诞生了上百种高级程序设计语言，并根据应用领域的不同和语言本身侧重点差异，分成了许多类别。但高级语言的本质都是相通的，在学会了一门经典语言之后，就能很容易地掌握其他高级语言。

高级语言程序(称为源程序)虽然编写方便，但计算机不能直接执行，必须经过一定的软件(例如编译和连接程序)对其进行加工，生成由机器指令表示的程序(称为目标程序)，然后才能由计算机来执行。这种加工过程可以分为编译和解释两种方式。

编译方式是使用编译程序将高级语言源程序整个翻译成目标程序，然后通过连接程序将目标程序连接成可执行程序的方式。C 语言源程序采用的就是编译方式来执行的，编译过程如图 1-1 所示。

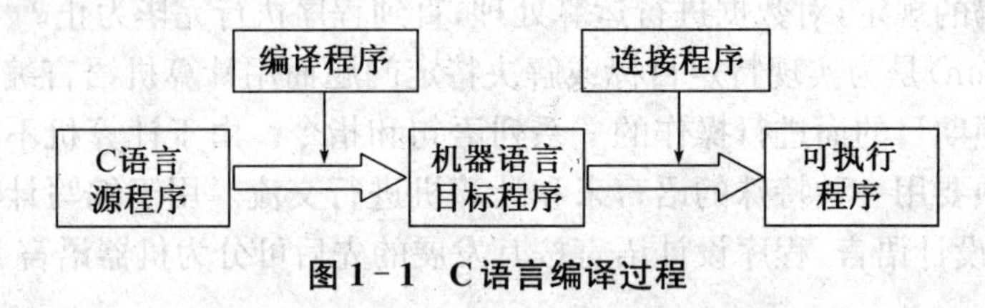

图 1-1　C 语言编译过程

解释方式是将源程序逐句翻译、逐句执行的方式，解释过程不产生目标程序，基本上是翻译一行执行一行，边翻译边执行。如果在解释过程中发现错误就给出错误信息，并停止解释和执行，如果没有错误就解释执行到最后的语句。

无论是编译程序还是解释程序，都起着将高级语言编写的源程序翻译成计算机可以识别与执行的机器指令的作用。但这两种方式是有区别的，区别在于：编译方式将源程序经编译、连接得到可执行程序文件后，就可脱离源程序和编译程序而单独执行，所以编译方式的效率高，执行速度快；而解释方式在执行时，源程序和解释程序必须同时参与才能运行，由于不产生目标文件和可执行程序文件，解释方式的效率相对较低，执行速度较慢。

1.1.2　算法

算法是指为解决某一特定问题而采取的有限步骤，它是一组有穷序列或是一组有穷动作序列。例如：要计算 1＋2＋3＋4＋5 的值，一般是先将 1 和 2 相加得 3，再将 3 加 3 得 6，再将 6 加 4 得 10，最后再加 5 得 15。无论手算、心算、或用算盘、计算器计算，都要经过有限的、事先设计好的步骤，解决这一问题而采取的方法步骤就称为算法。算法是解题方法的精确描述，解决一个问题的过程就是实现一个算法的过程。

例如，给定两个正整数 p 和 q，如何求出它们的最大公约数，古希腊数学家欧几里得(Euclid)给出了一个著名的算法——辗转相除法：

(1) 如果 $p < q$，交换 p 和 q；

(2) 求 p/q 的余数 r；

(3) 如果 r=0，则 q 就是所求的结果，否则反复做以下工作：

将 q 的值赋给 p，r 的值赋给 q，重新计算 p/q 的余数，直到 r=0 为止，q 的值即为原来两个正整数的最大公约数。

计算机算法一般分为两大类：数值运算和非数值运算。如求若干数之和、求方程的根、求一个函数的定积分等都属于数值运算。而将若干人名按字母顺序排序、图书情报资料检索、计算机绘图等则属于非数值计算。目前，数值运算的算法比较成熟，对各类数值计算问题大部分都有成熟的算法可供选用。

1. 算法的表示

算法表示的常见形式有：自然语言、流程图、N－S 图、伪代码和计算机语言。用计算机语言来表示算法的过程就是程序设计。

(1) 自然语言

自然语言就是人们日常使用的语言。用自然语言描述的算法直观、通俗易懂，为人们所熟悉，但很难"系统"并"精确"地表达算法。因此，自然语言描述的算法要变成在计算机上执行的程序还要做大量的工作。此外，用自然语言描述包含分支和循环结构的算法很不方便。

(2) 流程图

流程图是用各类图形（如矩形框、菱形框）、流程线及文字说明描述计算过程的框图。流程图是描述算法的常用工具，其优点是直观形象、易于理解，能清楚地表示程序设计思路。流程图表示的算法不依赖于任何具体的计算机和计算机语言，有利于程序设计工作。一些常用的流程图符号如图 1－2 所示：

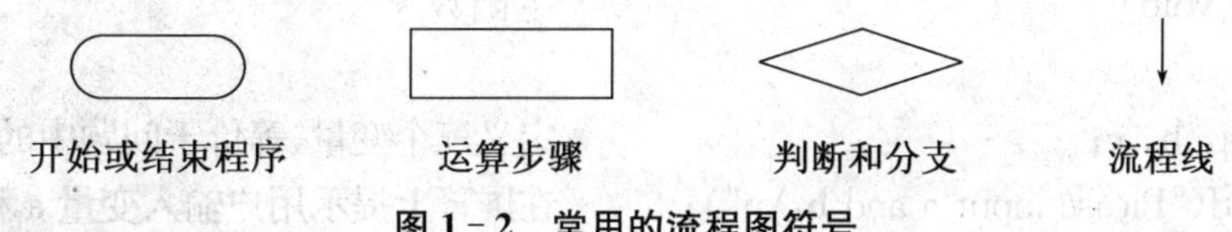

图 1－2　常用的流程图符号

(3) N—S 结构图

N—S 结构图又称为盒图，去掉了流程线，算法写在一个称之为元素框的矩形框里。元素框有 3 种形式：顺序框、选择（分支）框和循环框，如图 1－3 所示。

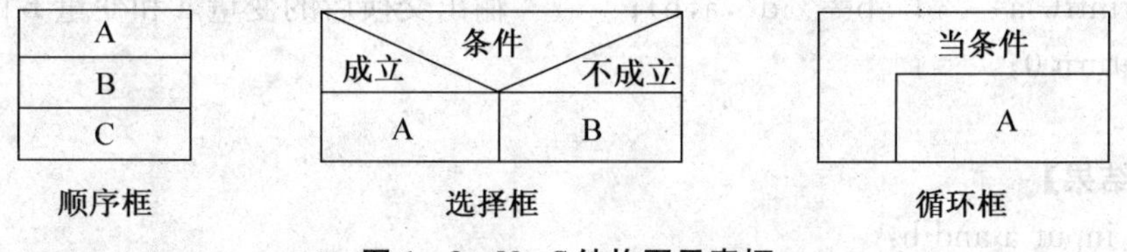

图 1－3　N—S 结构图元素框

(4) 伪代码

伪代码是介于自然语言和计算机语言之间的、用文字和符号描述算法的一种语言形式，是描述算法的常用工具。用伪代码表示算法没有严格的语法规则限制，重在把意思表达清楚，它书写方便、格式紧凑，也比较好懂，便于过渡到计算机语言表示的算法（即程序）。

(5) 计算机语言表示算法

由于计算机是无法识别用自然语言、流程图和伪代码等形式表示的算法，只有用计算机语言编写的程序才能被计算机执行(当然要经过编译、连接形成目标程序后才能被计算机识别和执行)。因此在用流程图或伪代码表示出一个算法后，还要将该算法转换成计算机语言程序。用计算机语言表示算法必须严格遵循所用计算机语言的语法规则。

【例 1.1】 有两个杯子 A 和 B，分别盛放酒和醋，要求将它们互换(即 A 杯原来盛放酒，现在改盛醋，B 杯则相反)。

【问题分析】

根据常识，必须增加一个空杯 C 作为过渡，其操作步骤(用自然语言表示的算法)如下：

步骤 1：将 A 杯中的酒倒在 C 杯中。

步骤 2：将 B 杯中的醋倒在 A 杯中。

步骤 3：将 C 杯中的酒倒在 B 杯中。

这就是以后要用到的交换两个变量值的算法，相应的伪代码表示的算法如下：

```
input A and B
C←A
A←B
B←C
print A and B
```

用 C 语言程序可以表示为：

【程序代码】

```
#include <stdio.h>                      /* 包含头文件 stdio.h 到本程序中 */
int main(void)                          /* 主函数 */
{
    int a, b, c;                        /* 定义三个变量,等价于问题中的三个杯子 */
    printf("Please input a and b:\n");  /* 在屏幕上提示用户输入变量 a 和 b 的值 */
    scanf("%d%d", &a, &b);              /* 用户输入变量 a 和 b 值 */
    c = a;                              /* 将变量 a 的值存放在中间变量 c 中 */
    a = b;                              /* 将变量 b 的值存放在变量 a 中 */
    b = c;                              /* 将中间变量 c 的值存放在变量 b 中 */
    printf("a=%d  b=%d",a,b);           /* 输出交换后的变量 a 和变量 b 的值 */
    return 0;
}
```

【运行结果】

```
Please input a and b:
3  5  ↙                                 /* 键盘输入 */
a = 5  b = 3
```

2. 常用算法简介

(1) 列举法

列举法的基本思想是根据提出的问题，列举所有可能的情况，然后根据问题给定的条件判断哪些是成立的,哪些是不成立的。列举法常用于解决"是否存在"或"有多少种可能"等类型的问题,例如求解不定方程。

列举法的特点是算法比较简单,但当列举的可能情况较多时,列举算法的工作量将会很大。因此,在用列举法设计算法时,应该重点注意方案尽可能优化,运算量尽可能减少。通常在设计列举算法时,要对实际问题进行详细分析,将与问题有关的知识条理化、完善化、系统化,从中找出规律;或对所有可能的情况进行分类,引出一些有用信息,这样就可以大大减少列举量。

(2) 归纳法

归纳法的基本思想是,通过少量的特例,经过分析,最后找出一般关系。显然,归纳法要比列举法更能反映问题的本质,并且可以解决列举量为无限的问题。但是,从一个实际问题中归纳总结出一般关系,并不是一件容易的事情,尤其是要归纳出一个数字模型更为困难。从本质上讲,归纳就是通过观察一些简单而特殊的情况,最后总结出一般性的结论。

归纳是一种抽象,即从特殊现象中找出一般关系。但由于在归纳的过程中不可能对所有的情况进行列举,因此,最后由归纳得到的结论还只是一种猜测,还需要对这种猜测加以必要的证明。

(3) 递推算法

所谓递推,就是指从已知的初始条件出发,逐次推出所要求的各个中间结果和最后结果。其中初始条件,或是问题本身已经给定,或是通过对问题的分析与化简而确定。递推本质上也属于归纳法,工程上许多递推关系式实际上是通过对实际问题的分析与归纳而得到的,因此,递推关系式往往是归纳的结果。

(4) 递归算法

人们在解决一些复杂问题时,为了降低问题的复杂程度(如问题的规模等),一般总是将问题逐层分解,最后归结为一些最简单的问题。这种将问题逐层分解的过程,实际上并没有对问题进行求解,但当解决了最后那些简单的问题,再沿着原来分解的逆过程进行综合后,便得到了问题的解,这就是递归的基本思想。由此可以看出,递归的基础也是归纳。在工程实际中,有许多问题就是用递归来定义的,数学中的许多函数也是用递归来定义的。递归在可计算性理论和算法设计中占有很重要的地位。

1.2 C语言简介

1.2.1 C语言的发展

C语言是在B语言的基础上发展而来的。1969年,美国贝尔实验室的Ken Thompson和Dennis Ritchie为DEC PDP－7计算机设计了一个操作系统软件,即最早的UNIX系统。此后Ken Thompson又根据剑桥大学的Martin Richards设计的BCPL(Basic Combined Programming Language)语言为UNIX设计了一种便于编写系统软件的语言,命名为B语言。B语言是一种无类型的语言,过于简单,在描述客观世界事物时会遇到许多困难,因此并没有流行起来。

1972—1973年间,贝尔实验室的Dennis Ritchie在B语言的基础上设计出了C语言。

C语言既保持了B语言的优点(精练、接近硬件),又克服了它的缺点(过于简单、数据无类型等)。最初的C语言是为描述和实现UNIX操作系统提供一种工作语言而设计的。1973年,Ken Thompson和Dennis Ritchie两人合作把UNIX操作系统的90%以上程序用C语言改写,增加了多道程序设计能力,同时大大提高了UNIX操作系统的可移植性和可读性。后来,C语言又做了多次改进,渐渐形成了不依赖于具体机器的C语言编译程序,于是C移植到其他机器时所需做的工作大大简化了,成为如今广泛应用的计算机语言之一。

随着C语言使用得越来越广泛,C语言的编译程序也有不同的版本。一般来说,1978年B. W. Kernighan和Dennis Ritchie合著的*The C Programming Language*是各种C语言版本的基础,称之为旧标准C语言或"K&R C"。1989年,美国国家标准局(ANSI)颁布了第一个官方的C语言标准,称为"ANSI C"或"C89"。1990年,这个标准被国际标准化组织(ISO)采纳,将其命名为"ISO C"或"C90"。目前使用的如Microsoft C、Turbo C等版本都把ANSI C作为一个子集,并在此基础上做了合乎它们各自特点的扩充。

1.2.2 简单的C语言程序实例

下面通过两个简单的实例,说明C源程序的基本组成。

【例1.2】 输入圆的半径,求面积。

【程序代码】

```
#include<stdio.h>                        /*包含头文件stdio.h到本程序中*/
#define PI 3.14159                       /*定义符号常量PI*/
int main(void)                           /*主函数*/
{
    double r, s;                         /*定义r和s为双精度实型的变量*/
    printf("Please input radius:\n");    /*在屏幕上输出提示信息*/
    scanf("%lf", &r);                    /*从键盘输入圆的半径,保存到变量r中*/
    s = PI * r * r;                      /*根据输入的半径计算圆的面积,保存到变
                                           量s中*/
    printf("The area is %f\n", s);       /*在屏幕上输出圆的面积,即变量s的值*/
    return 0;                            /*结束主函数的执行,返回0值到系统*/
}
```

【运行结果】

```
Please input radius:
3 ↙
The area is 28.274310
```

说明:

(1) 程序中用"/*"和"*/"括起来的内容称为注释。它的作用是对程序进行说明,提高程序的可读性。在编译时,注释将被忽略。

(2) 一般源程序开始处的"include"是文件包含命令,以"#"开头,其作用是指示编译预处理程序将指定的文件嵌入到该源程序文件中。

(3) "#define PI 3.1415926"是宏定义命令,以"#"开头,定义PI为符号常量,代表

3.1415926。在程序设计时，凡是需要书写 3.1415926 的地方都可以用 PI 代替。因为宏定义命令不属于 C 语言语句范畴，所以在末尾一般不加分号。

(4) main( )函数称为主函数。C 程序必须包括一个且只能包括一个 main( )函数，程序的运行从 main( )函数开始，当 main( )函数执行结束时，整个程序也就结束了。main( )函数的一般形式为：

```
int main(void)          /* 函数首部，int 表示 main()函数返回的值为整型 */
{                       /* 函数体，包含若干条语句，完成特定的功能 */
    语句组；
}
```

(5) scanf( )为输入函数，可以从键盘输入数据到指定的变量，printf( )为输出函数，可以将运算结果显示在屏幕上，程序的一般结构可以表示为如图 1-4 所示的流程。

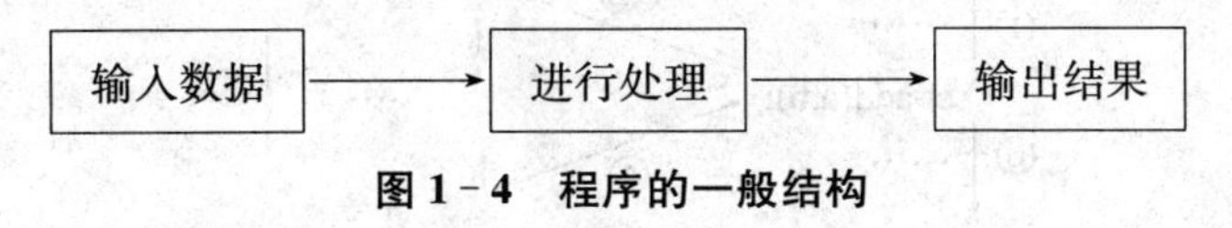

图 1-4　程序的一般结构

【例 1.3】 求两个数之和。

【程序代码】

```
#include<stdio.h>
int add(int x, int y)                   /* 定义 add()函数，求两个数之和 */
{
    int z;                              /* 定义 z 为整型变量 */
    z = x + y;                          /* 将 x+y 的值赋给变量 z */
    return z;                           /* 结束 add()函数的执行，并将 z 值返回给
                                           主函数 */
}
int main(void)                          /* 定义主函数 */
{
    int a,b,c;                          /* 定义 a,b,c 三个整形变量 */
    printf("Please input a and b:\n");  /* 在屏幕上输出提示信息 */
    scanf("%d%d", &a, &b);              /* 从键盘输入两个整数值保存在变量 a 和
                                           b 中 */
    c = add(a, b);                      /* 调用 add 函数，计算 a+b，并把结果赋给
                                           c */
    printf("The sum is %d\n", c);       /* 在屏幕上输出两数之和 c 的值 */
    return 0;                           /* 结束主函数的执行，返回 0 值到系统 */
}
```

【运行结果】

```
Please input a and b:
4 6 ↙
```

The sum is 10

说明：

(1) 该程序由 main( )和 add( )两个函数组成，虽然 add( )函数写在 main( )函数的前面，但程序仍然是从 main( )函数开始执行的；

(2) 语句“c = add(a, b);”的作用是调用 add( )函数计算 a + b 的值，并将结果赋给变量 c。add( )函数是一个用户自定义函数，其功能是求两个数的和。程序从 main( )函数开始执行，执行到“c = add(a, b);”语句时调用 add( )函数，依次执行 add( )函数的各条语句直至 add( )函数结束，再回到 main( )函数继续执行后面的语句直至 main( )函数结束。执行过程如图 1-5 所示。

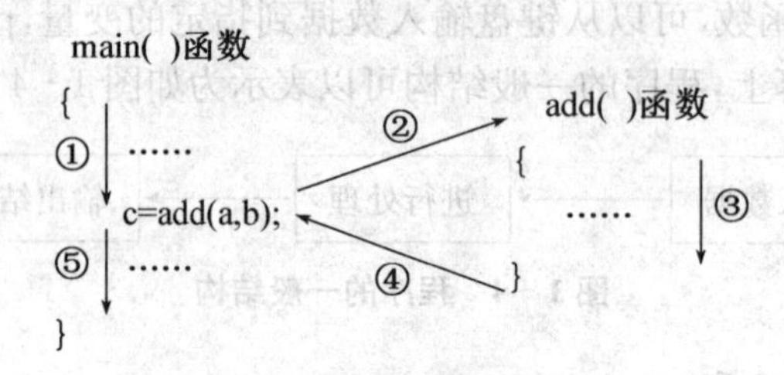

图 1-5　C 语言函数执行过程

从上面两个实例，可以看到 C 语言源程序的组成及书写规则为：

(1) C 程序是由一个或多个函数组成的，其中必须要有一个且只能有一个 main( )函数。无论这个函数的位置在哪里，程序总是从它开始执行。main( )函数可以调用其他函数，但是其他函数不能调用 main( )函数。

(2) 在一个函数内，语句的执行顺序是从上到下的。

(3) C 语言程序书写形式自由，一行可以写多条语句，每条语句以分号结束(为了程序格式的清晰，最好一行只写一条语句)。程序中的所有标点符号都是英文符号。

(4) C 语言严格区分大小写，即大写字母“A”和小写字母“a”被认为是不同的符号。

(5) 注释是对程序的注解，注释的文本必须包含在“/ * ”、“ * /”之间，如“/ * 求两数之和 * /”。添加注释不影响程序的编译和运行，但可以提高程序的可读性，编程者应养成给程序注释的好习惯。

1.2.3　C 程序的开发过程

C 语言的源程序必须经过编辑、编译、连接生成可执行文件后方可运行。使用 C 语言开发一个应用程序大致要经过以下步骤：

(1) 首先要根据实际问题确定解题思路，包括选用适当的数学模型。

(2) 根据上一步思路或数学模型编写程序。

(3) 编辑源程序。输入的源程序一般以文件形式存放。

(4) 编译和连接。C 语言源程序很接近人类的自然语言，因此需要将源程序转换为计算机可直接执行的指令。这项工作又可以分为编译和连接两个步骤，编译阶段将源程序转换成目标程序，连接阶段将目标程序连接成可执行程序。

(5) 调试与测试。一个程序经过编译、连接产生了可执行程序后，就可以开始调试和测试。通常可以输入一些实际数据来验证程序执行结果的正确性。如果程序执行中出现问题,或者发现程序的输出结果不正确,就需要设法找到出错的原因,并修改程序,重新编译和连接,再次调试和测试,不断反复,直到确认程序正确为止。

(6) 运行。生成可执行程序后,程序就可以在操作系统的控制下运行。

图1-6给出了使用C语言开发一个应用程序的基本流程,可以看到开发过程是一个不断修正、完善的过程。

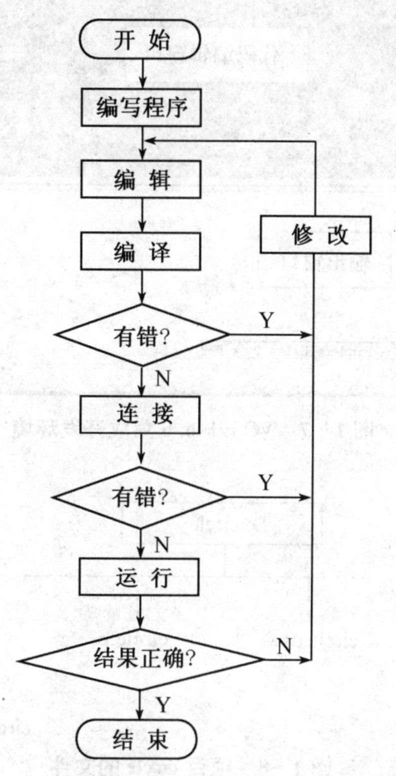

图1-6 C语言开发一个应用程序的基本流程

1.2.4 C语言集成开发环境

美国微软公司出品的Visual C++是Windows平台上最流行的C/C++集成开发环境之一,它为用户开发C或C++程序提供了一个集成环境。这个集成环境包括:源程序的输入、编辑和修改,源程序的编译和连接,程序运行期间的调试与跟踪,项目的自动管理等。

Visual C++ 6.0(以下简称VC)的集成开发环境,被划分成四个主要区域:菜单和工具栏、工作区窗口、代码编辑窗口和输出窗口,如图1-7所示。

VC集成开发环境是用项目的形式来管理应用程序的,每一个应用程序都会对应一个项目。工作区窗口是以视图方式来显示当前项目中的所有文件,方便用户管理。设有项目circle,VC在D:\盘中为该项目建立了circle文件夹,存放为该项目生成的文件,其主要文件如图1-8所示。

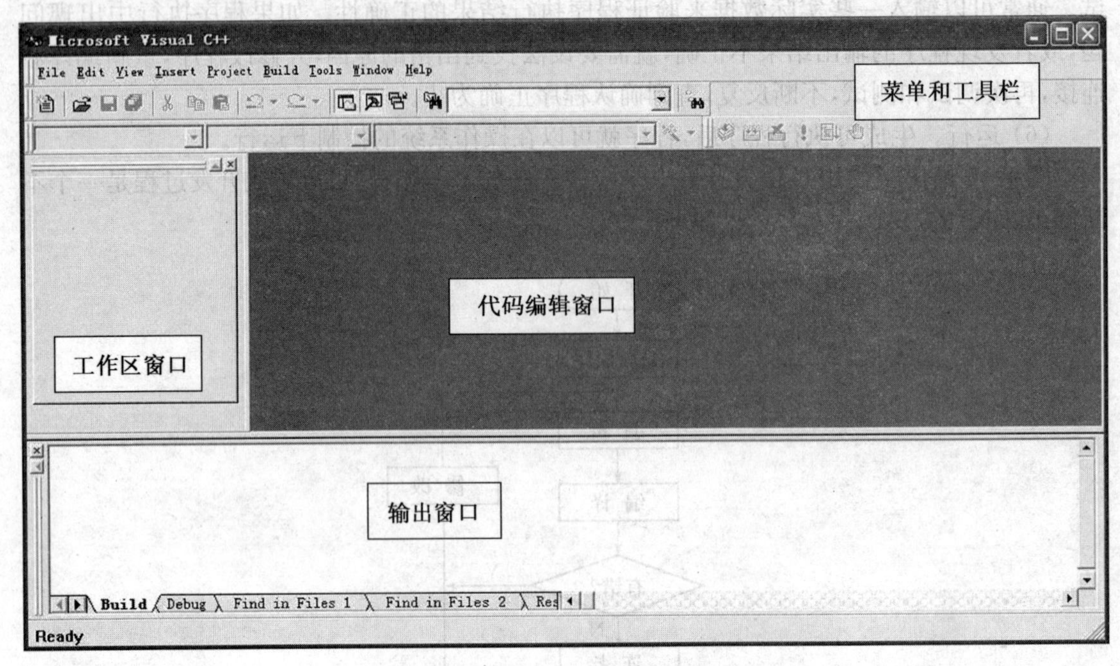

图 1－7　VC++ 6.0 集成开发环境

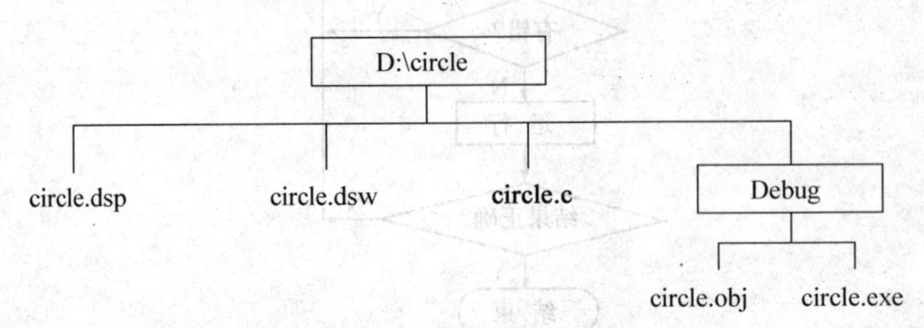

图 1－8　项目 circle 的文件

主要文件作用如下：

circle. dsp：项目文件，存储当前项目的特定信息，如项目设置等。

circle. dsw：工作区文件，包含工作区的定义和项目中所包含文件的所有信息。

circle. c：源程序文件。

Debug：该文件夹存放了编译、连接过程中生成的中间文件以及最终生成的可执行文件。其中，circle. obj 是编译后产生的目标代码文件，circle. exe 是最终生成的可执行文件，它是将 circle. obj 文件连接后得到的。

在这些文件中，circle. c 文件是最重要的一个文件，源程序保存在这个文件中，其他文件一般都是系统自动生成的。

建立 C 语言程序时，首先要建立项目。点击“File”菜单下的“New”命令，弹出“新建”对话框，如图 1－9 所示。选择“Projects”标签页下的“Win32 Console Application”选项，在右侧的“Location：”文本框中选择项目所在的路径，在“Project name”文本框中输入项目名称后点击“确定”按钮。

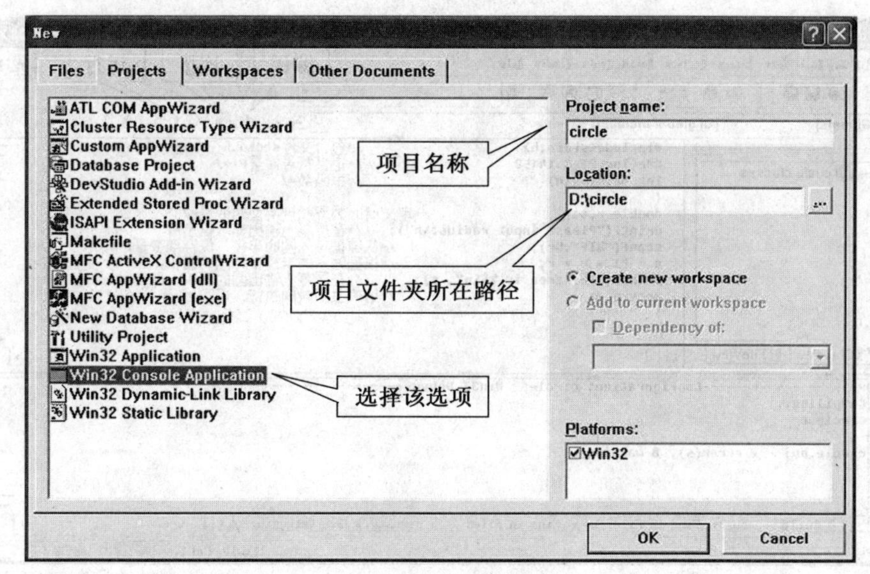

图 1-9　建立项目

然后要新建源程序文件。点击“File”菜单下的“New”命令，弹出“新建”对话框，如图 1-10 所示。选择“File”标签页下的“C++ Source File”选项，注意在“File”文本框中输入 C 程序的文件名时一定要输入文件的扩展名为“. c”，否则系统自动默认文件扩展名为“. cpp”。

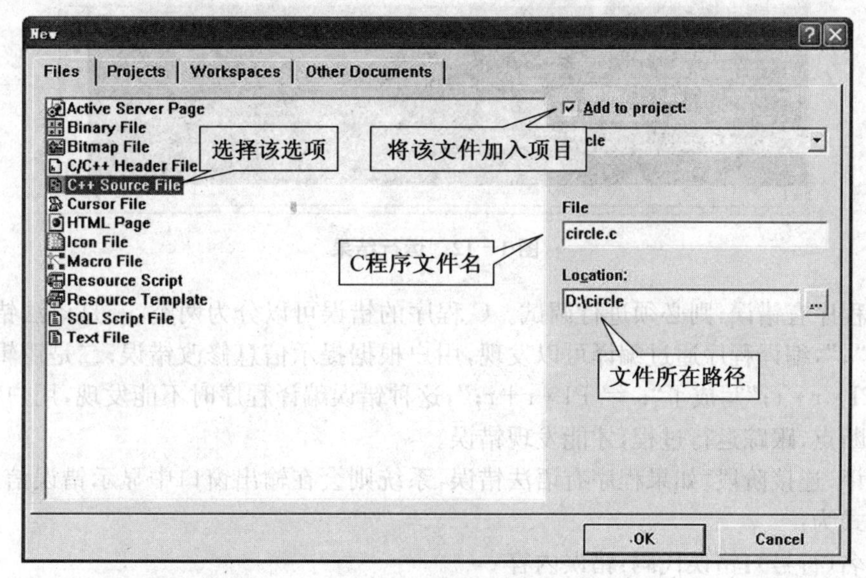

图 1-10　建立 C 语言程序

代码编辑窗口供用户输入和编辑程序。输出窗口用来输出编译时发现的语法错误，点击工具栏上的“编译”按钮后，只有当输出窗口输出为“0 error(s)，0 warning(s)”时，才表示编译顺利完成可以进行连接了，如图 1-11 所示。

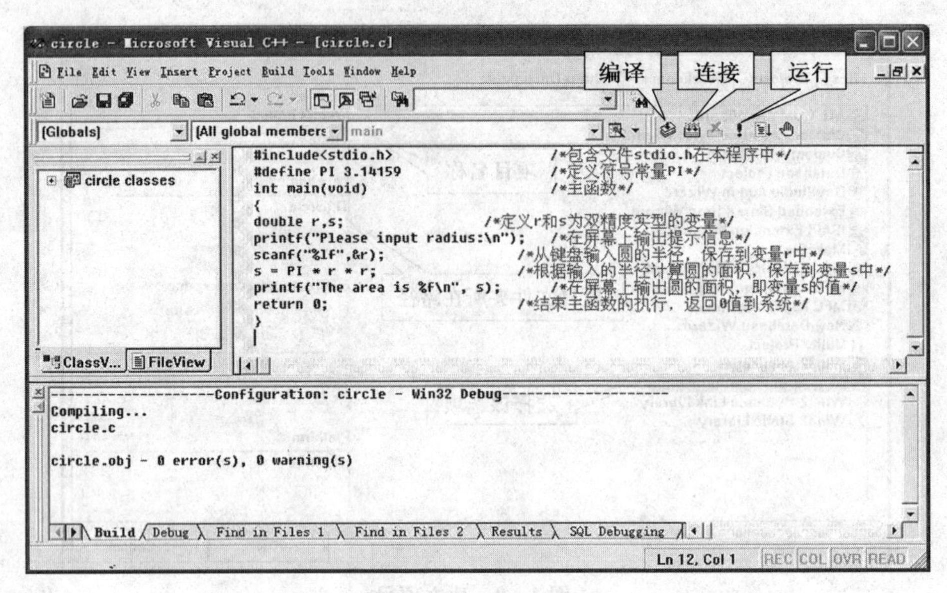

图 1-11　编译程序

如果连接也没有错误，程序就可以运行了，点击工具栏上的“运行”按钮，程序进入运行状态，如图 1-12 所示。

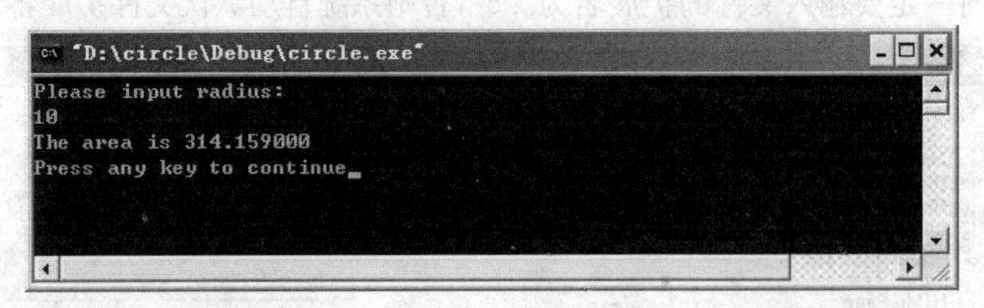

图 1-12　运行结果

如果程序有错误，则必须进行调试。C 程序的错误可以分为两类：一是语法错误，如语句遗漏了“;”，编译程序通过编译可以发现，用户根据提示信息修改错误；二是逻辑错误，如将“s = PI * r * r;”写成了“s = PI * r+r;”，这种错误编译程序时不能发现，用户往往需要通过设置断点，跟踪运行过程，才能发现错误。

在编译、连接阶段，如果程序有语法错误，系统则会在输出窗口中显示错误信息。错误信息的形式为：

文件名(行号)：错误代码：错误内容

例如，在例 1.2 中使用的计算面积的变量 s 如果没有事先定义，编译时就会显示以下错误信息：

D:\circle\circle.c(8)：error C2065：'s'：undeclared identifier

在输出窗口中，用鼠标双击任何一条错误信息，系统就可以定位到源程序中错误所在的位置，然后就可以改正错误了。除了错误信息之外，编译器还可能输出警告(Warning)信息。如果只有警告信息而没有错误信息，程序还是可以运行的，但很可能存在某种潜在的错误，而这些错误又没有违反 C 语言的语法规则。例如，当程序中有“int t = 3.14;”这样的语句，编译时就会显示以下警告信息：

d:\circle\circle.c(4)：warning C4244：'initializing'：conversion from 'const double ' to 'int '，possible loss of data

表明语句在语法上是正确的，但是这种赋值可能导致数据精度的损失。对于警告信息，在调试的过程中也要予以重视。

当对语法错误进行修改后要重新对程序进行编译和连接，确认修改正确后，才可以继续运行程序。

1.3 软件与开发

1.3.1 软件

一般情况下，软件往往指的是设计比较成熟、功能比较完善、具有某种使用价值的程序。而且，人们不仅把程序，也把与程序相关的数据和文档统称为软件。其中程序是软件的主体，数据是指程序运行过程中需要处理的对象和必须使用的一些资料（如三角函数表、英汉词典等）；文档指的是与程序开发、维护及操作有关的一些资料（如设计报告、维护手册和使用指南等）。通常，软件（特别是商品软件和大型软件）必须有完整、规范的文档作为支持。

1.3.2 软件开发过程

软件开发通常是一项需要多人参与、分阶段进行且工作量很大的智力活动，它包括需求分析、软件设计、软件构造、软件测试和软件维护等一系列相关的开发活动。程序编码只是软件开发过程的一个阶段，而在它的前后还有大量的工作要做。只有这样，才能保证软件的可靠性和可维护性，同时提高软件的生产率。软件开发的工程化可以使软件开发的各个环节更加清晰。

（1）需求分析

需求分析主要是摸清用户需要用软件解决什么问题，这些问题有什么特征、特点。开发人员根据用户提出的各方面要求，确定软件的功能、性能、运行环境、可靠性要求、安全性要求、用户界面、软件开发成本与开发进度等。对确定下来的需求必须进行清晰准确的描述，形成软件“需求说明书”和初步的用户手册，作为软件设计的依据。

（2）软件设计

需求分析解决了让软件“做什么”的问题，那么软件设计阶段就要着手实现这些需求，即解决“怎么做”的问题。

软件设计分两步完成。首先做概要设计，将软件需求转化为数据结构和软件的系统结构。然后是详细设计，对系统结构进行细化，设计详细的数据结构和算法。软件设计是一个自顶向下逐步细化的过程。在从软件概要设计到详细设计的过程中，抽象程度逐步降低，软件被划分为若干模块，它们分别完成特定的功能，组装起来即可满足整个项目的需求。

（3）软件构造

软件构造就是使用程序设计语言编写程序，将软件设计转换为目标计算机的软件代码，使其能体现预期的功能和性能。

早期的软件构造主要工作是编写程序。现在的软件代码可以大量重用,对于一些简单的应用,利用配置语言写一些命令,把库中的模块/对象调出进行连接,就完成了软件构造。

软件构造需要选用一种或几种程序设计语言。选择编程语言时,需要考虑软件的应用范围,软件执行的环境、算法和数据结构的复杂性、软件性能要求、开发人员的水平和经验等因素。

(4) 软件测试

在软件构造阶段,编出的每一个模块都要进行测试,这称为单元测试或模块测试。在构造阶段结束之后,对软件要进行各种综合测试,这是软件开发中的一个独立阶段,即测试阶段,由专门的软件测试人员进行。

软件测试人员根据需求规格说明书和程序结构制订软件测试计划,设计测试用例(即输入数据及其预期的输出结果),在测试工具的协助下运行测试用例,分析测试结果,发现程序错误。然后对程序进行调试(排错),即确定错误位置和出错性质,并在程序中进行改正。

经过单元测试和综合测试之后,软件需要进行确认测试,即由用户对软件的功能和性能等进行验收和评测,只有经过确认测试后软件才能投入使用。

(5) 软件维护

在软件交付使用后对软件所进行的修改就是软件维护,主要包括校正性维护、适应性维护、完善性维护和预防性维护。需要注意的是,在整个软件开发活动中,软件维护的工作量最大,其费用大约是软件开发总成本的一半甚至三分之二左右。

1.3.3 结构化的程序设计方法

早期的非结构化语言中都有 goto 语句,它允许程序从一个地方直接跳转到另一个地方去。这样做的好处是程序设计十分方便灵活,减少了人工复杂度,但其缺点也十分突出,一大堆跳转语句使得程序的流程十分复杂紊乱,不容易看懂,也难以验证程序的正确性。如果有错,排查错误更是十分困难。

结构化程序设计就是要把这团乱麻理清。经过研究人们发现,任何复杂的算法都可以由顺序结构、选择(分支)结构和循环结构这三种基本结构组成。因此,我们构造一个算法的时候,也只以这三种基本结构作为“建筑单元”,遵守三种基本结构的规范:即基本结构之间可以并列,可以相互包含,但不允许交叉;不允许从一个结构直接跳转到另一个结构的内部去。正因为整个算法都是由三种基本结构组成的,就像用模块构建的一样,所以结构清晰,易于正确性验证,易于纠错,这种方法就是结构化方法。遵循这种方法的程序设计就是结构化程序设计。

结构化程序设计在总体设计阶段采用自顶向下,逐步求精的方法,用模块式结构来组织程序。它将一个完整的大问题分解成若干相对独立的小问题,如果小问题仍然较复杂,则把这些小问题继续分解成若干子问题。这样不断地分解,使得小问题或子问题简单到能直接用程序的 3 种基本结构表示为止。如此,对一个复杂问题的求解就变成了对若干简单问题的求解。

结构化程序主要有以下几个标准:

- 程序符合“清晰第一,效率第二”的质量标准。
- 程序由“模块”组成而无随意的跳转。

● 一个入口，一个出口。

● 程序由顺序结构、分支结构和循环结构组成。

● 没有死循环。

1.3.4　程序设计风格

程序设计风格是指编写程序时所表现出来的特点、习惯和思路。良好的程序设计风格有助于编写出既可靠又容易维护的程序，保证程序结构清晰合理。要形成良好的程序设计风格，可以从以下几点着手：

1. 源程序编写

(1) 符号名的命名。符号名又称为标识符，包括变量名、常量名、数组名、函数名等。这些名字应具有一定的实际意义，使其能够见名知意，有助于程序功能的理解和增强程序的可读性。如：平均值用 average 表示，和用 sum 表示，总量用 total 表示。

(2) 程序的注释。在程序中的注释是程序员与程序阅读者之间通信的重要手段。注释能够帮助读者理解程序，并为后续进行测试和维护提供明确的指导信息。

(3) 标准的书写式。常用的方法有：

① 用分层缩进的写法显示嵌套结构层次，在注释段周围加上边框。

② 注释段与程序段，以及不同的程序段之间插入空行。

③ 每行只写一条语句。

④ 书写表达式时适当使用空格或圆括号作隔离符。一个程序如果写得密密麻麻，分不出层次来常常是很难看懂的，按照统一、标准的格式有助于提高程序的可读性，如图 1－13 所示。

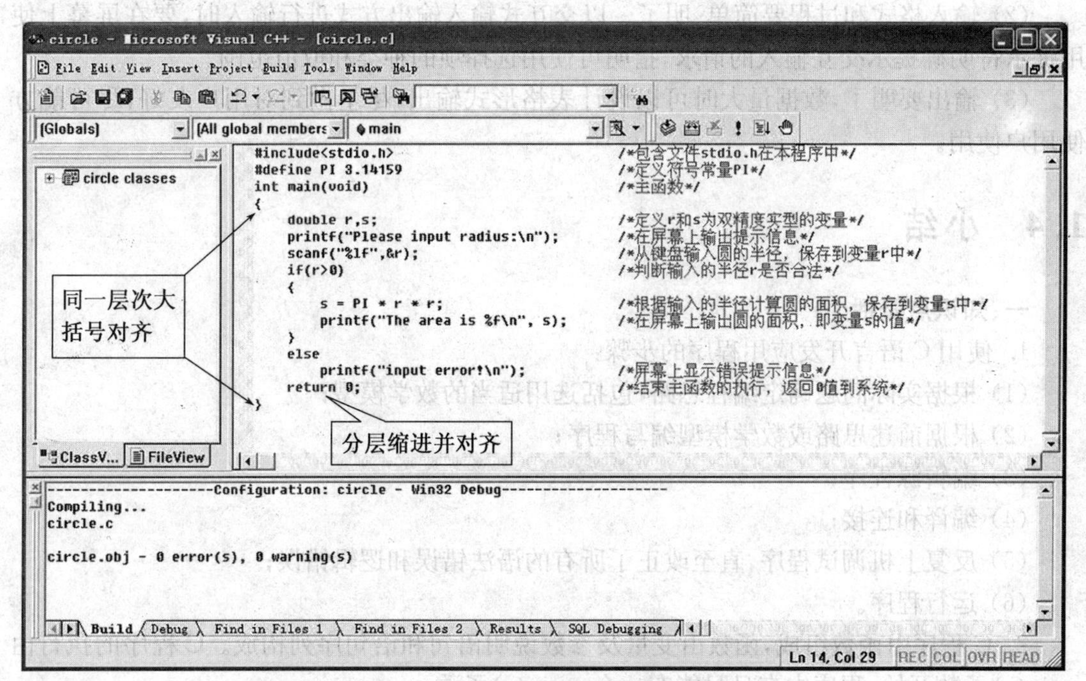

图 1－13　C 语言源程序的编写格式

（4）使用表达式的自然形式，利用括号排除歧义，分解复杂的表达式，使用"++"这类运算符时要便于读者理解。

2. 数据说明

（1）数据说明的次序应规范。规范数据说明的次序有利于测试、排错和维护。说明的先后次序最好固定，如：按常量说明、简单变量类型说明、数组说明、公用数据块说明、文件说明的顺序说明。

（2）变量的排列顺序。当用一个语句说明多个变量名时，应当对这些变量按字母的顺序排列。

（3）通过注释增加理解力。对于复杂数据结构，应利用注释说明实现这个数据结构的特点。

3. 语句结构

（1）使用标准的控制结构。程序设计时，采用单入口、单出口标准结构的原则，以确保源程序清晰可读，还要避免使用容易引起混淆的结构和语句，避免使用空的 else 语句。

（2）尽可能使用库函数。数据结构要有利于程序的简化，尽可能使用库函数。

（3）注意 goto 语句的使用。不要使用 goto 语句相互交叉，避免不必要的转移。可不用 goto 语句就不要用，避免使用 goto 语句绕来绕去。

（4）结构尽可能简单。避免过多的循环嵌套和条件嵌套，模块功能尽可能单一，模块间的耦合能够清晰可见。

4. 输入输出

（1）输入数据进行检验。对输入数据进行检验，可以避免错误的输入，保证每个数据的有效性。

（2）输入格式和过程要简单、明了。以交互式输入输出方式进行输入时，要在屏幕上使用提示符明确提示交互输入的请求，指明可使用选择项的种类和取值范围。

（3）输出要明了，数据量大时可以设计表格形式输出，尽量做到对用户友好，尽可能方便用户使用。

1.4 小结

一、知识点概括

1. 使用C语言开发应用程序的步骤：

（1）根据实际问题确定编程思路，包括选用适当的数学模型；

（2）根据前述思路或数学模型编写程序；

（3）编辑源程序；

（4）编译和连接；

（5）反复上机调试程序，直至改正了所有的语法错误和逻辑错误；

（6）运行程序。

2. C程序由函数组成，函数由变量及参数说明语句和语句序列构成。C程序的执行由 main( )函数开始，程序中有且只能有一个 main( )函数。

3. 每条语句必须用";"结尾。一个语句行可以书写多条语句，一条语句也可以分开写在连续的若干行上(但名字、语句标识符等不能跨行书写)。C 程序允许在程序中插入注释行,注释的内容用"/ * …… * /"括起。

4. C 语言提供了包括 I/O 功能在内的大量标准库函数,但调用这些函数时,必须在程序头部包含相应的库文件。

二、常见错误列表

错误实例	错误分析
printf("Please input radius:\n")	在语句的末尾忘记添加分号。
#include<stdio.h>;	在编译预处理指令后多加了分号,编译预处理指令不属于 C 语言语句的范畴,一般不需要添加分号。
Printf("Please input radius:\n");	"Printf"不是合法的函数名,在 C 语言里是严格区分大小写的,"Printf"≠ "printf"。
double r,S; s = 3.14 * r * r;	变量 s 在使用之前未定义。在 C 语言中是严格区分大小写,所以定义的 double 型 变量"S"和语句"s=3.14 * r * r"中的 s 并不是同一个变量。

习　题

1. 程序设计语言一般可以分为几类,各自的特点是什么?
2. 一个 C 程序从编辑到运行需要经过哪几步,每步生成的文件是什么?
3. 什么是算法? 算法有哪些表示方法? 请用不同的方法表示计算圆面积的算法。

第二章　C 语言编程初步

如何编写 C 语言程序去解决实际问题，是每个初学者都想了解的问题。本章以程序设计为主线，介绍 C 语言编程基础知识、C 语言的数据类型和基本运算，并引入顺序程序设计思想，由浅入深引导读者学会用 C 语言编写程序。

2.1　C 语言的欢迎界面

【例 2.1】　一个 C 语言的欢迎界面。

图 2-1　C 语言的欢迎界面

这个界面包括欢迎词、日期、温度、舒适度等信息，那么这是如何显示的呢？仔细分析，信息共包含 8 行，前四行显示文字，第五行显示了一排“ * ”，第六行则是由一个“ * ”加上文字，以及末尾一个“ * ”组成。现在我们来看这个欢迎界面用 C 语言是如何编码的。

【程序代码】

```
#include<stdio.h>                                   /* 包含头文件 */
int main(void)                                      /* 主函数 */
{                                                   /* 函数体开始 */
    printf("        welcome!    \n");               /* 一条语句 */
    printf("    今天:2014 年 2 月 20 日\n");
    printf("    温度:6.5 摄氏度\n");
    printf("    舒适度:B\n");
    printf("**************************\n");
    printf("*      Hello C-world!      *\n");
    printf("*           \1  \1           *\n");
```

```
    printf(" ***************************** \n");
    return 0;
}                                          /* 函数体结束 */
```

这个程序包含两个部分:头文件和主函数。主函数是一个名为main( )的函数,这是每个C语言程序都必须包含的函数,用{}将函数体括起来。函数体有9行代码,每一行代码的末尾以分号结束,称为C语言的一条语句。前8条语句用printf( )显示了欢迎界面上8行信息,第9条语句用于结束主函数的执行,返回0值到系统。

printf( )是C语言标准库提供的输出函数,用于在计算机的显示器上显示数据。要在程序中使用这个函数,必须将C语言标准库的文件stdio.h包含进来,这就是程序的第一行。在使用printf( )函数时,将要显示的信息,放在双引号(" ")内部,这种形式的信息称为字符串。欢迎界面中,所有显示信息固定不变,在程序中可将它们全部作为字符串显示。

这里有3个问题值得注意:

(1) 如何控制文字显示的位置?

在使用printf( )函数输出时,字符串中用空格字符来占位控制文字的输出位置,在每行的末尾,用'\n'字符来进行换行。

(2) "笑脸"如何输出?

C语言中,像"笑脸"等一些特殊符号用特殊字符表示输出,"笑脸"用'\1'字符输出。

(3) '\n'和'\1'为什么没有直接输出?

将字符\和n放在一起使用时,它们被标为换行转义序列;同理,字符\和1放在一起为笑脸字符的转义序列。在C语言中,反斜杠字符(\)用来改变下一个字符的含义,将跟随它的字符进行"转义",而不对它按常规解释。

换行转义序列可以放在传递给printf( )函数消息内的任何位置。如:

【程序代码】

```
#include<stdio.h>
int main(void)
{
    printf("          welcome!          \n今天:2014年2月20日");
    return 0;
}
```

【运行结果】

```
      welcome!
今天:2014年2月20日
```

或者,我们还可按以下方式进行编码。

【例2.2】 用C语言的常量变量编写欢迎界面。

【程序代码】

```
#include <stdio.h>
int main(void)
{
    int  year, month, day;                /* 定义年,月,日变量 */
```

```
    float  temperature;              /* 定义温度变量 */
    char  comfort;                   /* 定义舒适度变量 */

    year = 2014;                     /* 为年、月、日变量赋值 */
    month = 2;
    day = 26;
    temperature = 6.5;               /* 为温度变量赋值 */
    comfort = 'B';                   /* 为舒适度变量赋值 */

    printf("      welcome!    \n");
    printf("    今天:%d年%d月%d日\n", year, month, day);
                                     /*将year,month,day的值依次在%d处替换显示*/
    printf("     温度:%f摄氏度\n", temperature);
                                     /*将temperature的值在%f处替换显示*/
    printf("     舒适度:%c\n", comfort); /*将comfort的值在%c处替换显示*/
    printf("**************************\n");
    printf("*     Hello C-world!     *\n");
    printf("*          \1  \1          *\n");
    printf("**************************\n");
    return 0;
}
```

在例2.2中,我们使用了一些单词,如"int year, month, day;"其实,在主函数的开头int main(void),我们已经遇到了int,那么,这些单词和符号表达什么意义呢?在C语言中,函数名称以及允许在程序中使用的所有单词统称为标识符(Identifier),它们对编译器具有特殊含义,编译器根据不同标识符的含义决定去做什么事。

2.2 标识符

标识符是一个字符序列,用来标识操作、变量、函数、数据类型等。标识符命名的规则如下:

(1) 标识符由英文字母(包括大小写字母)、数字(0~9)和下划线(_)组成,并且必须由字母或下划线开头。

(2) 标识符中的字符个数不能超过规定长度(因系统而不同,C89规定不超过31个字符,C99规定不超过63个字符)。

(3) C语言中的标识符严格区分大小写,即int和Int、INT表示不同的标识符。

C语言中的标识符包括三类:关键字、预定义标识符、用户自定义的标识符。

关键字(Keyword) 关键字又称为保留字,是编程语言为特定用途预先定义的一个字,只能按其规定的方式用于它预先定义的用途。标准C语言中一共有32个关键字,全部小写,如表2-1所示。

表 2-1 C语言关键字

auto	default	float	register	struct	volatile
break	do	for	return	switch	while
case	double	goto	short	typedef	
char	else	if	signed	union	
const	enum	int	sizeof	unsigned	
continue	extern	long	static	void	

预定义标识符 预定义标识符是C语言中预先定义的字符，一般为C语言标准库中提供的函数名，如我们之前使用的 printf，它们具有预定义的用途，但用户可以重新定义这些标识符的用途。表 2-2 列举了一些预定义标识符。

表 2-2 C语言预定义标识符举例

abs	fopen	isalpah	rand	strcpy
argc	free	malloc	rewind	strlen
calloc	gets	printf	sin	tolower
fclose	isacii	puts	strcmp	toupper

用户自定义的标识符 用户可以创建自己的标识符来命名数据和函数。用户自定义的标识符除要遵守标识符的命名规则外，还需要注意以下几点：

(1) 所有的关键字和预定义标识符都不可用于用户自定义标识符；

(2) 标识符应尽量有意义，以增加程序的可读性，使程序清晰易懂。

了解了C语言的标识符，我们再来看例 2.2 中的语句：

```
int   year, month, day;        /*定义年,月,日变量*/
float  temperature;            /*定义温度变量*/
char   comfort;                /*定义舒适度变量*/
```

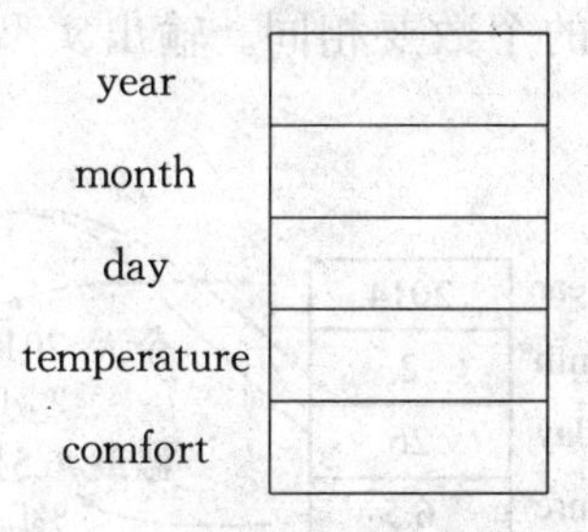

图 2-2 为变量分配存储空间

int、float 和 char 都是C语言关键字，表示三种不同的数据类型。int 表示整型数据，float 表示浮点型数据，char 表示字符型数据。year，month，day，temperature，comfort 是用户创建的标识符，在程序中表示用户创建了整型变量 year，month，day，实型变量 temperature 和字符型变量 comfort。变量创建后，程序为变量分配存储空间，如图 2-2 所示。

接着，为变量进行赋值：

```
year = 2014;                    /* 为年、月、日变量赋值 */
month = 2;
day = 26;
temperature = 6.5;              /* 为温度变量赋值 */
comfort = 'B';                  /* 为舒适度变量赋值 */
```

我们看到，对整型变量 year，month，day 赋予整型数值，即通常所说的整数；对浮点型变量赋予浮点型数值，即通常所说的小数；而对字符型变量 comfort，赋予字符型数值'B'(字符型数据表示方式在后续章节详细介绍)。变量赋值后，系统将变量的值保存在其存储单元内，如图 2-3 所示。

year	2014
month	2
day	26
temperature	6.5
comfort	B

图 2-3　变量的值保存在存储单元内

最后，例 2.2 程序将保存在存储单元内的值输出：

```
printf("    今天:%d 年%d 月%d 日\n", year, month, day);
                    /* 将 year, month, day 的值依次在%d 处替换显示 */
printf("    温度:%f 摄氏度\n", temperature);
                    /* 将 temperature 的值在%f 处替换显示 */
printf("    舒适度:%c\n", comfort);    /* 将 comfort 的值在%c 处替换显示 */
```

printf( )函数仍然是以字符串的形式输出信息，不同的是，在字符串中输出整型变量的值时，在要输出的位置用%d 代表一个变量，并在字符串后，将要输出的变量依次列举，用逗号隔开，注意变量的个数和%d 的个数要相同。输出实型变量使用%f，输出字符型变量则使用%c，如图 2-4 所示。

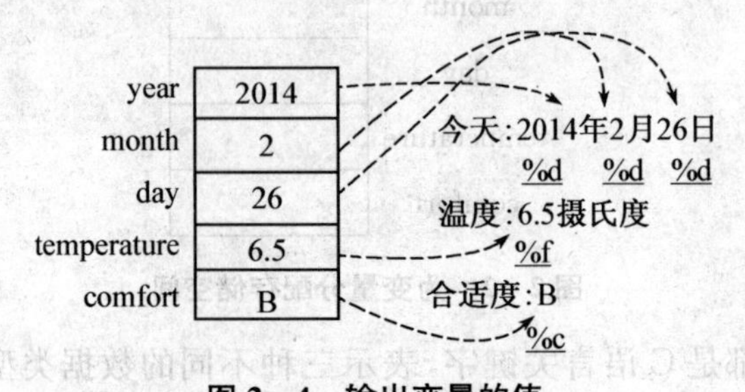

图 2-4　输出变量的值

可以看出，当在程序中赋予变量不同的值时，我们不必修改输出函数的程序代码即可得到不同结果。

【程序代码】

```
#include <stdio.h>
int main(void)
{
    int year, month, day;
    float temperature;
    char comfort;
    year = 2013;                    /* 为年、月、日变量赋值 */
    month = 10;
    day = 8;
    temperature = 20;               /* 为温度变量赋值 */
    comfort = 'A';                  /* 为舒适度变量赋值 */
    printf("         welcome!    \n");
    printf("    今天:%d 年%d 月%d 日\n", year, month, day);
    printf("    温度:%f 摄氏度\n", temperature);
    printf("    舒适度:%c\n", comfort);
    printf("**************************\n");
    printf("*    Hello C-world!      *\n");
    printf("*          \1 \1          *\n");
    printf("**************************\n");
    return 0;
}
```

【运行结果】

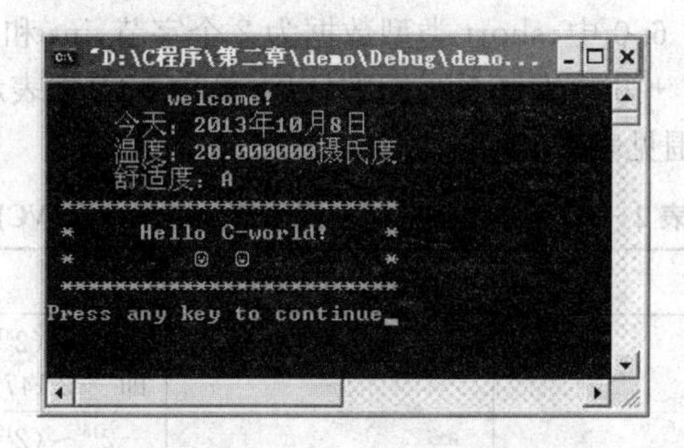

2.3　数据类型

C语言中允许的数据类型以及每种类型可进行的运算统称为数据类型(Data Type)。C语言中允许使用的数据类型如图 2-5 所示。例 2.2 中使用了整型类型(如 int)、浮点类型(如 float)和字符类型(char)三种数据类型,本节我们详细介绍这三种 C 语言最基本的数据类型。

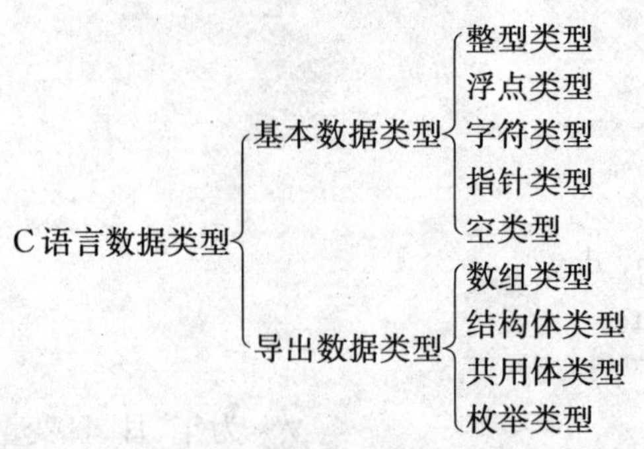

图 2-5　C 语言的数据类型

在介绍这些数据类型时，我们将利用字面值进行说明。**字面值**(Literal)，是某种数据类型可取得的一个值，如所有的数字(-3,0,4.6)就是字面值，它们按照字面意义显示它们的值。如'B'，"welcome!"也是字面值，它们的意义就是文本本身。通常生活中使用的数字和单词都是字面值。

2.3.1　整型类型

C语言中的整型类型支持的值集为数学上的整数数字。C语言提供了 6 种整型数据类型：基本整型(int)，短整型(short)，长整型(long)，无符号基本整型(unsigned)，无符号短整型(unsigned short)和无符号长整型(unsigned long)。它们的区别在于每种类型使用不同大小的存储空间，那么每种类型能够表示的数值范围也就不一样。

实际上，C标准没有具体规定各种类型数据所占用存储单元的长度(字节数)，只要求：

短整型数据长度≤基本整型数据长度≤长整型数据长度

具体为每种类型分配多少字节的存储空间是由不同编译系统决定的。Turbo C 2.0 为 int 和 short 类型分配 2 个字节(16 位)存储空间，为 long 类型数据分配 4 个字节(32 位)存储空间。在 Visual C++ 6.0 中，short 类型数据为 2 个字节，int 和 long 类型数据为 4 个字节。本书采用 Visual C++ 6.0 编译系统标准(以下简称 VC)来表示和说明数据，整型数据存储空间和值的表示范围见表 2-3。

表 2-3　整型数据存储空间和值的表示范围(VC)

类型	存储空间(字节)	取值范围
int(基本整型)	4	$-2^{31}\sim(2^{31}-1)$，即 -2 147 483 648～2 147 483 647
short [int] (短整型)	2	$-2^{15}\sim(2^{15}-1)$，即 -32 768～32 767
long [int] (长整型)	4	$-2^{31}\sim(2^{31}-1)$，即 -2 147 483 648～2 147 483 647
unsigned int (无符号基本整型)	4	$0\sim(2^{32}-1)$，即 0～4 294 967 295
unsigned short [int](无符号短整型)	2	$0\sim(2^{16}-1)$，即 0～65 535
unsigned long [int] (无符号长整型)	4	$0\sim(2^{32}-1)$，即 0～4 294 967 295

说明：表中方括号([ ])表示可以省略。

1. 整型常量

常量(Constant)是指在程序运行过程中,其值不能改变的量,比如字面值就是最常用的常量,又称为字面常量。

整型常量包括正整数、负整数和零在内的所有整数。在C语言中,整型常量可以用三种进制表示:十进制(Decimal)、八进制(Octal)和十六进制(Hexadecimal),如表2-4所示。

表2-4　不同进制整型常量的表示

整型常量表示	实例	说明
十进制	12,－128,＋0,－0	由数字0～9组成,数字前可带正负号
八进制	017,－063	由数字0开头,后跟数字0～7组成;表示时不能出现大于7的数字
十六进制	0x34,0X4F	由数字0加字母x或X开头,后跟数字0～9,字母a～f(或A～F)组成

整型常量的类型包括4种:有符号整型常量,无符号整型常量、长整型常量、无符号长整型常量。如表2-5所示。

表2-5　不同类型整型常量的表示

整型常量表示	实例	说明
有符号整型常量	12,－128,	不加任何标记默认为有符号整型
无符号整型常量	70u,456U	在常量值末尾加U或u表示无符号整型,不能表示负数,如－23u是不合法的
长整型常量	－128l,2 048L	常量值后加L或l表示长整型
无符号长整型常量	23lu, 32Lu, 245LU,90lU	常量值后加LU、Lu、lU或lu表示无符号长整型

2. 整型变量

变量(Identifier)是指程序中值可以改变的量。整型变量包括C语言规定的6种整型类型,用这些类型定义变量,称为变量声明(Declaration),变量声明的一般形式为:

　　　　　　＜数据类型＞　变量名;

或　　　　　＜数据类型＞　变量名1,变量名2,变量名3;

其中,数据类型是表2-3中的任意一种数据类型关键字;变量名是由用户自己创建的标识符,命名必须严格遵守标识符的命名规则。

例如:

```
int a;
```

定义了一个int类型变量a,编译系统会为a分配4个字节的连续空间,如图2-6所示。从地址1000至1003的内存单元被分配给变量a,存放a的值(这里假设a的值为4)。

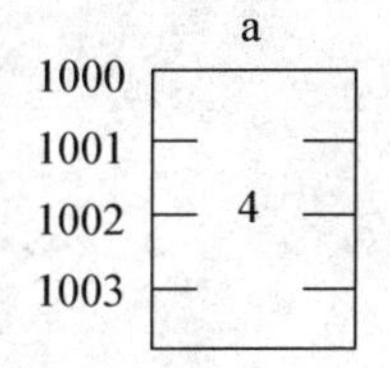

1000	1001	1002	1003
00000000	00000000	00000000	00000100

a

实际存储按二进制值存放,高位不足的部分补0

图2-6　为整型变量a分配存储空间

例 2.2 使用 int 类型在一行同时说明了三个相同类型的变量：

int year，month，day；

编译系统分别为它们分配存储空间如图 2－7 所示。

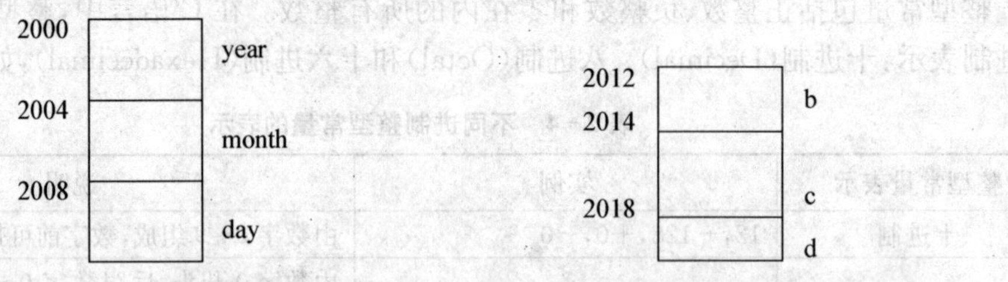

图 2－7 为三个 int 型变量分配空间　　图 2－8 为不同类型变量分配空间

我们还可以声明其他类型的变量，编译系统按每种类型数据规定的长度为变量分配空间，例如：

```
short b;                /* 定义了一个短整型变量 b，占 2 个字节 */
long int c;             /* 定义了一个长整型变量 b，占 4 个字节 */
unsigned short d;       /* 定义了一个无符号短整型变量 b，占 2 个字节 */
```

编译系统分别为它们分配存储空间如图 2－8 所示。

程序中使用的每个变量都必须先声明，再使用。当我们声明了整型变量后，为变量赋整型值，最后将变量的值输出。

【程序代码】

```
#include <stdio.h>
int main(void)
{
    int year, month, day;           /* 在一行同时说明了 int 类型的 3 个变量 */
    short b;                        /* 说明了 1 个 short(短整型)类型变量 */
    year = 2014;                    /* 为 int 类型变量赋值 */
    month = 2;
    day = 26;
    b = 3;                          /* 为 short 类型变量赋值 */

    printf("今天:%d 年%d 月%d 日\n", year, month, day);
                                    /* 输出 int 类型变量的值 */
    printf("short 类型变量的值为:%d\n", b);   /* 输出 short 类型变量的值 */
    return 0;
}
```

【运行结果】

今天:2014 年 2 月 26 日

short 类型变量的值为:3

2.3.2　浮点类型

浮点类型，也称为实型，是带小数点的十进制数据，它可以是包含一个小数点的数字、0或任何正数和负数。C语言支持三种浮点类型：单精度型(float)、双精度型(double)和长双精度型(long double)。在VC编译系统中，这三种浮点类型的表示方式如表2-6所示。

表2-6　浮点类型数据存储空间和值的表示范围(VC)

浮点类型	存储空间(字节)	有效数字	取值范围
float(单精度型)	4	6～7	$-1.17\times10^{38}\sim3.4\times10^{38}$
double(双精度型)	8	15～16	$-2.22\times10^{308}\sim1.79\times\times10^{308}$
long double(长双精度型)	8	15～16	$-2.22\times10^{308}\sim1.79\times\times10^{308}$

说明：在Turbo C中，长双精度型(long double)存储空间为10个字节，有效数字为18～19，取值范围为$-3.4\times10^{4\,932}\sim1.1\times10^{4\,932}$。

1. 浮点类型常量

C语言中的浮点类型常量有两种表示形式：小数形式和指数形式，如表2-7所示。

表2-7　浮点类型常量的表示形式

浮点类型常量	合法表示	说明
小数形式	+3.4　-0.4　+0　-0. .56　-.2　0.00456	小数形式由数字、+、-号和小数点组成
指数形式	123.6e9　(代表 123.6×10^{9}) -213.87e-10　(代表 -213.87×10^{-10}) 1E-27　(代表 1.0×10^{-27}) .345e9　(代表 0.345×10^{9}) 0e0　(代表 0.0×10^{0}) .0E0　(代表 0.0×10^{0}) 10e4　(代表 10.0×10^{4})	E或e代表10为底的指数，E或e之前必须有数字，E或e之后必须是整数

浮点类型常量包括float、double和long double三种类型，但无有符号和无符号之分，如表2-8所示。

表2-8　浮点类型常量的表示

浮点类型常量表示	实例	说明
float	25.6F，1.26E-4f	常量值后加F或f表示单精度类
double	0.12，-4.56，.78	不加任何标记默认为双精度类型
Long double	2.6L，-4.0l	常量值后加L或l表示长双精度类型

2. 浮点类型变量

浮点类型变量包括C语言支持的float，double和long double三种类型。程序中根据问题的需要使用这些类型来声明浮点类型变量。如例 2.2 中：

```
#include <stdio.h>
int main(void)
{
    float  temperature;          /* 声明 float 类型变量 temperature */
    temperature = 6.5;           /* 为 temperature 变量赋值 */
    printf("温度:%f 摄氏度\n", temperature);
                                 /* 将 temperature 的值在%f 处替换显示 */
    return 0;
}
```

程序输出为：

温度:6.500 000 摄氏度

2.2.3 字符类型

字符类型(char)数据是单个的字符。程序中使用与存储的字符实际上是该字符对应的编码。目前,使用最广泛的是 ASCII(美国信息交换标准码)字符集,共有 128 个字符,包括 96 个可打印字符和 32 个控制字符,每个字符使用 7 位(bit)编码,用一个字节存储,字节的最高位为 0,如图 2-9 所示。

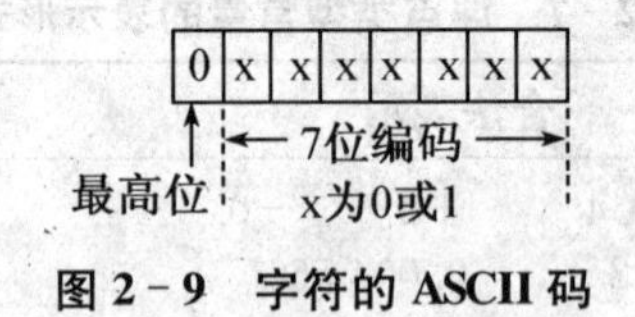

图 2-9 字符的 ASCII 码

C 语言主要使用标准 ASCII 字符集中的符号(0～127),标准 ASCII 字符集及其编码见附录 III。但在实际应用中,128 个字符并不够用,根据此需要,有的系统将可用字符扩展到 256 个,即不固定最高位为 0,而是把 8 位都用来存放字符代码。但扩充的部分(128～255)并不适用于所有系统,在中文操作系统下,这部分被作为中文字符处理。

1. 字符类型常量

字符型常量有两种表示方式：

(1) 一般字符

一般字符用单引号括起来,如‘a’, ‘X’, ‘0’, ‘!’, ‘$’等可显示字符。

注意：

① 单引号是界限符,字符常量只是一个字符,不包括单引号;单引号中只能包含一个字符,如‘ab’, ‘c9’这样的表示是错误的。

② C 语言是大小写区分的语言,‘a’和‘A’认为是两个不同的字符常量。

(2) 转义字符

C 语言中还允许用一种特殊的字符常量来表示特定含义:以字符\开头的序列,称为转义字符。例如之前在 printf( )函数中的‘\n’ 表示一个换行符。这种形式的字符无法在屏幕上显示,又称为控制字符。常用的转义字符见表 2-9。

表 2-9　常用的转义字符

转义字符	输出语句	输出结果及意义
‘/’’↙	printf("\’");	’(单引号)
/’’’↙	printf("\"");	”(双引号)
‘?’↙	printf("\?");	?（问号)
‘//’↙	printf("\\");	\(一个反斜杠)
‘/a’↙	printf("\a");	产生声音信号(响铃)
‘\b’↙	printf("\b");	将当前位置后退一个字符(退格)
‘\f’↙	printf("\f");	将当前位置移到下一页的开头(换页)
‘\n’↙	printf("\n");	将当前位置移到下一行的开头(换行)
‘\r’↙	printf("\r");	将当前位置移到本行的开头(回车)
‘\t’↙	printf("\t");	将当前位置移到下一个 tab 位置(水平制表符)
‘\v’↙	printf("\v");	将当前位置移到下一个垂直制表对齐点(垂直制表符)
‘\nnn’↙	printf("\123");	S（nnn 为一个 1～3 位的八进制数,输出其 ASCII 编码八进制值为 123 的字符)
‘\xhhhh’↙	printf("\x3f");	?（hhhh 为一个 1～4 位的十六进制数,以 X 或 x 开头,输出其 ASCII 编码十六进制值为 3f 的字符)
‘\0’↙	printf("\0")	空字符(\0 为 ASCII 编码为 0 的字符)

2. 字符类型变量

字符类型变量用类型符 char(character 的缩写)来定义,如:

char ch1 = ‘a’;　　　　ch1　[97]

图 2-10　为变量ch1分配空间

这里定义字符变量 ch1,并将字符常量‘a’赋值给 ch1。此时系统为变量 ch1 分配一个字节的存储空间,然后将字符‘a’的 ASCII 码 97 存储在变量 ch1 的存储单元内。这是因为字符类型变量在系统中实际是按整型变量来处理的,它相当于一个字节的整型变量,一般用来存放字符。因此,可以把 0～127 之间的整数直接赋给一个字符变量,如:

图 2-11　为变量ch2分配空间

这时,系统直接将 63 这个整型值赋给字符变量 ch2。

在输出字符变量的值时,可以选择以整数形式输出还是以字符形式输出,如:

```
printf("%d \n", ch1);          /* 用%d 格式输出变量 ch1 的整数形式 */
printf("%c \n", ch1);          /* 用%c 格式输出变量 ch1 的字符形式 */
```

输出结果为:

97

a

同样可以输出变量 ch2 的不同形式：

```
printf("%d   %c \n", ch2,ch2);          /* 在一行输出变量 ch2 的不同形式 */
```

输出结果为：

63 ?

由于 63 为字符'?'的 ASCII 码，所以变量 ch2 的字符形式输出为?。

我们也可用转义字符为字符变量赋值，如：

```
char ch3 = '\123';        ch3   83
char ch4 = '\x3f';        ch4   63
char ch5 = '\t';          ch5   9
```

图 2-12 为转义字符变量分配空间

系统为字符变量 ch3 分配 1 个字节存储空间，并存储转义字符'\123'对应的 ASCII 码，由于转义字符'\123'中的 123 是八进制，为了表示方便，我们把它转成十进制值 83 进行存储；为变量 ch4 赋的值是'\x3f'，其中 3f 是十六进制值，将它转成十进制值 63 进行存储；为字符变量 ch5 赋值'\t'字符，存储其对应的十进制 ASCII 码 9。

输出这三个变量的值：

```
printf("%c   %c   %c \n", ch3, ch4, ch5);
```

输出结果为：

S ? <tab>

输出的最后一个字符为水平制表符，为了方便，这里用< tab >表示。实际显示时，光标跳过一个 Tab 键的距离。

与整型类型一样，字符类型也有 signed(有符号)和 unsigned(无符号)之分，如表 2-10 所示。

表 2-10 字符类型数据存储空间和值的表示范围

字符类型	存储空间(字节)	取值范围
[signed] char (有符号字符)	1	$-2^7 \sim (2^7-1)$，即 $-128 \sim 127$
unsigned char (无符号字符)	1	$0 \sim (2^8-1)$，即 $0 \sim 255$

说明：表中方括号([ ])表示可以省略。

对于有符号字符类型，最高位是符号位，低 7 位为数值位。对于无符号字符类型，8 位都为数值位。因此，当用整数对不同符号字符类型变量赋值时，值不应超出该类型的表示范围。

```
signed char a = 78;          /* 定义有符号字符变量 a */
char b = -56;                /* 定义有符号字符变量 b, signed 可缺省 */
```

```
char c = 210;                  /* 超出有符号字符范围 */
unsigned char d = 255;         /* 定义无符号字符变量 d,unsigned 不可缺省 */
```

2.3.4　不同类型的变量和声明

在编写程序时,我们根据具体需求定义合适类型的变量。

【例 2.3】 计算半径为 2 的圆的周长,计算公式为:周长 = 2×3.14×半径,请定义合适类型的变量。

【问题分析】

根据要求可以定义两个变量,周长 circumference,半径 radius。根据周长和半径的数据特征来定义变量类型。

(1) 变量声明时的类型选择

① 题中半径为 2,所以可以将半径 radius 定义成 int 类型,通过计算式显而易见,周长 circumference 应为小数,故可将其定义成单精度类型,变量声明如下:

```
int   radius;
float   circumference;
```

② 若要求较高的精度,也可将周长声明为双精度类型:

```
int   radius;
double   circumference;
```

③ 考虑通用性,在一般情况下,半径有可能取得小数值,可以这样声明:

```
float   radius;
double   circumference;
```

④ 我们也可将半径和周长都声明成较高精度的双精度类型:

```
double   radius;
double   circumference;
```

(2) 变量声明时的注意点:

① 当变量类型相同时,可以在一行同时声明多个变量:

```
double   radius, circumference;     /* 变量之间用逗号分隔 */
```

② 不同类型的变量分别定义:

```
int   radius;   double circumference;   /* 正确,不同类型变量声明之间用分号隔开 */
```

③ 不同类型的变量不能同时声明,以下声明是错误的:

```
int   radius, double circumference;   /* 错误 */
```

④ 同一个变量只能定义一次,以下声明是错误的:

```
int   radius;
double radius, circumference;          /* 错误,radius 重复定义 */
```

⑤ 实际应用中,我们尽可能使用有意义的变量名来定义合适类型的变量,如记录 2 个学生成绩分数和等级(A、B、C、D)的变量:

```
float   score1, score2;     /* score1 存储学生 1 的分数,score2 存储学生 2 的分数 */
char   grade1;              /* 存储学生 1 的等级 */
char   grade2;              /* 存储学生 2 的等级 */
```

(3) 变量的初始化

在变量声明的同时,也能够为变量指定初值,如:

```
float   score1 = 75.5, score2 =90.5;
char   grade1 = 'B';
char   grade2 = 'A';
```

通常第一次为变量赋值称为变量的**初始化**(Initialization),变量初始化的方式一般有三种:

① 在声明变量的同时指定初值。

例如:

```
int a = 3, b = 2;
int c = 4;
```

② 先声明变量,再使用赋值语句给变量赋初值。

例如:

```
int a, b;
a = 3;
b = 2;
```

③ 用从外部读入数据存入指定的变量中,将在第三章详细介绍。

例如:

```
int a;
scanf("%d", &a);   /* 用 scanf()函数从键盘读入整型值赋给变量 a */
```

2.4 基本运算

2.4.1 温度转换

你的朋友要去美国旅行,美国使用的是华氏温度,天气预报到达当天的温度为华氏 75 度,请你为朋友将华氏温度转换为摄氏温度。转换公式为:Celsius = 5.0/9 (Fahrenheit − 32),其中 Celsius 为摄氏温度,Fahrenheit 为华氏温度。

【问题分析】

问题的输入为美国当地华氏温度(给定 75 度),通过公式计算其对应的摄氏温度,再将求得的结果输出,其流程如图 2-12 所示。

由此可见,需要定义两个变量:华氏温度变量和摄氏温度变量。为了通用性考虑,我们将两者都定义为浮点类型:

```
float   fahrenheit = 75;   /* 定义华氏温度变量 fahrenheit 并赋初值 75 */
float   celsius;           /* 定义摄氏温度变量 */
```

通过公式求解摄氏温度变量 celsius 的值:celsius = 5.0/9 (Fahrenheit − 32)

要注意的是,此公式并不符合 C 语言的语法规范,C 语言中,乘号用"*"表示,并且不能省略,故求解公式转换成 C 语言表达式应为:celsius = 5.0/9 * (fahrenheit − 32)。

【解题步骤】

(1) 变量定义和初始化

float　fahrenheit ＝ 75；
float　celsius；

(2) 求解摄氏温度变量 celsius 的值

celsius ＝ 5.0/9 *(fahrenheit － 32)；

(3) 输出求解结果，即摄氏温度变量 celsius 的值

printf("摄氏温度为：%f \n", celsius)；

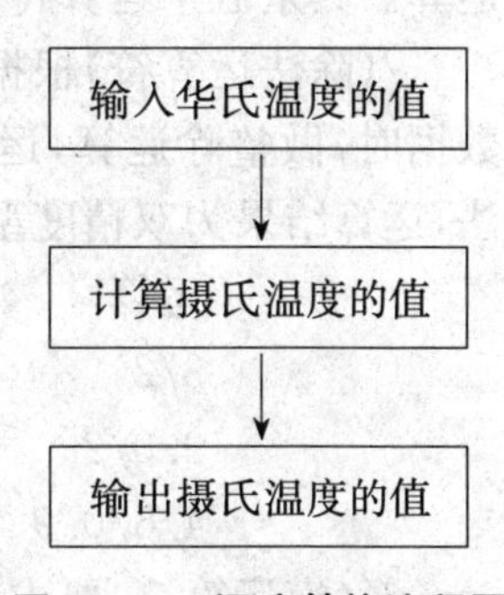

图 2-12　温度转换流程图

【程序代码】

```
#include<stdio.h>
int main(void)
{
    float  fahrenheit = 75;
    float  celsius;
    celsius = 5.0/9 *(fahrenheit - 32);
    printf("摄氏温度为:%f \n", celsius);
    return 0;
}
```

【运行结果】

摄氏温度为：23.888 889

本例中，我们接触到了C语言的运算，通过C语言的合法运算得到了问题的结果。为了满足用户的需要，C语言中提供了多种多样的运算方式。下面将介绍整型、浮点型和字符型数据可以进行的各种基本运算。

2.4.2　算术运算

整型、浮点型、甚至字符型数据可以进行基本的算术运算。在运算中，参与运算的数据称为操作数，用于算术运算的运算符，称为算术运算符(Arithmetic Operator)。

1. 基本算术运算符

C语言的算术运算符如表2-11所示：

表 2-11　基本算术运算符

运算符	类型	举例	含义
+(正号运算符)	一元运算符	+a	a 的值
-(负号运算符)	一元运算符	-a	a 的负值
+(加法运算符)	二元运算符	a+b	a 与 b 的和
-(减法运算符)	二元运算符	a-b	a 与 b 的差
*(乘法运算符)	二元运算符	a*b	a 与 b 的积
/(除法运算符)	二元运算符	a/b	a 除以 b 的商
%(模运算符)	二元运算符	a%b	a 除以 b 的余数

其中，+(正号)和-(负号)为一元运算符，又称单目运算符，只需要一个操作数参与

运算。其余五个运算符为二元运算符，又称双目运算符，需要两个操作数参与运算。

/(除法运算符)根据操作数的类型进行相应的运算：当参与运算的两个操作数都为整型数据时，做整除运算，运算结果为两者整除的商；当有一个操作数为浮点型数据，做实数除法，运算结果为双精度型数据，如：

运算	结果
3/2	1
3.0/2	1.5
4.5/0.9	5.0

%(模运算符)要求参与运算的操作数都为整型，其运算结果也为整型，如：

运算	结果
5%3	2
5.0%3	系统报错

2. 自增、自减运算符

自增、自减运算由自增(++)、自减(--)运算符对变量进行运算，将变量的值加 1 或减 1，如：

```
int i = 3, j = 2;
float a = 3.6;
++i;  /*将i的值加1,此时i为4*/
--j;  /*将j的值减1,此时j为1*/
++a;  /*将a的值加1,此时a为4.6*/
--a;  /*将a的值减1,此时a为3.6*/
++3;  /*错,自增自减运算符只能对变量进行运算*/
```

自增、自减运算符有前置和后置的区别，这里以++(自增)运算符为例进行说明。

例如：
```
int i = 3, j;
j = ++i;   /*前置自增,先将i的值加1(i为4),再将i的值赋给j,j为4*/
i = 3;     /*将i的值重新赋为3*/
j = i++;   /*后置自增,先将i的值(原值3)赋给j,j为3,再将i的值加1,i
             为4*/
```

自减运算符(--)与自增运算符相似，不同的是在运算时将变量的值减 1。

3. 算术表达式和运算符的优先级与结合方向

用运算符和操作数组成的符合 C 语法规则的计算式称为表达式(Expression)。如果表达式中的运算符为算数运算符，那么该表达式就是算术表达式，如：

a + 4.0/c + 'a'　　(1)

算术表达式的求值顺序由算术运算符的优先级和结合方向来决定。与数学表达式相似，乘、除的优先级高于加、减。在优先级相同时，则按规定的“结合方向”进行运算，C 语言规定了各种运算符的结合方向。二元算术运算符(+ - * /)的结合方向为从左向右，式(1)中，/的优先级较高，4.0/c 优先运算。算术运算符的优先级和结合方向如表 2-12 所示。

表 2-12　算术运算符的优先级和结合方向

优先级	运算符	结合方向	类型
高↓低	++　--　-(负号)	从右向左	一元运算符
	*　/　%	从左向右	二元运算符
	+　-	从左向右	二元运算符

要注意的是,C语言的算术表达式必须使用C语言规定的运算符和操作数,并且要书写完整,运算符不能省略,特别是乘法运算。要区别数学运算式与C算术表达式的区别,如:(a - b)(a - c)(a - d)是数学运算式,转换成合法的C算术表达式应为 (a - b)*(a - c)*(a - d)。与数学运算相同的是,C语言中小括号()是所有运算符中优先级最高的,可以用小括号来改变运算的优先级。

4. 不同类型数据进行算术运算

除了%运算符,基本算术运算符的操作数可以是任何类型。当一个运算符(+ - */)两侧的操作数类型不相同时,系统先自动进行类型转换,将两者的值转换成一致的类型,再进行运算。自动转换将低类型数据提升成高类型数据,即向数据长度增加的方向进行(如图2-13),以保证精度不降低。如 int 型和 long 型数据运算时,先把 int 型数据转成 long 型后再进行运算。一般的,若两种类型的字节数不同,则先将字节数低的数据类型转换成字节数高的类型再运算;若两种类型的字节数相同,且一种有符号,一种无符号,则转换成无符号类型再运算。

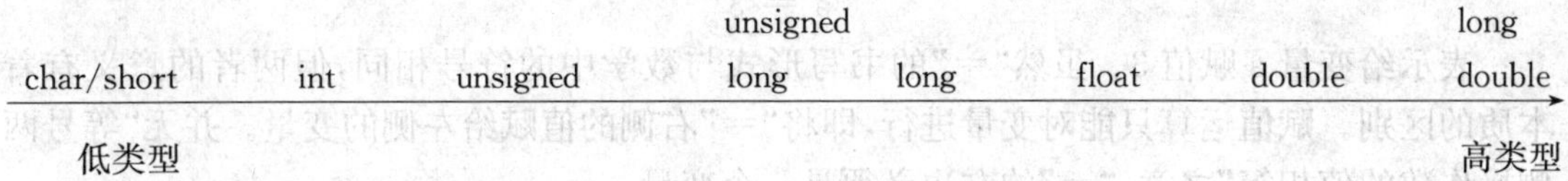

char/short → int → unsigned → unsigned long → long → float → double → long double

低类型 → 高类型

图 2-13　数据低类型至高类型示意

进行算术混合运算的具体规则如下:

(1) 字符型(char)或 short 型数据与整型(int)数据参与运算,先将 char 型或 short 型转换成 int 型再进行运算。char 型参与运算时,以字符的 ASCII 码值和整型数据进行运算,结果为整型。如:'a'+ 3,将字符'a'的 ASCII 码 97 和 3 相加,结果为 100,int 型。

(2) 所有的浮点运算以 double 类型进行,即使仅含 float 型运算的表达式,也要先转换成 double 型,再作运算。

(3) 若整型(int)或单精度型(float)与双精度类型(double)进行运算,先将整型(int)或单精度型(float)转换成 double 类型,再进行运算,结果为 double 类型。如:3 + 4.5,由于C语言认为字面值 4.5 是 double 类型,因此,先将 3 转换成 double 类型 3.0,再进行运算,结果为 7.5(double 型)。又如:float a = 9.2;则计算 a + 4.5 时,先将 a 转换成 double 类型,再进行计算,结果为 13.7,double 类型。

假设已定义变量 int i = 4;float j = 5.2;double h = 4.5;应用这些规则,分析以下表达式的结果类型:

```
'a' + 10-i * j+ h/3
 └─①─┘  └─②─┘ └④┘
 └───③───┘
 └──────⑤──────┘
```

编译时,运算次序为:

① 从左至右扫描,进行'a' + 10 的运算,将字符'a'自动转换成其整型 ASCII 码值 97 进行运算,结果为 107,int 类型;

② 因"*"优先级高于"-",先进行 i * j 的运算,将 i 和 j 的类型自动转换成 double 类型再运算,结果为 20.8, double 类型;

③ 整型 107 与 i * j 的积(double 类型 20.8)相减,先将整型 107 和转换成 double 类型,再与 i * j 的积相加,结果为 86.2,double 型。

④ "/"优先级高于"+"运算,先进行 h/3 的运算,结果为 1.5,double 类型;

⑤ 最后执行"+"运算,将 86.2 与 1.5 相加,结果为 87.7,double 类型。

2.4.3 赋值运算

C 语言中,赋值是一种运算,用赋值运算符完成。

1. 赋值运算符和表达式

赋值运算符是二元运算符,需要两个操作数,结合方向为从右向左,优先级很低(低于算术运算符)。由赋值运算符"="和操作数组成的合法表达式称为赋值表达式,如:

a = 3

表示给变量 a 赋值 3。虽然"="的书写形式与数学中的符号相同,但两者的意义有着本质的区别。赋值运算只能对变量进行,即将"="右侧的值赋给左侧的变量。并无"等号两侧操作数的值相等"之意,"="的左边必须是一个变量。

判断以下的表达式是否正确:

① x = x + 3

② a + b = 8

③ 3 = x - 4

④ y = c + 5

分析:① 正确,赋值符号是应从右向左计算,先计算 x + 3 的值,再将 x + 3 的值赋给 x;② 错误,赋值运算符的优先级低于算术运算符,a + b 优先计算,但 a + b 不是一个变量,"="左边必须是一个变量,不能是表达式;③ 错误,"="左边不能是常量;④ 正确,先计算 c + 5 的值,再将 c + 5 的值赋给变量 y。

2. 赋值表达式的值与类型

与算术表达式一样,赋值表达式也有值和类型。如:x = 10,表达式将 10 赋给了左侧变量 x,表达式的值就是"="左侧变量 x 的值 10,其类型与变量 x 的类型一致。因此,赋值表达式可以作为一个整体参与运算,如:

a = b = c = d = 10

由于赋值运算从右向左计算,该式相当于 a =(b = (c =(d = 10))),先计算 d = 10,即将 10 赋给变量 d,d = 10 表达式的值为 d 的值 10,再将 d = 10 表达式的值赋给变量 c,

则c的值为10，表达式c = 10的值就为c的值10，再将这个值赋给变量b，以此类推，如图2-14所示，最终得到，变量a,b,c,d的值都为10。

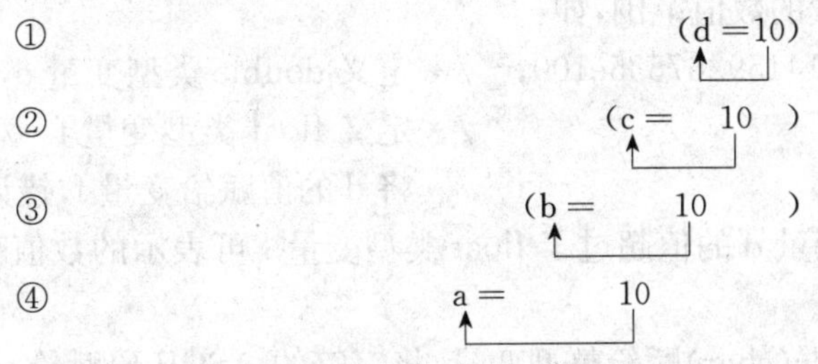

图2-14　赋值表达式运算示意

又如：a = b = 40 +(c = d = 8)

这个表达式中有算术运算符和赋值运算，由于()的优先级最高，改变了运算的优先级，优先计算()内的表达式，计算顺序如图2-15所示，最终得到a为48,b为48,c为8,d为8。

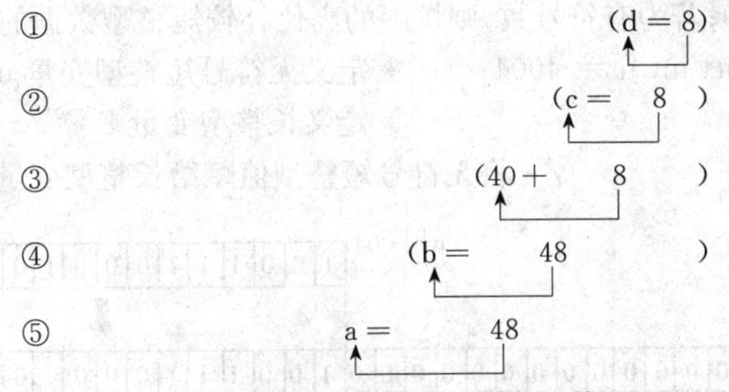

图2-15　赋值表达式参与算术运算

3. 赋值运算中的自动类型转换

赋值运算时，如果赋值运算符两侧的数据类型一致，则直接赋值，如：

```
int  i;            /* 定义整型变量 i */
i = 234;           /* 为变量 i 赋整型值 234 */
```

如果赋值运算符左侧变量的类型与右侧表达式值的类型不一致，则系统进行自动类型转换，将右侧表达式的值转换成左侧变量的类型，再进行运算。转换规则如下：

(1) 将浮点型(float、double)数据赋给整型变量，将浮点型数据转换成整型，去掉其小数部分，再赋予整型变量。如：

```
int  x;          /* 定义整型变量 x */
x = 4.6;         /* 为整型变量赋值 4.6(double型)，将 4.6 转换成 4，赋给 x，x 的值为 4 */
```

(2) 将整型数据赋值给浮点型(float、double)变量，保持整型数据数值不变，转换成浮点型(float、double)数据，再赋值给整型变量。如：

```
float  f;                  /* 定义 float 型变量 f */
f = 100;                   /* 将 100 转换成 float 型 100.0 赋值给 f */
```

(3) 将float类型数据赋值给double类型变量，保持float类型数据数值不变，将其转换成double类型，即扩展至8个字节存储空间，有效位数扩展到15位，再赋值给double类型变量。

(4) 将 double 类型数据赋值给 float 类型变量，将 double 类型转换为 float 类型，即只取 6～7 位有效数字，存储到 float 类型变量的 4 个字节中。应注意 double 类型数值大小不能超出 float 类型变量的数值范围，如：

```
double  d = 3.14159267535e100;   /* 定义 double 类型变量 d，并赋值 */
float  f;                        /* 定义 float 类型变量 f */
f = d;                           /* 将 d 的值赋给变量 f，错误 */
```

由于 double 型变量 d 的值超过了 float 类型变量 f 可表示的数值范围，f 无法容纳这个数值，出现错误。

(5) 将字符型数据(char)赋给整型变量，将字符的 ASCII 码赋给整型变量，如：

```
int  i;                          /* 定义整型变量 i */
i = 'a';                         /* 将'a'的 ASCII 码 97 赋给 i，i 值为 97 */
```

(6) 将较短的整型数据(包括字符型)赋给较长的整型变量，如将 short int 型数值赋给 long int 型，扩展较短整型数的表示位数再赋值，即扩展较短整型数据的高位。若是无符号数，则扩展的高位补 0；若为有符号数，则扩展的高位补较短整型数据的符号位。

例：
```
unsigned short int u = 4004;     /* 定义无符号短整型变量 u */
long int  L;                     /* 定义长整型变量 L */
L = u;          /* 将无符号短整型值赋给长整型变量 L，扩展高位补 0 */
```

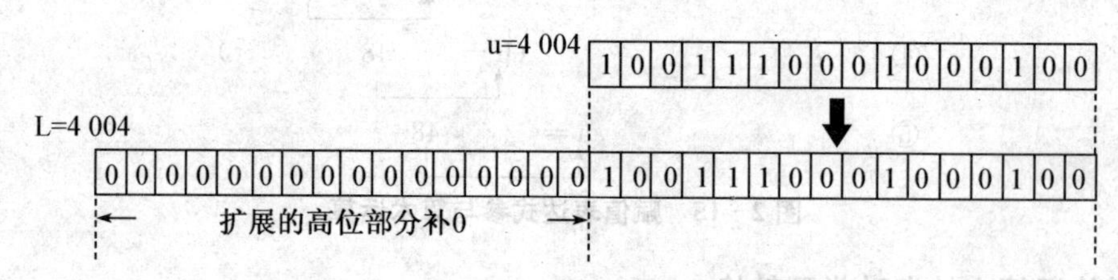

图 2-16 无符号短整型数赋给长整型变量

例：
```
short  int i = -32 768;   /* 定义带符号短整型变量 u */
long int L;               /* 定义长整型变量 L */
L = i;   /* 将带符号短整型值赋给长整型变量 L，扩展高位补 i 的符号位 */
```

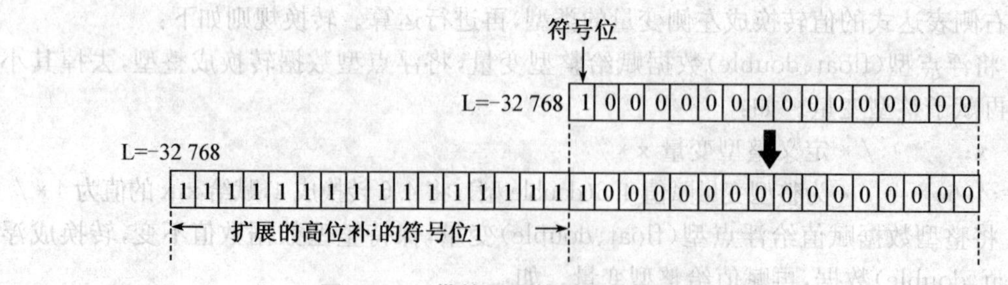

图 2-17 带符号短整型数赋给长整型变量

注意：长整型变量 L 的最高位为 1，表示 L 是个负数，存储的是 L 的补码，要将 L 的补码转换成原码才可求得 L 的实际数值，转换过程如下：

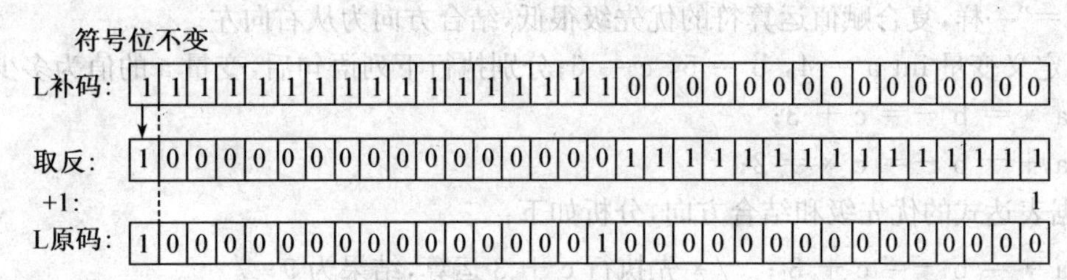

图 2-18 补码转换为原码

(7) 将较长整型数据赋值给较短整型变量或字符变量，如将 int 型数据赋值给 char 型变量，发生截断操作，只保留其低字节，舍弃高位部分。

```
例:int   i = 274;         /*定义整型变量i*/
   char  c = 'A';         /*定义字符型变量c*/
   c = i;                 /*将整型变量i的值赋给字符型变量c*/
```

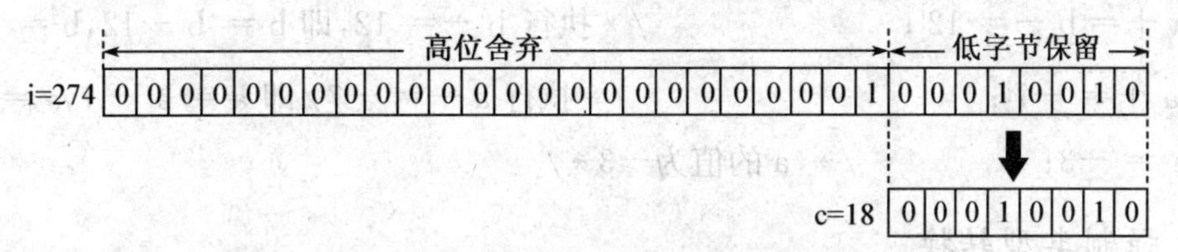

图 2-19 整型数据赋给字符型变量

c 得到的整型值为 18，可以将变量 c 分别按整型和字符型形式输出：

```
printf("c的整型值为:%d, c的字符型值为:%c\n", c);
```

输出为：

c 的整型值为:18, c 的字符型值为:↕

4. 复合赋值运算

C 语言中赋值运算符包括两类：简单赋值运算符(Simple Assignment Operator)和复合赋值运算符(Combined Assignment Operator)。简单赋值运算符就是"="，在前面的例题中已经用到。在简单赋值运算符"="前面加上另一个运算符构成复合赋值运算符，如：

a += b

"+="就是复合赋值运算符，等同于 a = a + b。常用的算术复合运算符见表 2-13。复合赋值运算符书写形式更简洁，执行效率也更高。

表 2-13 常用的算术复合运算符

运算符	实例	等价式
+=	a += b	a = a + b
-=	a -= b	a = a - b
*=	a *= b	a = a * b
/=	a/= b	a = a/b
%=	a %= b	a = a % b

与“＝”一样，复合赋值运算符的优先级很低，结合方向为从右向左。

例：定义变量 int a ＝ 4，b ＝ 5，c ＝ 6；分别执行下列语句后，变量 a 的值为多少？

① a ＊＝ b －＝ c ＋ 3；

② a ＋＝ b －＝ c ＊＝ 2；

根据表达式的优先级和结合方向，分析如下：

① a ＊＝ b －＝ c ＋ 3；　/＊先执行 c ＋ 3 运算，结果为 9＊/

a ＊＝ b －＝ 9；

/＊执行 b －＝ 9 运算，即 b ＝ b － 9，将 b － 9 的结果赋给 b，b 为－4＊/

a ＊＝ －4；　/＊执行 a ＊＝ －4 运算，即 a ＝ a ＊ －4，a ＝ 4 ＊ －4＊/

a ＝ －16；　/＊ a 的值为－16＊/

② a ＋＝ b －＝ c ＊＝ 2；　/＊执行 c ＊ ＝ 2，即 c ＝ c ＊ 2，c ＝ 12＊/

a ＋＝ b －＝ 12；　/＊执行 b －＝ 12，即 b ＝ b －12，b ＝ －7 ＊/

a ＋＝ －7；　/＊执行 a ＋＝ －7，即 a ＝ a － 7，a ＝ －3＊/

a ＝ －3；　/＊ a 的值为－3＊/

2.4.4　强制类型转换

在进行表达式运算和赋值时，如果操作数的类型不一致，系统会进行自动类型转换。除了这种方式外，C 语言还提供了由用户指定的强制类型转换，用来将一种类型转换为指定类型，形式如下：

（数据类型）表达式

如：int　i ＝ 1，j ＝ 5；　/＊定义整型变量 i 和 j，分别赋值 1 和 3＊/

double　f ＝ 4.5；　/＊定义双精度型变量 f，赋值 4.5＊/

f ＝ (double)i/j；　/＊将 i 强制转换成 double 型，使 i/j 做实数除法，f 值为 0.2＊/

i ＝ int(4.3)％int(f＋3)；

/＊将 4.3、f＋3 强制转换成整型，使％两侧操作数都为整型，i 值为 1＊/

2.4.5　sizeof 运算

sizeof()是一个单目运算符，用来计算某种类型或数据所占用的字节数。该运算符与其他类型的基本运算符稍有不同，它的操作数必须在括号内，其使用格式为：

sizeof(＜类型＞)　　或　　sizeof(＜表达式＞)

其中，前一种格式中＜类型＞可以是任意一种基本数据类型或用户自定义类型。后一种格式用于计算＜表达式＞结果所属类型所占用的字节数。

例如：sizeof(int)　/＊对 32 位计算机 VC6.0 编译器，其值为 4＊/

sizeof(char)　/＊其值为 1＊/

sizeof(long double)　/＊其值为 8 ＊/

float b＝3.4；

sizeof(b＋3.4)　/＊其值为 8，因为 b＋3.4 的结果为双精度型数＊/

2.4.6　基本运算举例

C语言的运算符可以用来解决很多常用问题。在处理实际问题时，应分以下几个步骤进行：

首先，根据问题进行分析，包括三个方面：1) 问题的输入数据，即问题中的初始数据；2) 问题的输出数据，即所期待的结果数据；3) 解决问题的方法，即如何将问题的输入数据转换成输出数据，需要使用怎样的计算公式。

第二，当问题分析清楚之后，使用C语言的提供的表述方法对问题涉及的输入数据、输出数据进行类型定义，对输入数据进行赋值，对计算公式用C语言提供的运算进行转换，选择合适的运算符和操作数运算，从而得到期待的输出数据。

第三，在第二步的基础上进行程序编写，编写时注意C程序的结构：

(1) 先进行变量定义和初始化，包括定义所有用到的涉及输入、输出数据的变量，对输入数据的变量进行初始化。

(2) 算法实现，对涉及输出数据的变量进行运算求值。

(3) 程序输出，用输出语句将所求的值输出。

(4) 把程序函数体、涉及的头文件等补充完整，实现完整的程序。

【例 2.4】 情报局截获一密码串“Jlsb”，请编写程序输出解密后的明文。解密方法为用原字母后面第3个字母代替原来的字母。如字母“J”后第三个字母为“M”，因此，用“M”代替“J”，依次类推，得到解密后的明文“Move”。

【问题分析】

(1) 输入的数据：密码串，值给定“Jlsb”。

(2) 要求的输出：明文串，通过计算获得数值。

(3) 将输入转换成输出的公式：用原字母后面第3个字母代替原来的字母。

【解题步骤】

(1) 变量定义和初始化

① 输入的数据：密码串，值给定“Jlsb”，串中有4个字符，值给定

```
char c1 = 'J', c2 = 'l', c3 = 's', c4 = 'b';    /*声明4个字符类型变量并赋值*/
```

② 要求的输出：明文串，串中也应有4个字符，通过计算获得数值

```
char ch1, ch2, ch3, ch4;        /*声明4个字符类型变量存放转换后的字符*/
```

(2) 求解明文串的值

利用将输入转换成输出的公式求解：用原字母后面第3个字母代替原来的字母

```
ch1 = c1 + 3;          /*将原字符的ASCII码加3得到转换后的字符*/
ch2 = c2 + 3;
ch3 = c3 + 3;
ch4 = c4 + 3;
```

(3) 输出求解结果，即转换后的明文串

```
printf("明文为：%c%c %c %c \n", ch1, ch2, ch3, ch4);
```

【程序代码】

```
#include<stdio.h>
```

```
int main(void)
{
    char c1 = 'J', c2 = 'l', c3 = 's', c4 = 'b';
    char ch1, ch2, ch3,ch4;
    ch1 = c1 + 3;
    ch2 = c2 + 3;
    ch3 = c3 + 3;
    ch4 = c4 + 3;
    printf("明文为:%c%c%c%c \n", ch1, ch2, ch3, ch4);
    return 0;
}
```

【运行结果】

明文为:Move

【程序简化】

在上例中我们定义了 8 个字符型变量,分别保存密文的 4 个字符,和解密后明文的 4 个字符,但问题中只要求输出解密后的明文,并没再用到解密前的密文,因此,可以省掉 4 个变量,只用 4 个字符型变量完成转换:

```
#include<stdio.h>
int main(void)
{
    char c1 = 'J', c2 = 'l', c3 = 's', c4 = 'b';
    c1 = c1 + 3;
    c2 = c2 + 3;
    c3 = c3 + 3;
    c4 = c4 + 3;
    printf("明文为:%c%c%c%c \n", c1, c2, c3, c4);
    return 0;
}
```

程序中我们不保留解密前的字符,将变量重新赋解密后的字符值,即用新值覆盖了变量的原值,如图 2 - 20 所示。

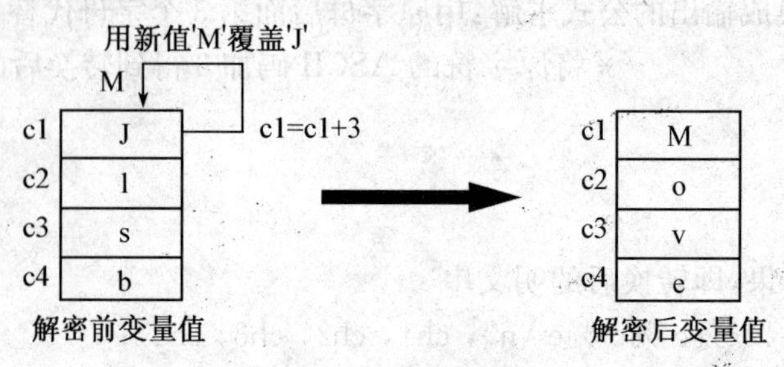

图 2 - 20 变量的赋值

对于 c1 = c1 + 3 这样的表达式，我们可以进一步简化，用复合赋值运算符"+="来运算，程序如下：

```
#include<stdio.h>
int main(void)
{
    char c1 = 'J', c2 = 'l', c3 = 's', c4 = 'b';
    c1 += 3;
    c2 += 3;
    c3 += 3;
    c4 += 3;
    printf("明文为:%c%c%c%c \n", c1, c2, c3, c4);
    return 0;
}
```

2.4.7　C 语言的其他运算

除了前面介绍的算术运算、自增自减运算、赋值运算和求字节数运算，C 语言还提供关系运算、逻辑运算、位运算、条件运算、逗号运算、指针运算、成员运算、下标运算等 12 种主要运算。各种运算的使用的运算符如下：

(1) 算术运算符　　+　-　*　/　%　+(正号) -(负号)
(2) 自增自减运算符　++　--
(3) 关系运算符　　>　<　==　>=　<=　!=
(4) 逻辑运算符　　!　&&　||
(5) 赋值运算符　　=　+=　-=　*=　/=　%=　以及其他扩展复合赋值运算
(6) 位运算符　　<<　>>　~　|　∧　&
(7) 条件运算符　　?:
(8) 逗号运算符　　,
(9) 指针运算符　　*　&
(10) 求字节数运算符　sizeof()
(11) 成员运算符　　.　->
(12) 下标运算符　　[ ]

各种运算符的优先级和结合方向见附录Ⅱ。在以后各章节中将结合有关内容陆续介绍这些运算符。

2.5　数学库函数

尽管 C 语言中提供了各种运算，但对于数学中常用的运算，如求幂、求平方根、求绝对值、求对数和求正弦、余弦等三角函数运算，C 语言中并不存在这样的运算符。为了方便程序编写，降低程序复杂性，C 语言提供了标准数学库函数供程序使用，这些数学库函数都被定义在系统头文件 math.h 中。因此要使用这些函数，在文件开头要使用如下代码：

```
#include <math.h>
```

表2-14总结了一些最常用的数学库函数，完整的数学库函数见附录Ⅳ。

表2-14 常用的数学库函数(要求 math.h 头文件)

函数	用途	实例	使用函数	说明
abs(x)	求整型 x 的绝对值	$\|-4\|$	abs(−4)	结果为int型 若 x 为浮点型，计算结果为0
fabs(x)	求x的绝对值	$\|-3.5\|$	fabs(−3.5)	x 可为整型或浮点型，计算结果为double型
exp(x)	求 e^x 的幂	$e^{-3.2}$	exp(−3.2)	x 可为整型或浮点型，计算结果为double型
log(x)	求e为底 x 的自然对数 $\ln x$	$\ln 18.697$	log(18.697)	x 可为整型或浮点型，计算结果为double型
log10(x)	求10为底 x 的自然对数	$\log_{10} x$	$\log_{10}$(18.697)	x 可为整型或浮点型，计算结果为double型
pow(x, y)	求 x^y	2^4	pow(2, 4)	x 可为整型或浮点型，计算结果为double型
sqrt(x)	求 x 的平方根 $\sqrt{x}$	$\sqrt{16}$	sqrt(16)	x 可为整型或浮点型，计算结果为double型

数学库函数本身可以看成是一个“黑盒子”，我们不需要知道函数的功能是如何被实现和执行的，只需要知道库函数的名字、完成什么功能，如何使用，得到什么样的结果，就可以利用它来解决问题。

【例2.5】 计算平面上两个点的距离，坐标分别为(3,9)和(7,12)。计算公式为：$d=\sqrt{(x_1-x_2)^2+(y_1-y_2)^2}$。

【问题分析】

(1) 输入的数据：两个点的坐标，数值给定(3,9)和(7,12)。

(2) 要求的输出：两个点的距离，通过计算获得数值。

(3) 将输入转换成输出的公式：$d=\sqrt{(x_1-x_2)^2+(y_1-y_2)^2}$。

【解题步骤】

(1) 变量声明和初始化

① 输入的数据：两个点的坐标，数值给定(3,9)和(7,12)

```
double x1 = 3, y1 = 9;      /* 第一个点的坐标变量 */
double x2 = 7, y2 = 12;     /* 第二个点的坐标变量 */
```

② 要求的输出：两点间的距离，通过计算获得数值

```
double d;                   /* 两点之间的距离 */
```

(2) 求解两点间的距离

利用公式 $d=\sqrt{(x_1-x_2)^2+(y_1-y_2)^2}$ 求解：

$(x_1-x_2)^2 \rightarrow$ pow(x1 − x2, 2)　　/* 用数学库函数pow()实现乘幂计算 */

$(y_1-y_2)^2$→pow(y1 − y2, 2)

d = sqrt(pow(x1 − x2, 2) + pow(y1 − y2, 2));

/＊用数学库函数 sqrt()实现开方＊/

(3) 输出求解结果,即两点间的距离 d

printf("两点间的距离为:%f \n", d);

【程序代码】

```
#include<stdio.h>
#include<math.h>                    /* 使用数学库函数,要包含 math.h 头文件 */
int main(void)
{
    double x1 = 3, y1 = 9;
    double x2 = 7, y2 = 12;
    double d;
    d = sqrt( pow(x1 − x2, 2) + pow(y1 − y2, 2) );
    printf("两点间的距离为:%f \n", d);
    return 0;
}
```

【运行结果】

两点间的距离为:5.000 000

2.6　符号常量

【例 2.6】　某广场要建造一个雕塑,雕塑的主体部分由 4 个圆形构成,如图 2－21,用钢管制造,现要测算所需钢管的长度。

【问题分析】

这个问题比较简单,钢管的长度为 4 个圆的周长之和。圆周长可以用公式 $C=\pi d$ 计算,π 取 3.141 59。

(1) 输入的数据:4 个圆的直径,数值给定如图。

(2) 要求的输出:4 个圆的周长之和。

(3) 将输入转换成输出的公式:先用公式 $C = \pi d$ 分别计算 4 个圆的周长,再相加求和。

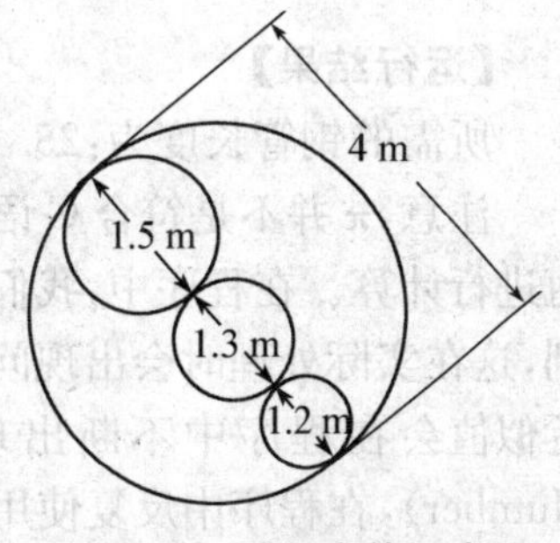

图 2－21　雕塑主体示意图

【解题步骤】

(1) 变量声明和初始化

① 输入的数据:4 个圆的直径,数值给定如图

```
double  d1 = 4;
double  d2 = 1.5;
double  d3 = 1.3;
double  d4 = 1.2;
```

②中间变量:4 个圆的周长

double　c1，c2，c3，c4；　　　　　/＊分别为4个圆的周长＊/

③ 要求的输出：4个圆的周长之和

double　s；　　　　　/＊四个圆的周长之和＊/

(2) 求解4个圆的周长之和

① 用公式 $C = \pi d$ 分别计算4个圆的周长

c1 = 3.14159 ＊ d1；

c2 = 3.14159 ＊ d2；

c3 = 3.14159 ＊ d3；

c4 = 3.14159 ＊ d4；

② 将四个圆的周长相加求和

s = c1 + c2 + c3 + c4；　　　　　/＊s为周长之和＊/

(3) 输出求解结果，即周长之和s

printf("所需的钢管长度为：%f \n", s)；

【程序代码】

```
#include<stdio.h>
int main(void)
{
    double  d1 = 4, d2 = 1.5, d3 = 1.3, d4 = 1.2;
    double  c1, c2, c3,c4;
    double  s;
    c1 = 3.14159 * d1;
    c2 = 3.14159 * d2;
    c3 = 3.14159 * d3;
    c4 = 3.14159 * d4;
    s = c1 + c2 + c3 + c4;
    printf("所需的钢管长度为：%f 米\n", s);
    return 0;
}
```

【运行结果】

所需的钢管长度为：25.132 720 米

注意，π并不是符合C语言规则的符号，不能直接使用，程序中我们只能用它的近似数值进行计算。在程序中，我们看到，π取值为3.141 59，并且在计算4个圆周长时都被使用到，这在实际处理时会出现问题。当问题复杂时，涉及数十个或数百个圆周长的计算，π的近似值会在程序中不断出现，这种在同一个程序中多次出现的常量称为**幻数**（Magic Number），在程序中反复使用幻数，书写非常不便，容易发生错误；另一方面，幻数使程序的可读性变差，程序员在一段时间后可能不记得这些幻数所表示的意义；第三，使程序维护变得复杂，一旦精度发生改变，程序中每一处使用的幻数都需要修改，不仅工作量大，而且容易发生遗漏。

为了避免幻数散布于程序中，C语言提供了符号常量使程序员能够将多次要用到的常量与一个符号名称等价，一次性的定义这个值。在程序中用这个符号名来代替该常量的使用，这个定义由＃define 完成：

```
#include<stdio.h>
#define   PI   3.141 59          /*定义符号常量PI,使数值3.14159与PI等价*/
int main(void)
{
    double  d1 = 4, d2 = 1.5, d3 = 1.3, d4 = 1.2;
    double  c1, c2, c3,c4;
    double  s;
    c1 = PI * d1;                /*使用符号常量PI,等价于使用3.141 59*/
    c2 = PI * d2;
    c3 = PI * d3;
    c4 = PI * d4;
    s = c1 + c2 + c3 + c4;
    printf("所需的钢管长度为:%f 米\", s);
    return 0;
}
```

在程序中定义符号常量的语句"＃define　PI　3.141 59"放在主函数开始之前，PI 为用户定义的符号名称，3.141 59 是与之等价的常量，它们之间用空格间隔。一旦符号常量被定义，程序编译时，预处理器将用它的等价值替代程序中每一个出现的该符号常量。注意，定义符号常量的语句不使用分号结束，并且符号常量的值不能在其后被程序改变。如在程序中出现下面语句，会引起编译错误：

```
PI = 3.141 6;          /*错误,符号常量一旦定义,其值不能改变*/
```

2.7　小结

一、知识点概括

本章向读者介绍了如何编写简单的 C 语言程序，这些程序都包括三个基本操作：(1) 输入数据；(2) 进行运算和数据处理；(3) 输出运算结果。用下面的流程图来表示这个过程。

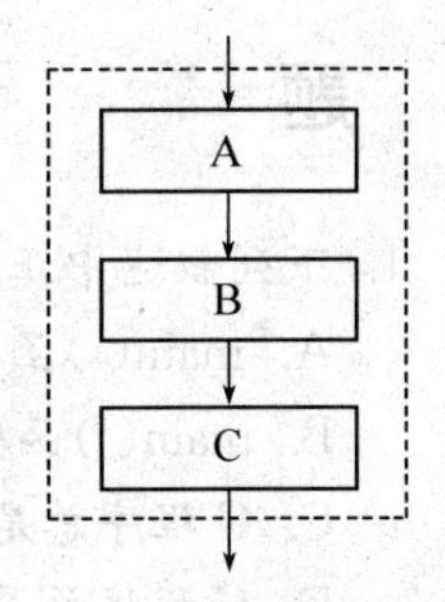

图 2-22　顺序结构流程

这种依次进行、按部就班的顺序处理和操作过程是 C 语言中最基本的程序结构——**顺序结构**(Sequential Structure)。在顺序结构中，各语句按照书写的先后顺序自上而下顺序执行。读者在领会顺序结构程序设计思想的同时，需掌握 C 语言的基础知识，包括：

(1) 基本类型数据的表示及使用。

基本类型的类型标识符(int float double char)、类型修饰符(long short signed unsigned)的意义及使用。

(2) 基本类型常量的表示及使用。

① int 型常量的十进制、八进制、十六进制形式。

② float 型常量、double 型常量的十进制小数形式、十进制指数形式。

③ char 型常量的形式，常用的转义字符。

④ 字符串常量的形式。

⑤ 符号常量的命名、定义与使用。

(3) 基本类型变量的命名、声明、初始化及使用方法。

(4) 算术运算、赋值运算的运算规则，及各运算符的优先级和结合方向，以及在运算和赋值时的自动类型转换和强制类型转换规则。

二、常见错误列表

错误实例	错误分析
a(a−b)(a+b) a×(a−b)×(a+b)	将乘法运算符省略，或写成×，不符合 C 语法规范，错误。
C = 2 *π*r	使用非法标识符 π
1/2	欲做浮点数除法(应改为 1.0/2)，但两边的操作数都为整型，做整除操作，结果为 0。
4.5 % 3	模运算符要求参与运算的操作数都为整型
sinx	使用数学库函数，应将参数用小括号括起来，应为 sin(x)
int a，b；	使用了中文输入法的标点符号(逗号，分号)，系统报错为非法字符，应在英文半角输入法下输入字符。
#define pi = 3.141 592 6;	符号常量定义错误，符号常量名后没有=，末尾没有分号，应为#define pi 3.141 592 6
a + = 4; a − = 9;	复合赋值运算符+=，−=，*=，/= 的两个符号间应该没有空格
[(a +b) + c] * d	使用[]限定运算顺序，系统报错，C 语言中只能使用( )限定运算顺序，应为((a +b) + c) * d

习 题

1. 下列叙述中正确的是________。

   A. main( )函数必须出现在其他函数之前

   B. main( )函数中至少必须有一条语句

   C. C 程序总是从 main( )函数的第一条语句开始执行

   D. C 程序总是在执行完 main( )函数的最后一条语句后结束

2. 以下常量表示中正确的是________。

   A. \xff　　B. 5L　　C. aEb　　D. 3.14U

3. 以下选项中，不能用作标识符的是________。

   A. print　　B. FOR　　C. &a　　D. _00

4. 表达式"1e－8/2＋1.0f"值的数据类型是________。

A. int　　B. long　　C. float　　D. double

5. 数学式$\frac{\sqrt{a}}{2b}$在C程序中正确的表示形式为________。

A. sqrt(a)/2 * b　　B. sqrt(a)/2/b

C. sqrt(a)/2 b　　D. sqrt a/(2 * b)

6. 若有声明"int a=5,b=2;",则表达式"b += (float)(a+b)/2"运算后b的值为________。

7. 有以下程序))

```
#include<stdio.h>
int main(void)
{
    int m = 3, n = 4,x;
    x = - m++;
    x = x + 8/++ n;
    printf("%d\n", x);
}
```

程序运行后的输出结果是________。

A. 3　　B. 5　　C. －1　　D. －2

8. 已知有声明"int n; float x,y;",则执行语句"y = n = x = 3.89;"后,y的值为________。

A. 3　　B. 3.0　　C. 3.89　　D. 4.0

9. 已知有声明"char　ch='g';",则表达式ch = ch－'a'＋'A'的值为字符________的编码。

10. 若有程序段"char　c=256;　int　a=c;",则执行该程序段后a的值是________。

A. 256　　B. 65 536　　C. 0　　D. －1

11. 指出下列#define语句的错误:

```
#define   PI   3.14159;
#define   0   fails
#define   float   25.6
```

12. 判断下面程序的用途,对适当的常量使用#define语句,重新编写程序。

```
#include<stdio.h>
int main(void)
{
    double  R = 9, r = 3;
    double  S, s, area;
    S = 3.1415926 * R * R;
    s = 3.1415926 * r * r;
    area = S - s;
```

```
    printf("所求面积为:%f \n", area);
    return 0;
}
```

13. 用海伦公式计算边长分别为 a,b,c 的三角形面积,计算公式为: $S=\sqrt{l(l-a)(l-b)(l-c)}$,其中 $l=(a+b+c)/2$,a,b,c 的值分别为 3,4,5。

14. 利用世界人口模型估计 2020 年的世界人口,世界人口模型公式为 $Population=6.0e^{0.02(Year-2\,000)}$,单位为 10 亿。

第三章　键盘输入与屏幕输出

在程序运行过程中，往往需要由用户输入一些数据，这些数据经程序处理后输出反馈给用户，通过数据的输入输出实现人机交互。因此，数据的输入输出是程序设计中必不可少的重要操作。C语言中的输入和输出是通过调用函数实现的，本章介绍用于键盘输入与屏幕输出的常用函数。

3.1　交互式输入的程序

对于只计划执行一次的程序的数据，可以直接包含在程序中(即在程序中指定初值)，例如前一章介绍的欢迎界面只能显示固定信息，如果要显示不同的信息，则必须重写程序。交互式输入的程序允许用户在程序运行时从键盘上输入数据，在不必更改程序的情况下，得到不同的运行结果。

【例 3.1】　交互式输入的欢迎界面

交互式输入的欢迎界面允许用户根据当天的情况输入日期、温度、舒适度信息并显示。

【程序代码】

```
#include <stdio.h>
int main(void)
{
    int year, month, day;          /* 定义年,月,日变量 */
    float temperature;             /* 定义温度变量 */
    char comfort;                  /* 定义舒适度变量 */

    printf("请您设置日期:\n");
    printf("4位年份:");
    scanf("%d", &year);    /* 接受键盘输入的整型数据,将它赋值给变量 year */
    printf("月份:");
    scanf("%d", &month);
                       /* 接受键盘输入的整型数据,将它赋值给变量 month */
    printf("日:");
    scanf("%d", &day);     /* 接受键盘输入的整型数据,将它赋值给变量 day */
    printf("请您设置温度:");
```

```
    scanf("%f", &temperature);
                    /* 接受键盘输入的浮点型数据,将它赋值给变量 temperature */
    printf("请您设置舒适度(A/B/C):");
    scanf(" %c", &comfort);
                      /* 接受键盘输入的字符型数据,将它赋值给变量 comfort */

    printf("          welcome!    \n");
    printf("      今天:%d 年%d 月%d 日\n",year,month,day);
    printf("      温度:%f 摄氏度\n",temperature);
    printf("      舒适度:%c\n",comfort);
    printf("*************************\n");
    printf("*      Hello C-world!       *\n");
    printf("*           \1  \1              *\n");
    printf("*************************\n");
    return 0;
}
```

【运行结果】 如图 3-1 所示。

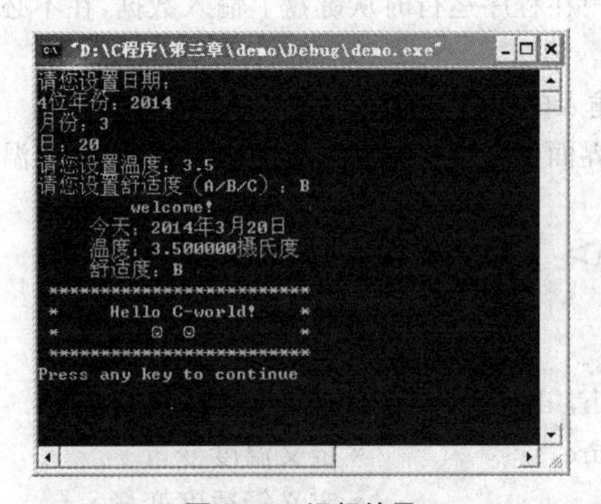

图 3-1　运行结果

scanf( )是C语言标准库提供的输入函数,用于接受来自计算机键盘输入的数据。与printf( )函数一样,在程序中使用时,必须包含C语言标准库文件 stdio. h。

程序中使用 scanf( )函数接受来自键盘的输入,我们无需固定年、月、日、温度和舒适度变量的值,而是让用户根据实际情况,从键盘输入这些变量的值,最后用 printf( )函数将变量的值输出。

与 pintf( )函数相似,scanf( )函数括号内的第一个字符串为控制字符串,它会告诉函数所输入的数据类型。

scanf()函数接受一个数据赋给一个 int 变量时用"%d":

```
scanf("%d", &year);
scanf("%d", &month);
```

scanf("%d", &day);

scanf 函数接受一个数据赋给一个 float 类型变量时用“%f”：

scanf("%f", &temperature);

scanf 函数接受一个数据赋给一个 char 类型变量时用“%c”：

scanf("%c", &comfort);

与 printf( )函数不同的是，scanf( )函数在控制字符串后跟随的是变量的地址列表，即在变量前加了一个“&”符号，这表示变量的地址。在我们定义变量时，系统为变量分配了存储单元，以整型变量 year 为例，这个存储单元的地址为 &year，“scanf(“%d”, &year) ”将从键盘输入的数据送到地址为 &year 的存储单元，过程如图 3-2 所示。

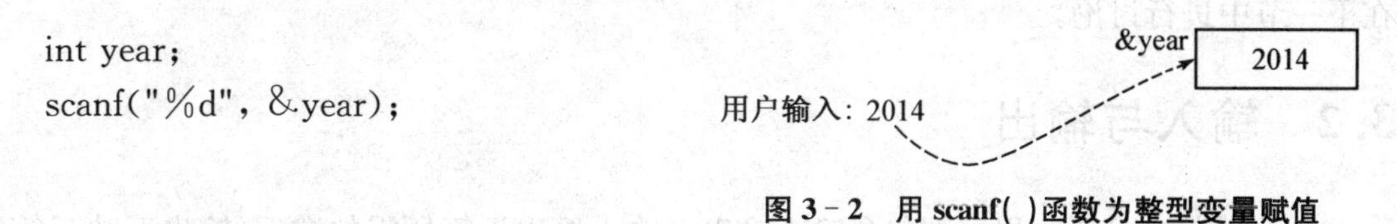

图 3-2　用 scanf( )函数为整型变量赋值

注意：幻影换行符

当 scanf( )函数用于接收字符时，会吃掉上一次输入的回车字符。考察如下程序：

【程序代码】

```
#include<stdio.h>
int main(void)
{
    float temperature;
    char comfort;
    printf("请您设置温度:");
    scanf("%f", &temperature);
    printf("请您设置舒适度(A/B/C):");
    scanf("%c", &comfort);
    printf("            温度:%f 摄氏度\n",temperature);
    printf("    舒适度:%c\n",comfort);
    return 0;
}
```

【运行结果】　如图 3-3 所示。

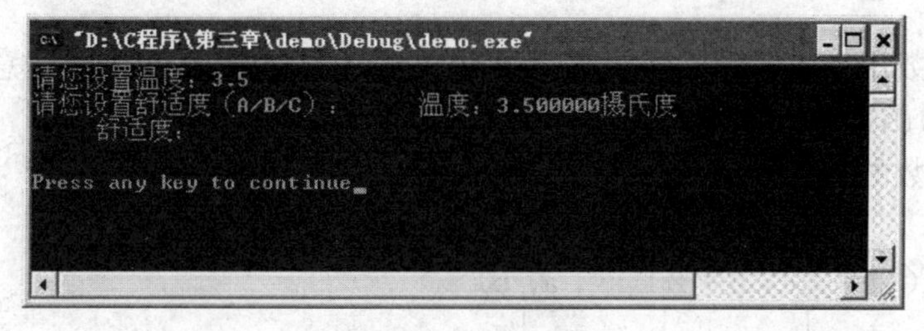

图 3-3　运行结果

当用户输入温度3.5后，又按了一个回车键，于是变量temperature被赋值3.5，而回车字符被赋给了字符型变量comfort。在输出时，由于回车符是不可打印字符，故没有显示出来。可见，在接受字符时，scanf( )函数还可以接受一些不可打印字符，包括空格键、回车键、Escape键和Control键键入的字符。这些键在输入数字时一般不会有影响，scanf( )函数会将其作为当成随数字数据输入的前后空白符而忽略。这些键在响应第一个字符输入数据时也不会有影响。只有在用户已经输入其他数据之后请求一个字符时，才应注意这些字符的影响。

为了解决这个问题，在上例程序代码中使用了“scanf(“ %c”, &comfort)”，即在“%c”之前加一个空格，以规避掉之前的回车字符。当然，还可以用其他方法来解决这个问题，将在下一节中进行讨论。

3.2　输入与输出

几乎所有的C语言程序都包含输入输出。输入给出运算所需的数据，输出反映运算得到的结果。输入输出是以计算机为主体而言的，程序在运行期间从输入设备(如键盘、磁盘、光盘等)向计算机输入数据成为**输入**(input)，计算机向输出设备(如显示器、磁盘、打印机等)输出数据成为**输出**(output)。

C语言本身不提供输入输出语句，输入输出操作是由C标准函数库中的函数来实现的，如前面介绍的printf( )函数和scanf( )函数。C语言提供的标准函数以库的形式在C的编译系统中提供。各种C编译系统提供的系统函数库由各软件公司编制，包括了C语言建议的全部标准函数，和各公司根据用户需要补充的常用函数。不同编译系统提供的函数库中的函数数量、名字和功能不完全相同。但一些标准函数(如printf( )和scanf( ))，各种编译系统都提供。

常用的C语言的标准输入输出函数有：格式化输入函数scanf( )、格式化输出函数printf( )，字符输入函数getchar( )、字符输出函数putchar( )，字符串输入函数gets( )、字符串输出函数puts( )。本节详细介绍前4个最基本的输入输出函数，字符串输入输出函数见第九章。

使用标准输入输出库函数，程序的开头要将“stdio.h”头文件包含进来：

```
#include <stdio.h>
```

“stdio.h”头文件包含了与标准输入输出库有关的变量、函数等相关信息的定义。

3.2.1　格式化输出函数printf( )

printf( )函数用来向计算机标准输出设备(一般为显示器)输出若干任意类型的数据。

1. printf( )函数的一般形式

printf( )函数的一般形式为：

printf(格式控制字符串，输出值参数列表)

例如：printf("a=%d, b=%f\n", a, b)

格式声明　　　　输出值参数列表

格式控制字符串是用双引号括起来的字符串，包括**格式声明**和**普通字符**。**格式声明**将要输出的数据转换为指定的格式后输出，如%d，%f；**普通字符**是在输出时原样输出的字符，如上面printf( )函数中的"a = "、空格、换行字符都为普通字符。

输出值参数列表是需要输出的一个或多个数据项的列表，可以是常量、变量或表达式。输出值参数之间用逗号分隔，其数量、类型、顺序应与格式控制字符串的格式声明相匹配。

【例3.2】 输出不同类型的数据。

【程序代码】

```
#include<stdio.h>
int main(void)
{
    int a = 3;
    float b = 4.5;
    printf(" %d   %f \n", a, b );
    printf(" a = %d, b = %f\n", a, b);
    return 0;
}
```

【运行结果】

```
3   4.500000
a = 3, b = 4.500000
```

printf( )函数也可省略输出值参数列表，例如：

```
#include<stdio.h>
int main(void)
{
    printf(" hello,world! \n");
    return 0;
}
```

【运行结果】

```
hello,world!
```

这样，格式控制字符串中的字符都为普通字符，原样输出。

2. 格式声明

格式声明的形式为：

% 格式修饰符 格式字符

格式声明由"%"开始，并以格式字符结束，如%d，%f，%c等。在"%"和格式字符之间还可加入格式修饰符，如%ld，%lf等。格式声明的作用是将要输出的数据转换为指定的格式后输出。

输出时常用的格式字符有以下几种：

(1) d格式字符

用于输出一个带符号十进制整数。使用时可以在格式声明中指定输出数据的域宽。

【例 3.3】 用于输出一个带符号十进制整数。

【程序代码】

```
#include<stdio.h>
int main(void)
{
    int a = 34, b = -123;
    printf("%d\n%d\n", a, b);              /*不指定域宽输出整型变量*/
    printf("%5d\n%5d\n", a, b);            /*指定域宽输出整型变量*/
    printf("%5d\n%5d\n", 34, -123);        /*指定域宽输出整型常量*/
    return 0;
}
```

【运行结果】

```
34
-123
   34    (34前面有三个空格)
 -123    (-123前面有一个空格)
   34
 -123
```

可以看到,不指定域宽输出整型变量 a、b 时,按 a、b 的实际长度输出。指定域宽%5d 输出 a、b 时,输出的数据占 5 列,数据显示在这 5 列区域的右侧,不足的部分以空格占位。printf( )函数同样可以指定域宽输出常数。

(2) c 格式字符

用于输出一个字符。输出时,也可指定域宽。

【例 3.4】 输出一个字符。

【程序代码】

```
#include<stdio.h>
int main(void)
{
    char c1 = 'A';
    printf(" %c\n", c1);        /*不指定域宽输出c1的值*/
    printf(" %5c\n", c1);       /*指定域宽输出c1的值*/
    return 0;
}
```

【运行结果】

```
A
    A    (指定域宽%5c输出,A前有4个空格)
```

对于一个整数,也可以使用%c 输出它的字符形式。例如:

```
#include<stdio.h>
int main()
```

```
{
    int a = 76;
    int b = 378;
    printf(" %c\n", a);         /* 输出整型变量 a 的字符形式 */
    printf(" %c\n", b);         /* 输出整型变量 b 的字符形式 */
    return 0;
}
```

【运行结果】

```
L
z
```

对于数值在 0～127 范围中的整数，其字符形式为该整数作为 ASCII 码转换的字符，如字符'L'的 ASCII 码为 76，故变量 a 的字符形式为'L'。

若整数较大，则将其“截断”，取最后一个字节的数值转换为字符形式输出。如变量 b 的值为 378，将它转换为二进制形式，取低八位 01111010（如图 3－4），即十进制值 122，为'z'的 ASCII 码，故输出 b 的字符形式为'z'。

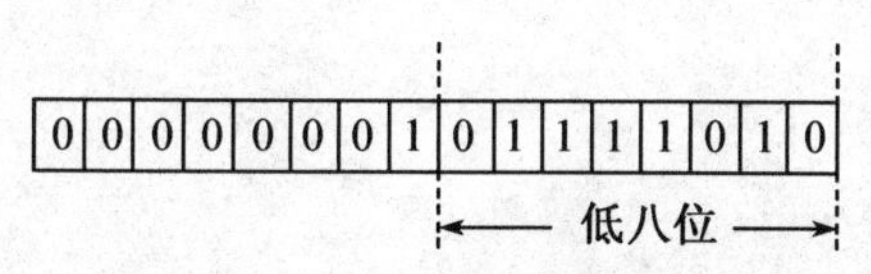

图 3－4　对 b 进行“截断”操作

(3) f 格式字符

用于输出包括单、双精度的浮点数。使用方法有如下几种：

① %f　不指定数据宽度和精度，整数部分全部输出，小数部分保留 6 位。

【例 3.5】 用%f 格式输出浮点数。

【程序代码】

```
#include<stdio.h>
int main(void)
{
    double d = 2.0;
    printf(" %f\n", d);
    return 0;
}
```

【运行结果】

```
2.000000
```

② %m.nf 指定数据宽度 m 和精度 n

　　m 为数据总共所占的列数，小数点占一列；n 为小数位数。

【例 3.6】 用%m.nf 格式输出浮点数。

【程序代码】

```
#include<stdio.h>
```

```
int main(void)
{
    double d = 2.0;
    printf("%20.15f\n", d/3);
    return 0;
}
```

【运行结果】

□□□0.666666666666667 (0 前有 3 个空格)

这时数据的总宽度为 20,小数部分占 15 位。注意 double 型数据的只保证 15 位有效数字的精确度,而 float 类型只能保证 6 位有效数字的精确度。

③ %-m.nf 输出数据左对齐

用法与%m.nf 相似,但当数据宽度不超过 m 时,数据靠左显示,右端不足的部分补空格。

【例 3.6】 用%-m.nf 格式输出浮点数。

【程序代码】

```
#include<stdio.h>
int main(void)
{
    double d = 2.0;
    printf("%-20.15f\n", d/3);
    return 0;
}
```

【运行结果】

0.666666666666667□□□ (7 后有 3 个空格)

(4) s 格式字符

用于输出一个字符串。

【例 3.7】 输出一个字符串。

【程序代码】

```
#include<stdio.h>
int main(void)
{
    printf("%s\n", "hello world!");
    return 0;
}
```

【运行结果】

hello world!

(5) e 格式字符

以指数型数输出浮点数。可以使用%e 不指定输出数据的宽度和精度,一般系统默认小数位数为 6 位,指数部分 5 位。也可以使用%m.ne 指定输出数据的宽度 m 和小数精度 n。

【例 3.8】 以指数型数输出浮点数。

【程序代码】

```
#include<stdio.h>
int main(void)
{
    double d = 256.789;
    printf(" %e\n", d);      /*不指定数据宽度和精度输出*/
    printf(" %15.3e\n", d);  /*指定数据宽度和精度输出*/
    return 0;
}
```

【运行结果】

```
2.567890e+002
          2.567e+002    (数的前面有 5 个空格)
```

格式字符 e 也可用大写形式 E 表示，则显示时也为大写形式。

除了常用的格式字符外，C 语言还提供其他格式字符及相应的格式修饰符，见表 3-1 和表 3-2。实际使用时，可根据需要选择合适的字符进行处理。

表 3-1　printf( )函数常用的格式字符

格式字符	功　能
d, i	以带符号十进制形式输出整数，正数的符号省略
o	以无符号八进制形式输出整数，不输出前导符 0
x	以无符号十六进制形式(小写)输出整数，不输出前导符 0x
X	以无符号十六进制形式(大写)输出整数，不输出前导符 0x
u	以无符号十进制形式输出整数
c	以字符形式输出，只输出一个字符
s	输出字符串
f	以十进制小数形式输出浮点数(包括单、双精度)，隐含输出 6 位小数
e,E	以指数形式输出浮点数，如 2.5e+03，1.2E−06
g, G	自动选取 f 或 e 格式中输出宽度较小的一种使用，且不输出无意义的 0
%	输出百分号%
p	输出十六进制形式地址量

表 3-2　printf( )函数常用的格式修饰符

格式字符	功　能
l	修饰格式字符 d，o，x，u 时，用于输出长整型数据
L	修饰格式字符 f，e，g 时，用于输出 long double 型数据

（续表）

格式字符	功　能
h	修饰格式字符 d，o，x 时，用于输出 short 型数据
域宽 m	m 为十进制整数，指定显示数据的最小宽度。若实际数据宽度＜ m，根据对齐方式在前/后补足空格或 0；若实际数据宽度＞ m，按实际数据宽度全部输出
.n	n 为大于等于 0 的整数。 对于浮点数，用于指定输出浮点数的小数位数 对于字符串，用于指定从字符串左侧开始向右截取的字符个数

3.2.2 格式化输入函数

1. 一般形式

scanf( )函数的一般形式如下：

scanf(格式控制字符串，地址列表)

scanf( )函数从键盘中读取若干字符按照格式控制字符串中的转换说明转换为指定类型数据，保存到对应的地址中，地址可为变量或字符串的地址。地址列表中的地址与格式控制字符串中的转换说明在个数、顺序、类型上要一一对应。如：

(1) scanf("%d %d %d %f %c", &year, &month, &day, &temperature, &comfort);

执行时要读入 5 个数据，第 1 个数据转换成 int 型存储到变量 year 中（&year 为变量 year 的地址），第 2 个数据转换成 int 型存储到变量 month 中，第 3 个数据转换成 int 型存储到变量 day 中，第 4 个数据转换成浮点型存储到变量 temperature 中，第 5 个数据转换成字符型存储到变量 comfort 中。

(2) scanf("%d %d %d %f", &year, &month, &day, &temperature, &comfort);

执行时要求输入 4 个数据，转换后分别存储到变量 year、month、day 和 temperature 中，变量 comfort 没有获得数据，保持原来的数据不变。

(3) scanf("%d %d %d %f %c", &year, &month, &day, &temperature);

则要求输入 5 个数据，读入的前 4 个数据，转换后分别存储到变量 year、month、day 和 temperature 中，第 5 个数据被转换成字符型丢弃。

2. 格式控制字符串

与 printf( )函一样，scanf( )函数的格式控制字符串中，格式声明如下：

% 格式修饰符 格式字符

格式字符和格式修饰符的用法与 printf( )函数相似，见表 3－3 和表 3－4。

表 3－3 scanf( )函数的格式字符

格式字符	功　能
d，i	输入有符号的十进制整数
u	输入无符号的十进制整数
o	输入无符号的八进制整数

（续表）

格式字符	功　能
x，X	输入无符号的十六进制整数(大小写作用相同)
f	输入浮点数,可按小数形式和指数形式输入
e，E，g，G	与f的功能相同(e、g大小写作用相同)
c	输入单个字符
s	输入字符串(详见第十一章)

表3-4　scanf( )函数的格式修饰符

格式修饰符	功　能
l，L，	输入长整型数据(%ld,%lu,%lo,%lx),输入double型数据(%lf,%e，%g) 输入long double型数据(%Lf,%Le,%Lg)
h	输入短整型数据(%hd,%ho,%hx)
域宽	指定输入数据所占宽度,域宽为正整数(如:%5d)
*	输入的字段不赋给相应的变量

3. 用scanf( )函数输入数据应注意的问题

(1) 当格式控制字符间以空格间隔时,输入数据时也应以空格间隔。如:

scanf("%d %d %f %lf", &a, &b, &c, &d);　　　/*A*/

执行时输入:

3　4　6.5 7.088 9↙　　(数据间有一个或以上的空格,回车结束,正确)

(2) 当格式控制字符间以逗号间隔时,输入数据时也应以逗号间隔,如A行语句改为:

scanf("%d,%d,%f,%lf", &a, &b, &c, &d);

执行时输入:

3，4，6.5，7.088 9↙　　(数据间用一个逗号隔开,回车结束,正确)

若输入:

3　4　6.5　7.088 9↙　(用空格分隔数据,与要求不符)

(3) 格式控制字符串中除了格式字符和格式修饰符,还可以有一些普通字符。如A行语句改为:

scanf("a = %d,b = %d,c = %f,d = %lf", &a, &b, &c, &d);

执行时应输入:

a = 3,b = 4, c = 6.5, d = 7.088 9↙　(在对应的位置上输入同样的数据,正确)

若输入:

a = 3 b = 4 c = 6.5 d = 7.088 9↙　(用空格分隔数据,与要求不符,错误)

如果A行语句改为:

scanf("a = %d b = %d c = %f d = %lf", &a, &b, &c, &d);

执行时应输入:

a = 3 b = 4 c = 6.5 d = 7.088 9↙　(用一个空格分隔数据,正确)

若改为：

scanf("a = %d b = %d c = %f d = %lf", &a, &b, &c, &d); /* 以两个空格分隔 */

执行时应输入：

a = 3 b = 4 c = 6.5 d = 7.088 9↙ （用两个空格分隔数据，正确）

(4) 使用指定域宽输入数据，如 A 行语句改为：

scanf("%2d%2d %3f %3lf", &a, &b, &c, &d);

执行时输入：

12 344.16.3↙ （按指定域宽输入数据，正确）

因指定%2d，所以取两位域宽字段 12 赋值给 a，34 赋值给 b，对于 float 和 double 类型数据，小数点占一位域宽，所以%3f 指定 4.1 三位域宽字段赋值给 c，同理，6.3 赋值给 d。

(5) 使用任意字符作为分隔符输入数据，如 A 行语句改为：

scanf("%d*c%d", &a, &b);

执行时可这样输入：

① 以回车符作为数据分隔符

12↙

25↙

② 以空格符作为数据分隔符

12 25↙

③ 以逗号作为数据分隔符

12,25↙

(6) 输入数值数据时，输入非数值字符，认为该数据结束，如：

scanf("%d %d", &a, &b);

执行时输入：

12 4c ↙

则 12 赋给变量 a，4 赋给变量 b，字符'c'认为数据结束。

若输入：

123a↙

则 123 赋值给变量 a，由于 123 之后是一个非数值字符'a'，认为输入数据结束，故 b 没有得到赋值，保持原来的值不变。

(7) 输入字符型数据时，空格字符和转义字符中的字符都作为有效字符输入，如：

```
#include<stdio.h>
int main(void)
{
    int a, b;
    float d;
    char c1, c2, c3;
    scanf("%c%c%c", &c1, &c2, &c3);          /*B*/
    printf("c1 = %c \nc2 = %c \nc3 = % c \n", c1,c2, c3);
```

```
    return 0;
}
```

执行时输入：

　Abc↙　（字符间没有空格，正确）

输出为：

　c1 = A

　c2 = b

　c3 = c

若输入：

　A b c↙　（字符间插入空格，赋值错误）

则输出为：

　c1 = A

　c2 =□　（□表示空格）

　c3 = b

若程序改为：

```
#include<stdio.h>
int main(void)
{
    int a, b;
    char c1;
    scanf("%d%c%d", &a, &c1, &b);
    printf("a = %d \nc1 = %c \nb= %d\n", a, c1, b);
    return 0;
}
```

执行时输入：

　12 23↙　（数据间有一个空格）

输出为：

　a = 12

　c1 =□　（□表示空格）

　b = 23

若输入：

　12a23↙

则输出为：

　a = 12

　c1 = a

　b = 23

(8) 注意 scanf("%c", &c)吃掉回车或者空格等字符的问题。

在用户已经输入其他数据之后请求一个字符时(如例 3.1 所示)，scanf( )会吃掉前面输入的回车或空格等字符。常用的解决方法如下：

① 在"%c"之前加一个空格，以规避掉之前的回车字符。

如：scanf(" %c", &c);

② 定义一个变量接收回车字符。

如：
```
int a;
    char c1, c;
    printf("input a:\n");
    scanf("%d", &a);
    printf("input c:\n");
    scanf("%c%c", &c1, &c); /* 回车键的代码给变量c1 */
```

③ 利用 fflush( )函数刷新剩余字符的输入缓冲区。

如：
```
int a;
    char c;
    printf("input a:\n");
    scanf("%d", &a);
    fflush(stdin);      /* 刷新剩余字符的输入缓冲区 */
    printf("input c:\n");
    scanf("%c", &c);
```

3.2.3 字符数据的输入输出函数

1. 字符输出函数 putchar( )

putchar 函数的作用是向显示器输出单个字符常量或字符变量的值，它的一般形式为：

putchar(字符常量) 或 putchar(字符变量)

【例 3.9】 用 putchar( )函数输出字符。

【程序代码】

```
#include<stdio.h>
int main(void)
{
    char c1 = 'W', c2 = 'I', c3 = 'N';   /* 定义三个字符变量并赋值 */
    putchar('I');                        /* 输出一个字符常量I */
    putchar('\40');  /* 输出一个八进制转义字符(其十进制值为32,即空格字符) */
    putchar(c1);                         /* 输出字符变量c1的值 */
    putchar(c2);                         /* 输出字符变量c2的值 */
    putchar(c3);                         /* 输出字符变量c3的值 */
    putchar('\n');                       /* 输出一个转义字符,换行字符 */
    return 0;
}
```

【运行结果】

I WIN

putchar( )函数在输出字符常量时可以使用一般字符（如'I'），转义字符（如'\n',

'\40'),也可使用对应于字符 ASCII 码的整型值,来输出字符。

【例 3.10】 用字符 ASCII 码值输出字符。

【程序代码】

```
#include<stdio.h>
int main(void)
{
    int c1 = 87, c2 = 73, c3 = 78;      /*定义三个整型变量并赋值*/
    putchar(73);                        /*输出字符 I(其 ASCII 码为 73)*/
    putchar(32);                        /*输出空格字符(其 ASCII 码为 32) */
    putchar(c1);                        /*输出字符 W(其 ASCII 码为 87)*/
    putchar(c2);                        /*输出字符 I*/
    putchar(c3);                        /*输出字符 N(其 ASCII 码为 78)*/
    putchar('\n');                      /*输出一个转义字符,换行字符*/
    return 0;
}
```

【运行结果】

```
I WIN
```

2. 字符输入函数 getchar( )

getchar( )函数的作用从计算机终端(一般为键盘)输入一个字符。它的一般形式为:

getchar( )

getchar( )函数只能接收一个字符,其函数值就是从输入设备得到的字符。

【例 3.11】 用 getchar( )函数接收字符。

【程序代码】

```
#include<stdio.h>
int main(void)
{
    char c1, c2, c3;              /*定义三个字符变量*/
    c1 = getchar();               /*从键盘输入一个字符,送给字符变量 c1*/
    c2 = getchar();               /*从键盘输入一个字符,送给字符变量 c2*/
    c3 = getchar();               /*从键盘输入一个字符,送给字符变量 c3*/
    putchar(c1);                  /*输出变量 c1 的值*/
    putchar(c2);                  /*输出变量 c2 的值*/
    putchar(c3);                  /*输出变量 c3 的值*/
    putchar('\n');                /*输出换行*/
    return 0;
}
```

【运行结果】

```
WIN↙    (输入 WIN,Enter)
WIN     (输出 WIN,换行)
```

输入字符后并按 Enter 键后，字符才能送到计算机中。本例需要输入 3 个字符，因此连续输入 WIN 后并按 Enter 键，将这三个按字符一起送入计算机中，并按先后顺序分别赋值给相应的变量：c1 得到'W'，c2 得到'I'，c3 得到'N'。

若输入一个字符后，立即按 Enter 键，运行结果如下：

```
W↙        （输入 W，Enter）
I↙        （输入 I，Enter）
W         （输出 W，换行）
I         （输出 I，换行）
```

因为 getchar( )函数可以接收换行符作为输入字符，所以用户输入 W，Enter，实际输入了两个字符，W 和换行符，W 赋给了 c1，换行字符赋给了 c2；第二行输入 I，Enter，I 赋给了 c3，Enter 作为字符输入结束的按键，没有送给任何变量。再用 putchar( )函数输出变量值，就会在第三行输出 c1、c2、c3 的值，其中 c1 为 W，c2 为换行，因此 c3 的值 I 放到第四行输出，I 后还有一个换行字符，是由语句 putchar('\n')；输出的。

用 getchar( )函数得到的字符不仅可以赋给字符变量，也可以赋给整型变量，以及参与运算。

【例 3.12】 getchar( )函数得到的字符参与运算。

【程序代码】

```
#include<stdio.h>
int main(void)
{
    int a, b;                    /*定义整型变量 a、b*/
    char ch;                     /*定义字符型变量 ch*/
    a = getchar();               /*从键盘输入一个字符，赋值给整型变量 a*/
    ch = getchar() + 1;          /*从键盘输入一个字符，加 1，赋值给字符变量 ch*/
    b = a + 1;                   /*计算 b*/
    printf("b = %d\n",b);        /*输出整型变量 b 的值*/
    putchar(ch);                 /*输出字符型变量 c 的值*/
    putchar('\n');
    return 0;
}
```

【运行结果】

```
AA↙        （输入两个 A 字符后，Enter）
b = 66
B
```

第一行输入 AA，按 Enter 键后，将第一个 A 赋值给整型变量 a，根据赋值时的类型转换规则，a 得到字符 A 的 ASCII 码值 65；第二个 A 由语句"ch = getchar() + 1;"获取，获取后参与加法运算，即相当于"ch = 'A' + 1;"。根据运算时的类型转换规则，由字符的 ASCII 码 65 参与运算，加 1，得到 66，将 66 赋给字符型变量 ch。输出第一行将 b 的值 66 输出后，输出换行符，第二行输出 ch 的值，由于 ch 为字符型变量，因此将它的值 66(ASCII 码值)转换成对应的字符输出,即输出字符 B。

3.3　应用举例

【例 3.13】　求 $ax^2+bx+c=0$ 方程的根,设 $b^2-4ac>0$。a,b,c 由键盘输入。

【问题分析】

输入数据为 a,b,c;输出数据为方程的两个实根 $x1,x2$;将输入转换成输出的公式是一元二次方程的求根公式:$x1=\dfrac{-b+\sqrt{(b^2-4ac)}}{2a}$,$x2=\dfrac{-b-\sqrt{(b^2-4ac)}}{2a}$。方便起见,设 $\Delta=b^2-4ac$,则 $x1=\dfrac{-b+\sqrt{delta}}{2a}$,$x2=\dfrac{-b-\sqrt{\Delta}}{2a}$。最后输出 $x1,x2$ 即可。

【解题步骤】

(1) 变量定义

考虑通用性,可将输入数据为 a,b,c,方程实根 x1,x2 都定义为 float 类型,即:

```
float a, b, c, x1, x2;
```

将中间变量 delta 也定义为 float 类型:

```
float delta;
```

(2) 输入 a,b,c 的值

```
scanf("%f %f %f", &a, &b, &c);
```

(3) 计算 delta 的值

```
delta = b * b - 4 * a * c;          /*将计算公式转换为C语言合法的表达式*/
```

(4) 计算 x1, x2 的值

```
x1 =( -b + sqrt(delta ))/(2*a);
x2 = ( -b - sqrt(delta ))/(2*a);
```

(5) 输出 x1,x2 的值

```
printf(" x1 = %f, x2 = %f\n", x1, x2);
```

【程序代码】

```
#include<stdio.h>
#include<math.h>                 /*用到数学库函数,要包含数学头文件*/
int main(void)
{
    float a, b, c, x1, x2;
    float delta;
    printf("Please input a b c:\n");     /*提示用户输入 a, b, c*/
    scanf("%f %f %f",&a,&b,&c);
    delta = b * b - 4 * a * c;
    x1 =( -b + sqrt(delta ))/(2*a);
    x2 = ( -b - sqrt(delta ))/(2*a);
    printf("x1 = %.2f, x2 = %.2f\n", x1,x2);
```

```
    return 0;
}
```

【运行结果】

Please input a b c:
1 −5 6↙ （用户输入）
x1 = 3.00, x2 = 2.00

3.4 小结

一、知识点概括

本章介绍了常用的C语言标准输入输出函数使用和格式控制规则，包括格式化输入函数scanf( )、格式化输出函数printf( )，字符输入函数getchar( )、字符输出函数putchar( )。读者应掌握各函数的特点，根据不同需求选择合适的函数使用。

二、常见错误列表

错误实例	错误分析

printf("Input a number:");
print("Input a number:");
print ("Input a number:");
	函数书写错误，函数名应为printf()，全部为小写，函数名不正确造成在库函数中找不到对应的函数，系统报错。

printf("Input a number:);	忘记为printf()中的格式控制字符串加上双引号
printf("x = %d\n,"x);	将分隔控制字符串和表达式的逗号写到了格式控制字符串内。
printf("x = \n", x);	printf()函数欲输出x的值，但格式控制字符串中漏掉了对应的格式转换字符，如printf("%d\n", x);
printf("x = %d\n");	printf()函数欲输出变量或表达式的值，但在格式控制字符串后，缺少对应的变量或表达式
scanf("%d, &x);	忘记为scanf ()中的格式控制字符串加上双引号
scanf("%d", x);	忘记为scanf ()中的变量加上取地址符号&
scanf("%d %d",&x,&y); 用户输入3,4	用户从键盘输入的数据格式与scanf ()中格式控制字符串要求的不一致。本例要求用户输入时用空格分隔数据，但用户采用逗号分隔，造成错误。

习 题

1. 执行语句“printf("bye\bye101\101");”时输出到屏幕的结果为________。
2. 以下语句中有语法错误的是________。
   A. printf("%d",0e);
   B. printf("%f",0e2);
   C. printf("%d",0x2);

D. printf("%s","0x2");

3. 已知有声明和语句“int m,n,p; scanf("m=%d n=%d p=%d",&m,&n,&p);”，欲从键盘上输入数据使变量 m 中的值为 123，n 中的值为 456，p 中的值为 789，则正确的输入应是________。

4. 若有声明“long a,b;”且变量 a 和 b 都需要通过键盘输入获得初值，则下列语句中正确的是________。

A. scanf("%ld%ld, &a, &b");

B. scanf("%d%d", a, b);

C. scanf("%d%d", &a, &b);

D. scanf("%ld%ld", &a, &b);

5. 某银行的 5 年期定期存款的年利率为 5.8%，用户输入存款数，计算五年后可得到的金额，结果保留两位小数。

第四章　选择结构

一般的，在无特殊指定的情况下，所有程序的正常流程都是顺序的，即执行完上一个语句就无条件的自动执行下一个语句，不作任何条件判断，也就是前面介绍的顺序结构。而实际问题中，很多情况下需要根据某个条件来判断是否执行指定的操作，这就需要**选择结构**(Selection Structure)来解决问题。

4.1　求解分段函数

【例 4.1】 根据输入 x 的值，按以下公式计算 y 的值。

$$y=\begin{cases}x+5 & (x\geqslant 0)\\ -x+5 & (x<0)\end{cases}$$

【问题分析】

输入数据为 x，数值由用户输入，输出数据为 y。根据 x 的值是否大于等于 0，计算 y 的值，这样的条件判断可用语句表示为：

```
if ( x >= 0)
      y = x + 5;
else
      y = - x + 5;
```

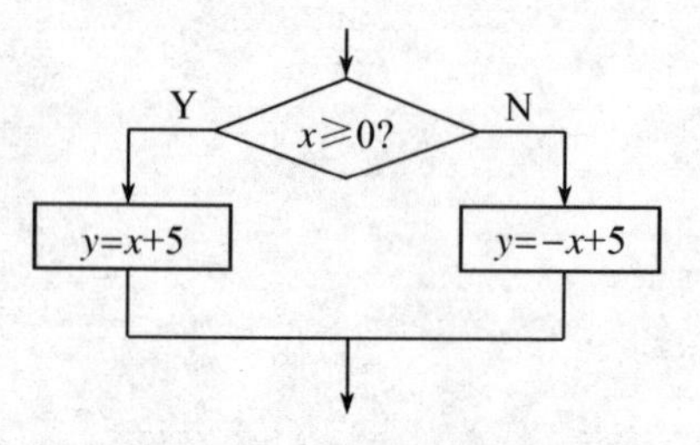

图 4-1　条件判断流程图

用 if 语句检查 x 的值，若 x 的值符合 $x>=0$ 的条件，就执行 $y=x+5$，否则，就执行 $y=-x+5$。

其实，这就是 C 语言中的选择结构，如图 4-1 所示。为了说明方便，这里，我们将 x、y 都设为整型，可写出包含选择结构的完整程序。

【程序代码】

```
#include<stdio.h>
int main(void)
{
      int   x, y;
      printf("x = ");            /*提示用户输入 x 的值*/
      scanf("%d",&x);            /*将输入的值送给变量 x*/
```

```
if ( x >= 0)
    y = x + 5;        ⇒ 选择结构
else
    y = - x + 5;
    printf ("y = %d\n", y);        /* 输出 y 的值 */
    return 0;
}
```

【运行结果 1】

x = 5↙　　　　(用户输入)

y = 10　　　　(输出)

【运行结果 2】

x = −5↙

y = 10

C 语言有两种语句可以实现选择结构：(1) if 语句，实现两个分支的选择结构；(2) switch 语句，实现多分支选择结构。

例 4.1 使用 if 语句实现了一个选择结构，将 x 的值是否大于等于 0 作为条件进行判断，从而选择如何计算 y 的值。实际上，在处理大多数问题时都需要进行条件判断，选择的结果和判断条件是密切相关的，正确的表述判条件才能做出正确的选择。C 语言中用关系运算和逻辑运算来表述条件。

4.2 关系运算符和关系表达式

在例 4.1 程序中，比较 x 的值是否大于等于 0，用 $x>=0$ 表示，">="就是 C 语言的关系运算符。**关系运算符**都为二元运算符，用来对两个数值进行比较，判断其比较的结果是否符合给定的条件。C 语言提供了 6 种关系运算符，如表 4－1 所示：

表 4－1　C 关系运算符

关系运算符	含 义	优先级
<	小于	高
>	大于	
<=	小于等于	
>=	大于等于	
==	等于	低
!=	不等于	

表 4－1 中前四个运算符的优先级相同，后两个运算符的优先级相同，前四个运算符的优先级高于后两个。

用关系运算符将两个操作数连接起来的表达式成为**关系表达式**。关系表达式用于表达一个判断条件，如 x >= 0，将 x 的值与数值 0 进行比较，如果 x 的值为 5，满足"x >= 0"这一判断条件，则表达式的结果为“真”，在数值上用 1 表示；如果 x 的值为 -2，不满足“x >= 0”，则表达式的结果为“假”，在数值上用 0 表示。表 4-2 列举了 a，b 关系运算的示例。

表 4-2 关系运算示例

a 的值	b 的值	关系表达式	表达式的值	含义
1	2	a < b	1	成立
1	2	a > b	0	不成立
1	1	a <= b	1	成立
1	2	a <= b	1	成立
1	2	a >= b	0	不成立
1	1	a == b	1	成立
1	2	a! = b	1	成立
‘a’	‘b’	a < b	1	成立

进行关系运算时，要注意以下两点：

(1) 参与运算的操作数可以是任何基本类型的数据或表达式，字符作为操作数时用字符的 ASCII 码值参与运算。

(2) 在判断两个操作数是否相等时，使用关系运算符“==”，而不是“=”，例如判断 x 与 3 是否相等应用 x == 3，而不能写成 x = 3，“=”是赋值运算符，x = 3 表示将 3 赋值给 x，使用时注意区别。

(3) 比较两个实数是否相等，不能直接用“==”来判断。

因为精度问题，实数在计算机中实际表示时存在误差。因此，相等的两实数，在计算机实际表示时可能不相等。判断两个实数 a、b 是否相等一般通过比较 a、b 之差的绝对值是否小于一个给定的精度来判断，如表达式 fabs (a - b) < 1e-6 成立，说明如果 a、b 之差的绝对值小于10^{-6}，就判断 a、b 相等。

4.3 逻辑运算符和逻辑表达式

除了能够用关系表达式作为判断条件外，还可以使用逻辑运算符来表示更复杂的条件。C 语言中提供三种逻辑运算符：!（逻辑非），&&（逻辑与），||（逻辑或），其特性如表 4-3 所示。

表 4-3 C 的逻辑运算符

逻辑运算符	含义	类型	结合性	优先级
!	逻辑非	一元	从右向左	高
&&	逻辑与	二元	从左向右	中
||	逻辑或	二元	从左向右	低

用逻辑运算符将操作数连接的表达式成为**逻辑表达式**。逻辑表达式的值，即逻辑运算的结果只有“真”和“假”两个值，在数值上分别用 1 和 0 表示。

!（逻辑非）是一元运算符，对操作数取反。例如！(2 < 3)，2 < 3 成立，关系表达式值为 1，用！进行取反，逻辑表达式！(2 < 3) 的值为 0。

&&(逻辑与)为二元运算符,对两个操作数的值进行判断,当两个操作数的值都为 1 时,运算结果为 1,否则,运算结果为 0。例如(1< 4) &&(-3 > 5),1< 4 成立,关系表达式值为 1,但-3 > 5 不成立,其关系表达式值为 0,两个操作数有一个为 0,故逻辑表达式 1< 4 && -3 > 5 的值为 0。

||(逻辑或)为二元运算符,当参与运算的两个操作数中,只要有一个操作数的值为 1,运算结果就为 1,当两个操作数的值都为 0 时,运算结果才为 0。例如 (1 > 4) || (-3 < 5),虽然 1 > 4 不成立,关系表达式值为 0,但-3 < 5 成立,表达式值为 1,所以有一个操作数为 1,1 > 4 || -3 < 5 逻辑表达式的值为 1。

在进行逻辑运算时,参与运算的操作数并不限定为关系表达式,数值表达式也可以进行逻辑运算。数值表达式的值不只限于 0 和 1 两种情况,C 语言规定值为非 0,表示为逻辑“真”,值为 0,则表示逻辑“假”。表 4-4 为逻辑运算的真假值表。

表 4-4　逻辑运算的真假值表

A 的值	B 的值	! A	A&&B	A || B
非 0	非 0	0	1	1
非 0	0	0	0	1
0	非 0	1	0	1
0	0	1	0	0

定义整型变量 int a = -2, b = 3, c = 0; 我们来运算下列逻辑表达式的值:

(1) ! a

分析:a=-2,值为非 0,是“逻辑真”,则! a 是“逻辑假”,因此! a 的值为 0。

(2) a && b

分析:a、b 都为非 0,即“逻辑真”,所以 a && b 的值为 1。

(3) c || (a< b)

分析:c = 0,但 a < b 成立,a < b 的值为 1,所以 c || (a < b)的值为 1。

合理的运用 C 语言的算术运算符、关系运算符和逻辑运算符,可以用 C 语言的表达式表示各种复杂的条件。使用时,应注意各种运算符的优先级关系和结合方向,见表 4-5。

表 4-5　常用运算符的优先级与结合方向

优先级		运算符种类	运算符	结合方向
高	1	一元运算符	!(逻辑非)　-(负号)　++　--　sizeof 强制类型转换	从右向左
↓	2	算术运算符	*　/　%	从左向右
			+　-	
	3	关系运算符	<　<=　>　>=	从左向右
			==　!=	
	4	逻辑运算符	&&	从左向右
			||	
低	5	赋值运算符	=　+=　-=　*=　/=　%=	从右向左

下面我们用逻辑表达式来表示一些判断条件：

(1) 表示数学上 x 的取值区间[2, 3]。

(x ＞＝ 2) && (x ＜＝ 3)

注意：不能写成 2 ＜＝ x ＜＝ 3，C 语言认为是无效的表达式。

(2) 判断三边 a，b，c 是否能构成三角形(判断依据为两边之和大于第三边)。

(a ＋ b ＞ c) && (a ＋ c ＞ b) && (b ＋ c ＞ a)

(3) 判断 year 表示的年份是否为闰年。闰年的条件符合下面二者之一即可：

① 能被 4 整除，但不能被 100 整除；

② 能被 400 整除。

year 是闰年的逻辑表达式为：(year%4＝＝0 && year%100！＝0) || (year%400 ＝＝ 0)，则 year 不是闰年的逻辑表达式即对"year 是闰年"进行非运算，故只要在 year 是闰年的逻辑表达式前加上!：! ((year%4 ＝＝ 0 && year%100！＝0) || (year%400 ＝＝ 0))

与其他类型表达式不同的是，逻辑表达式在求值时自动进行优化，即一旦能够确定逻辑表达式的值时，就不必再逐步求值了，例如：

int a ＝ 0, b ＝ 1, c ＝ 1, d;

d ＝ a && b++ && c－－；

执行上述语句后，变量 a，b，c，d 的值分别为 0、1、1、0。这是因为 a 的值为 0，即为逻辑"假"，已经能判断出逻辑表达式的值为 0，不需要再计算 b++和 c－－的值了。故变量 b 和 c 均未执行自增自减操作，维持原值，而表达式的值 0 赋给了变量 d，故 d 为 0。

4.4　用 if 语句实现选择结构

1. 单条件的 if 语句

单条件的 if 语句只给出一个分支，仅当满足给定的条件时，才执行给定的语句，否则不执行，跳过给定的语句执行后续语句。具体的形式为：

if (＜条件表达式＞)

　　语句

当条件表达式的值为非 0 时，执行语句。其流程图如图 4－2 所示。

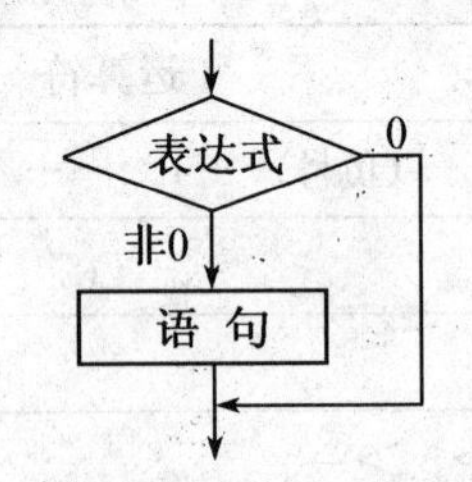

图 4－2　单条件的 if 语句

2. 二选一的 if 语句

二选一的 if 语句给出两个分支，当满足给定条件时，执行一个分支，否则，执行另一个分支。具体的形式为：

```
if  （<条件表达式>）
        语句 1
else
        语句 2
```

当条件表达式的值为非 0 时，执行语句 1，当条件表达式的值为 0 时执行语句 2。其流程图如图 4－3 所示。

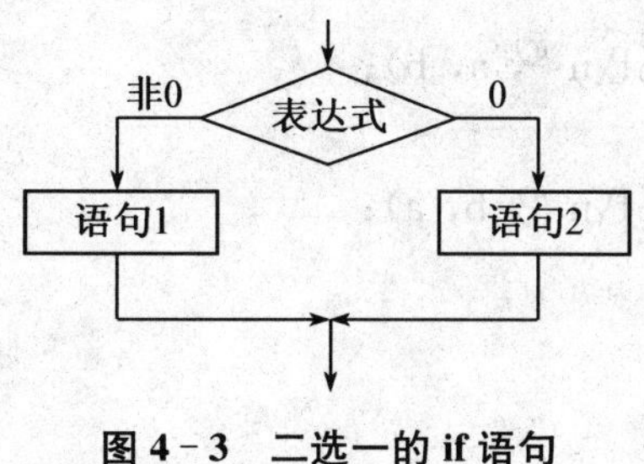

图 4－3　二选一的 if 语句

使用 if 语句时应注意，当满足给定条件时，如果要执行的语句多于一条，要用大括号括起来；对于二选一的 if 语句，当不满足条件时，如果要执行的语句多于一条，也要用大括号括起来。其具体形式如下：

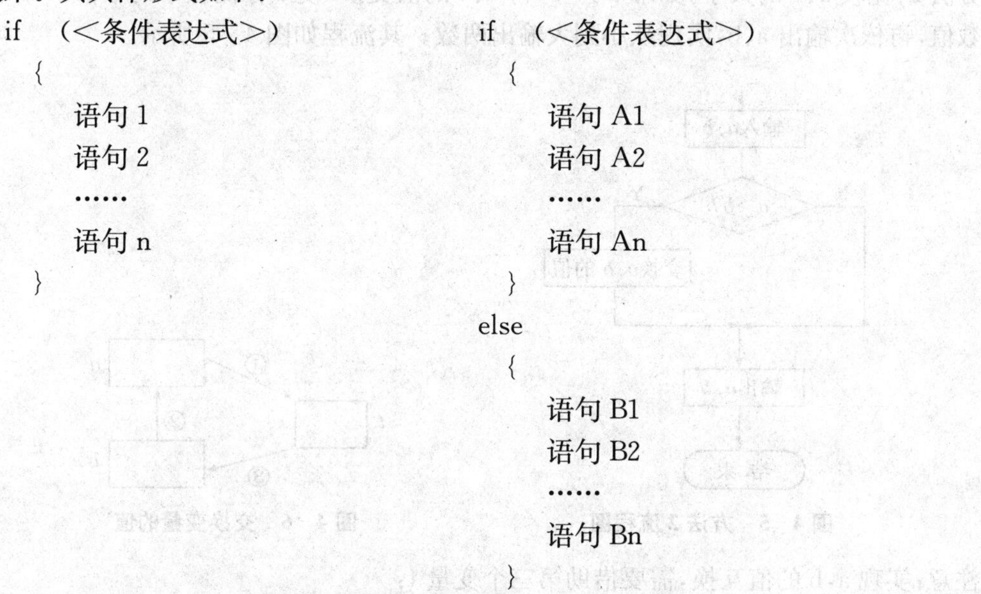

```
if  （<条件表达式>）              if  （<条件表达式>）
  {                                 {
     语句 1                            语句 A1
     语句 2                            语句 A2
     ……                               ……
     语句 n                            语句 An
  }                                 }
                                  else
                                    {
                                       语句 B1
                                       语句 B2
                                       ……
                                       语句 Bn
                                    }
```

【例 4.2】　输入两个实数，并按数值由小到大的顺序输出。

【问题分析】

问题的输入数据为两个实数。我们可以定义两个浮点型变量，来接收输入数据。将这两个数从小到大输出，可采用两种方法实现。

方法 1：比较 a、b 的大小，判断是否满足条件 $a \leqslant b$，如果条件满足，依次输出 a、b 的值；否则，依次输出 b、a 的值。其流程如图 4－4 所示。

用二选一的 if 语句实现这个程序：

【程序代码】

```
#include<stdio.h>
```

```
int main(void)
{
    float a, b;
    printf("请依次输入 a b 的值:\n");
    scanf("%f %f", &a, &b);
    if (a <= b)
        printf ("%f   %f\n ", a, b);
    else
        printf ("%f   %f\n ", b, a);
    return 0;
}
```

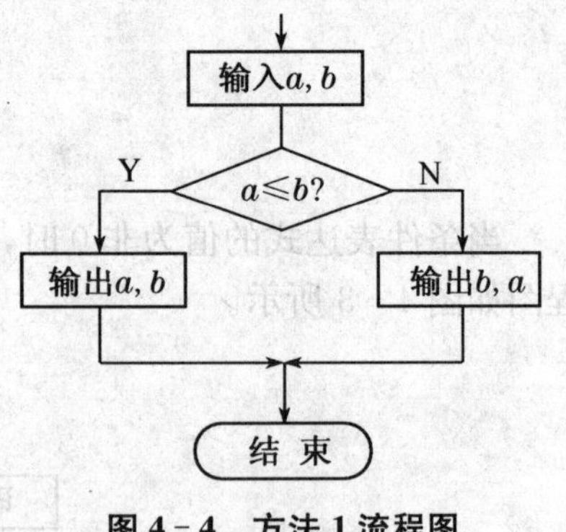

图 4-4 方法 1 流程图

【运行结果】

请依次输入 a b 的值:

4 5↙

4.000 000   5.000 000

方法 2:比较 a、b 的大小,如果 a > b,将 a、b 的值交换,使 a 存储较小的数值,b 存储较大的数值,再依次输出 a、b,实现从小到大输出两数。其流程如图 4-5 所示。

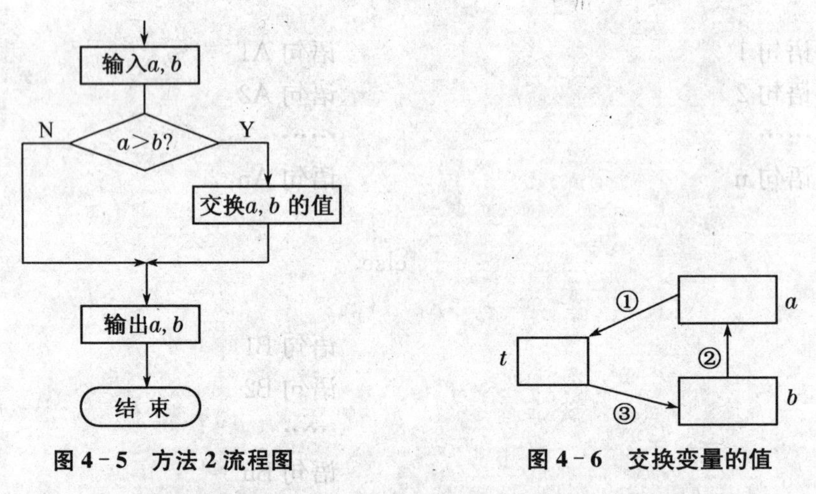

图 4-5 方法 2 流程图　　图 4-6 交换变量的值

注意:实现 a,b 的值互换,需要借助第三个变量 t:

```
t = a;    /*将 a 的值赋给 t*/
a = b;    /*将 b 的值赋给 a*/
b = t;    /*将 t 的值赋给 b*/
```

用单条件 if 条件语句来实现这个程序:

```
#include<stdio.h>
int main(void)
{
    float a, b, t;     /*定义存储两个数的变量 a, b,和实现 a、b 互换的变量 t*/
    printf("请依次输入 a, b 的值:\n");
```

```
    scanf("%f %f", &a, &b);
    if (a > b)
    {                                  /*要执行的语句多于一条,用大括号括起来*/
        t = a;
        a = b;
        b = t;
    }
    printf ("%f %f\n ", a, b);
    return 0;
}
```

利用方法 2 中交换两个变量值的方法,可方便地进行 3 个数的比较。

【例 4.3】 输入 3 个数 a,b,c,并按从小到大的顺序输出。

【问题分析】

要求的输入数据为 3 个,可定义浮点型变量 a,b,c 来存储。对三个数比较大小可采用两两比较的方法:

① 比较 a,b,如果 a > b,交换 a,b 的值;

② 比较 a,c,如果 a > c,交换 a,c 的值;

③ 比较 b,c,如果 b > c,交换 b,c 的值。

这样,使 a 中存储最小的数据,b 中存储第二小的数据,c 中存储最大的数据,再依次输出 a,b,c 的值即可。

【程序代码】

```
#include<stdio.h>
int main(void)
{
    float a, b, c, t;
    printf("请依次输入 a b c 的值:\n");
    scanf("%f %f %f",&a, &b, &c);
    if (a > b)
    {/*交换 a,b*/
        t = a;
        a = b;
        b = t;
    }
    if (a > c)
    {/*交换 a,c*/
        t = a;
        a = c;
        c = t;
    }
```

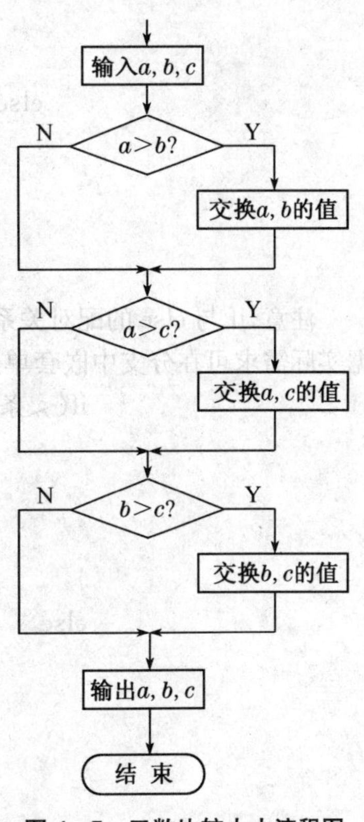

图 4－7　三数比较大小流程图

```
    if (b > c)
    {/*交换b,c*/
        t = b;
        b = c;
        c = t;
    }
    printf ("%f  %f  %f\n", a, b, c);
    return 0;
}
```

【运行结果】

请依次输入 a b c 的值:
5 2 3↙
2.000 000 3.000 000 5.000 000

3. if 语句的嵌套

if 语句在条件对应的分支中还包含一个或多个的 if 语句,称为嵌套的 if 语句,可以用于多个条件的判定,其一般形式如下:

```
if(<条件表达式 A>)
        if(<条件表达式 1>)  ┐
                语句 1      │
        else                ├内嵌 if
                语句 2      ┘
else
        if(<条件表达式 2>)  ┐
                语句 3      │
        else                ├内嵌 if
                语句 4      ┘
```

注意,if 与 else 的配对关系。else 总是与它上面最近的未配对的 if 配对。在使用时,根据实际需求可在分支中嵌套单条件 if 语句,或二选一的 if 语句,也可以多层嵌套,如:

```
if(<条件表达式 A>)
{                                   /*①*/
    if(<条件表达式 1>)  ┐
            语句 1      ┘内嵌单条件 if
}                                   /*②*/
else
```

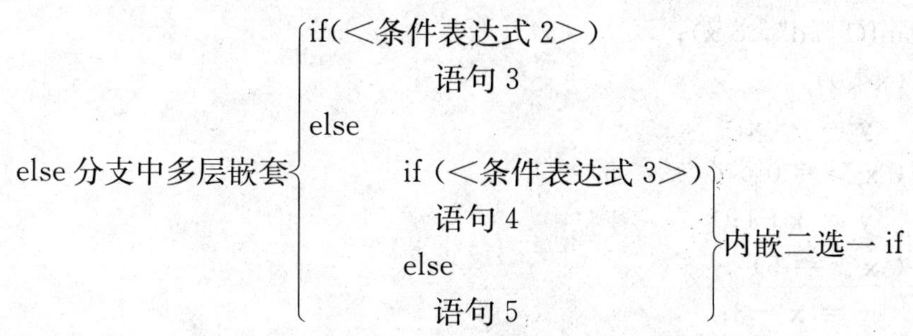

注意，如将第一行 if 后①、②两行的大括号去掉，所有的嵌套都在 if 分支中，等同于下面的形式：

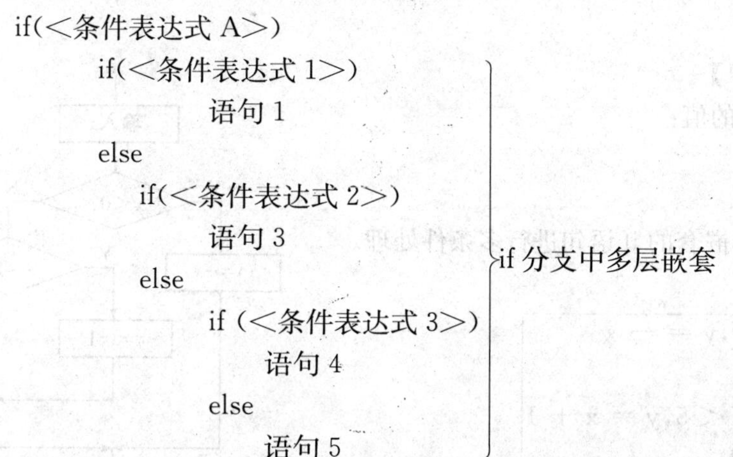

【例 4.4】 编写程序，根据用户输入 x 的值，求出相应的 y 值，求值公式为：

$$y=\begin{cases}-x & (x<0)\\ x+1 & (0\leqslant x<5)\\ x-3 & (x\geqslant 5)\end{cases}$$

【问题分析】

问题的输入为 x，问题的输出为 y，将输入转换成输出的公式，要根据 x 的取值进行判断，我们用 if 语句实现。实现方法可以有两种：

方法 1：用单条件 if 语句对每一种情况分别进行处理。

输入 x

若 $x<0, y=-x$
若 $0\leqslant x<5, y=x+1$
若 $x\geqslant 5, y=x-3$

输出 y

【程序代码 1】

```
#include<stdio.h>
int main(void)
{
    int x, y;
    printf("请输入 x 的值:\n");
```

```
    scanf("%d", &x);
    if (x<0)
        y = - x;
    if ( x >= 0 && x < 5)
        y = x+1;
    if ( x >= 5)
        y = x -3;
    printf ("y = %d \n ", y);
    return 0;
}
```

【运行结果】

请输入 x 的值:

-8↙

y = 8

方法 2:用嵌套的 if 语句进行多条件处理。

输入 x

```
若 x < 0,y = - x
否则
    若 x < 5,y = x + 1
    否则
        y = x - 3
```

输出 y

流程图见图 4-8。

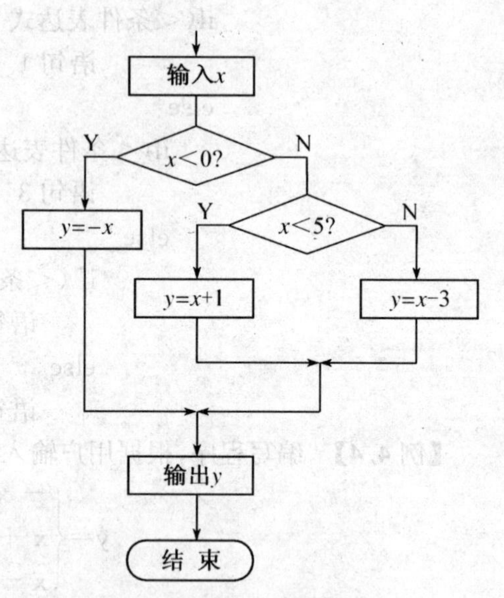

图 4-8 嵌套 if 语句流程 1

【程序代码 2】

```
#include<stdio.h>
int main(void)
{
    int x, y;
    printf("请输入 x 的值:\n");
    scanf("%d ", &x);
    if (x<0)
        y = - x;
    else
        if (x<5)
            y = x+1;
        else
            y = x -3;
    printf ("y = %d \n ", y);
    return 0;
```

}

方法3:使用嵌套的if语句还可以这样进行处理:

输入x

若x≥0
若x≥5,y = x − 3
否则y = x + 1
否则y = − x
输出y

流程图见图4-9。

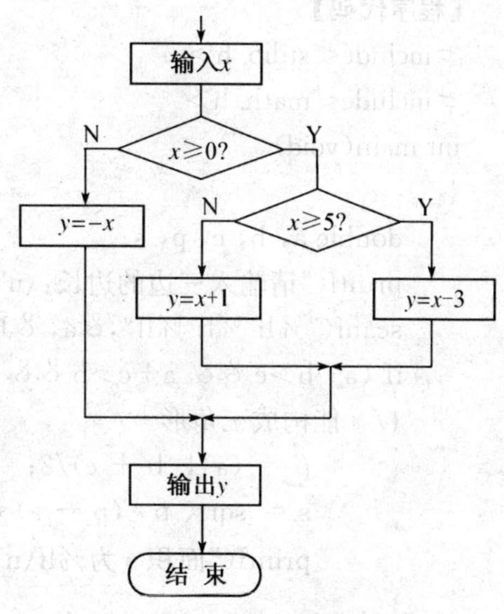

图4-9　嵌套if语句流程2

【程序代码3】

```
#include<stdio.h>
int main(void)
{
    int x, y;
    printf("请输入x的值:\n");
    scanf("%d ", &x);
    if (x>=0)
        if ( x >=5)
            y = x -3;
        else
            y = x+1;
    else
            y=- x;
    printf ("y = %d \n ", y);
    return 0;
}
```

请读者弄清嵌套的if语句中if和else的配对关系。为了使逻辑关系清晰,一般采用程序2的嵌套方式,书写时注意格式成锯齿状缩进,以便程序清晰、易读。

【例4.5】 根据用户输入三角形的三边a,b,c,用海伦公式计算三角形的面积s,计算公式为:$s=\sqrt{p(p-a)(p-b)(p-c)}$,其中,$p=\frac{a+b+c}{2}$。

【问题分析】

输入数据为三角形的三边a,b,c,输出数据为面积s,可用双精度类型定义这些变量。需注意的是,在计算面积s之前,首先要判断用户输入的a,b,c是否能构成一个三角形(判断过程在4.3节中已介绍过),如果能构成三角形,计算面积s并输出,否则,输出不能构成三角形,流程如图4-10所示。

这种二分支的选择结构可用if语句实现。

【程序代码】

```
#include<stdio. h>
#include<math. h>
int main(void)
{
    double a, b, c, p, s;
    printf("请输入三边的边长:\n");
    scanf("%lf %lf %lf",&a, &b, &c);
    if (a+b>c && a+c>b && b+c>a)
    {/ * 能构成三角形 * /
        p = (a + b + c)/2;
        s = sqrt( p*(p - a)*(p - b)*(p - c));
        printf("面积 s 为%lf\n", s);
    }
    else  / * 不能构成三角形 * /
        printf("不能构成三角形! \n");
    return 0;
}
```

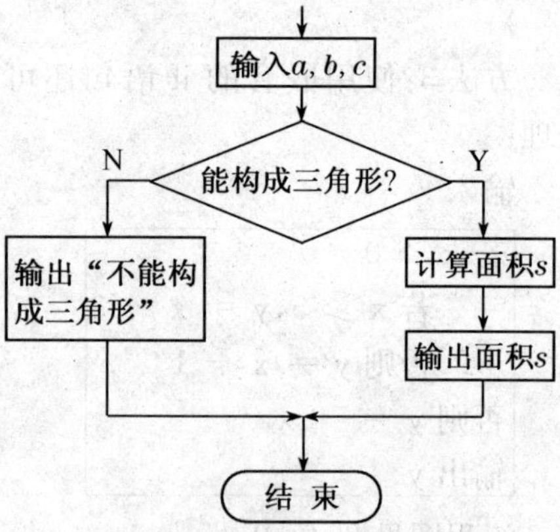

图 4-10　求三角形面积

【运行结果】

请输入三边的边长:

3 4 5↙

面积 s 为 6.000 000

注意,在计算 s 时要用到中间变量 p,需在变量定义时说明,公式中要用到开平方根,可用系统库函数 sqrt( )实现,在程序开头要将 math. h 包含进去。

【例 4.6】　根据用户输入的系数 a,b,c,求一元二次方程 $ax^2+bx+c=0$ 的根。

【问题分析】

一元二次方程根的情况与系数 a,以及判定因子 $\Delta=b^2-4ac$ 的值有关:

① 当 $a=0$,不是二次方程

② 当 $\Delta<0$ 时,方程没有实数根

③ 当 $\Delta=0$ 时,方程有两个相等的实根 $x_1=x_2=\frac{-b}{2a}$

④ 当 $\Delta>0$ 时,方程有两个不相等的实根 $x_1=\frac{-b+\sqrt{\Delta}}{2a}$,$x_2=\frac{-b-\sqrt{\Delta}}{2a}$。

流程如图 4-11 所示。

根据流程,可以选用嵌套的 if 语句实现 4 次条件判断。

【程序代码】

```
#include<stdio. h>
#include<math. h>
int main(void)
```

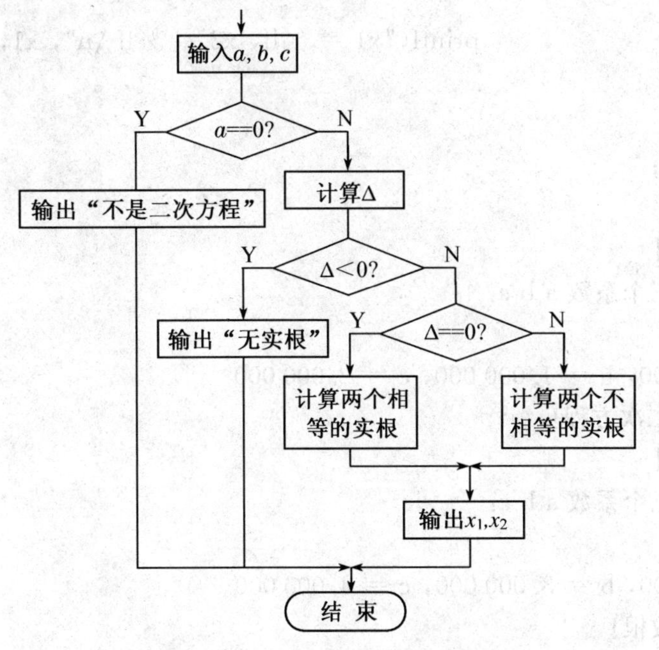

图 4－11　求一元二次方程的根

```
{
    double a, b, c, delta, x1, x2;
                                /* 定义输入、输出数据对应的变量,及判定因子 Δ */
    printf("请依次输入三个系数 a b c:\n");
    scanf("%lf %lf %lf",&a, &b, &c);        /* 用户输入 a,b,c 的值 */
    printf ("a = %lf, b = %lf, c = %lf \n",a,b,c);
    if(a==0)
        printf("a = 0,不是二次方程! \n");
    else
        {
            delta = b * b - 4 * a * c;      /* 计算 Δ */
            if(delta < 0)
                printf("方程没有实数根! \n");
            else
                {
                    if(delta == 0)
                        x1=x2=-b/(2 * a);   /* x1,x2 有相同的实数根 */
                    else                     /* 当 Δ>0 时,分别计算 x1,x2 */
                    {
                        x1 = ( - b + sqrt(delta))/(2 * a);
                        x2 = ( - b - sqrt(delta))/(2 * a);
```

```
                }
                printf("x1 = %lf, x2 = %lf \n", x1, x2);
            }
        }
    return 0;
}
```

【运行结果 1】

```
请依次输入三个系数 a b c:
0 1 2↙
a = 0.000000, b = 1.000000, c = 2.000000
a = 0,不是二次方程!
```

【运行结果 2】

```
请依次输入三个系数 a b c:
2 3 4↙
a = 2.000000, b = 3.000000, c = 4.000000
方程没有实数根!
```

【运行结果 3】

```
请依次输入三个系数 a b c:
1 3 2↙
a = 1.000000, b = 3.000000, c = 2.000000
x1 = -1.000000, x2 = -2.000000
```

4.5 条件运算符和条件表达式

当二选一的 if 语句中两个分支对应的语句都很简单时,可以用 C 语言的条件运算代替 if 语句。

C 语言的条件运算符为?:,它是唯一一个三元运算符,其对应的条件表达式形式如下:

<表达式 1>? <表达式 2>:<表达式 3>

表达式 1、表达式 2、表达式 3 为 C 语言任意合法的表达式。表达式 1 为判断条件,当表达式 1 的值为非 0 时,求表达式 2 的值,并将表达式 2 的值作为条件表达式的值;当表达式 1 的值为 0 时,则计算表达式 3 的值,并将表达式 3 的值作为条件表达式的值。

条件运算符的优先级很低,但高于赋值运算符。由于条件表达式简洁明了,对程序的简化很有帮助。

【例 4.7】 输入 a、b 两个数,求两个数的最大值。

【问题分析】

输入数据为 a 和 b,输出数据为 a 与 b 的最大值。求最大值时,常用的方法是引进一个变量 max,将 a,b 中较大的值赋给 max,输出时,只需将 max 的值输出,即输出了 a 与 b 的最大值。

用 if 语句可这样写:

```
if (a>b)
    max = a;
else
    max = b;
```

用条件表达式则可简化为：

```
max = (a > b)? a:b;
```

由于条件运算符的优先级高于赋值运算符，故先运算等号右侧的条件表达式，如果 a > b，则将 a 的值作为条件表达式的值，否则，将 b 的值作为条件表达式的值。所以 max 得到的值为 a，b 中较大的值。

【程序代码】

```
#include<stdio.h>
int main(void)
{
    int a, b, max;
    printf("请输入 a b 的值:\n");
    scanf("%d %d", &a, &b);
    max = (a > b)? a:b;
    printf ("max = %d \n", max);
    return 0;
}
```

【运行结果】

```
请输入 a b 的值:
3 5↙
max = 5
```

因为条件运算符的优先级低于算术运算符、关系运算符和逻辑运算符，上述条件表达式又可写为：

```
max = a > b? a:b; (去掉小括号)
```

还可将对 max 的赋值放入条件表达式的表达式 2 和表达式 3 中，即：

```
a > b? ( max = a):( max = b);
```

等价于：

```
if (a>b)
    max = a;
else
    max = b;
```

【例 4.8】 用条件运算符计算例 4.1 中分段函数的值。

$$y=\begin{cases}x+5 & (x\geqslant 0)\\ -x+5 & (x<0)\end{cases}$$

【问题分析】

x 为输入数据，y 为输出数据，判断条件是 x 的值是否大于等于 0，用条件表达式可表示为：

$$x >= 0 ? (x + 5) : (-x + 5)$$

条件表达式的值即为 y 的值：

$$y = x >= 0 ? (x + 5) : (-x + 5)$$

【程序代码】

```
#include<stdio.h>
int main(void)
{
    int x, y;
    printf("请输入 x 的值\n");
    scanf("%d", &x);
    y = x >=0? (x + 5):(- x + 5);
    printf("y = %d\n", y);
    return 0;
}
```

【运行结果】

```
x = 5↙        (用户输入)
y = 10        (输出)
```

4.6 实现多分支选择的 switch 语句

switch 语句，又称开关语句，是 C 语言的多分支选择语句。当实际问题中需要分支处理的情况较多时(大于 3 个)，使用嵌套的 if 语句层数多，程序冗长，可读性差，可用 switch 来简化程序的设计。与二分支选择结构的 if 语句不同，switch 语句使程序的控制流程形成多个分支，根据一个表达式的不同取值，选择其中一个或多个分支去执行。

【例 4.9】 自动售货机出售 4 种商品，薯片、爆米花、巧克力和可乐，售价分别是每份 3.0、2.5、4.0 和 3.5 元。当用户输入编号 1～4，显示相应商品的价格；输入其他编号，显示输入编号错误。

【问题分析】

这是一个多分支选择的问题，根据用户输入的编号数值，显示对应的价格数值。若用嵌套的 if 条件语句至少需要 4 层嵌套才能完成 4 次判断。用 switch 语句，进行一次检查即可得到结果。

【程序代码】

```
#include<stdio.h>
int main(void)
{
    int number;        /* 定义编号变量，接收输入数据 */
    printf("请输入商品编号:\n");
    scanf("%d", &number);
```

```
    switch(number)
    {
      case 1: printf("薯片每份售价 3.0 元\n"); break;
      case 2: printf("爆米花每份售价 2.5 元\n"); break;
      case 3: printf("巧克力每份售价 4.0 元\n"); break;
      case 4: printf("可乐每份售价 3.5 元\n"); break;
      default: printf("输入编号错误\n");
    }
    return 0;
}
```

【运行结果】

请输入商品编号：

3

巧克力每份售价 4.0 元

【程序分析】 编号变量 number 定义为整型，接受从键盘输入的一个整数，switch 将 number 的值和各 case 中给出的值(1,2,3,4)进行比较，如果与其中之一相同(称为匹配)，则执行该 case 后面的语句，输出相应的信息。如果与所有 case 后给出的值都不相同，则执行 default 后面的语句，输出“输入编号错误”的信息。注意在每个 case 后面的语句末尾都有一个 break 语句，其作用是使流程转到 switch 语句的末尾(即 switch 语句结束的右花括号处)。switch 判断流程如图 4－12 所示。

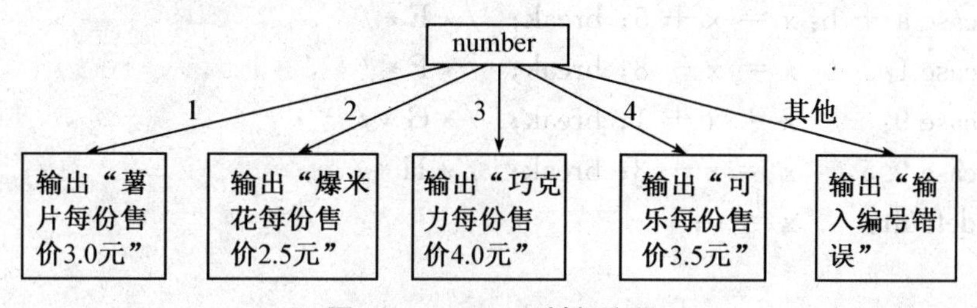

图 4－12　switch 判断流程

可见，switch 语句在进行多分支处理时，是根据某个判断依据，使流程跳转到不同的语句。switch 语句的一般形式如下：

```
switch(<表达式>)
{
  case  常量 1:分支 1
  case  常量 2:分支 2
  ……
  case  常量 n:分支 n
  default:      分支 n + 1
}
```

说明：

(1) switch 后的表达式是进行多分支判断的依据，其值的类型只能为整型或字符类型。

(2) 在 switch 花括号中多个 case 给出的是表达式可能的各个取值，因此 case 后应是一个值为整型或字符型的常量或常量表达式。

(3) 每一个 case 后的常量或常量表达式的值必须互不相同，否则会产生二义性，程序无法运行。

考察如下程序：

```
#include<stdio.h>
#define  I  9
int main(void)
{
    float x;
    int a = 3, b = 4;
    printf("请输入 x 的值:\n");
    scanf("%f", &x);
    switch(x/2)
    {
      case 0,1:    x = -1; break;    /* A */
      case 2:      x = x + 2; break; /* B */
      case a:      x = x - 1; break; /* C */
      case b > 3:  x = 0; break;     /* D */
      case a + b:  x = x + 5; break; /* E */
      case I:      x = x - 8; break; /* F */
      case 9:      x = x + 1; break; /* G */
      case 9.5:    x = x + 3; break; /* H */
      default:     x = 0;
    }
    return 0;
}
```

switch 后面括号中的表达式为浮点类型，不是规定的整型或字符型，不符合语法规则，编译报错。若改为 switch(int(x)/2)，将 x 强制转换成整型，再做整除，得到整型值，则可以。

A 行的常数超过 1 个；C 行 case 后跟的是变量，不是常量；D 行、E 行的 case 后的表达式中有变量，不是常量表达式；H 行 case 后跟的是浮点类型数，不是规定的整型或字符类型，这些都是不符合语法规则的。

B 行是正确的。F 行 case 后的 I 是预定义的符号常量，不是变量，符合语法规则，但 G 行 case 后的数值为 9，跟 F 行 I 的值一样，造成了程序的二义性，因此，编译报错，不允许两个 case 后跟相同的值。

(4) 在一个 case 分支中可以包含一个以上的语句，但不必用花括号括起来，会自动顺序执行该 case 分支中的语句，当然加上花括号也可以。

(5) switch语句执行的过程为:先计算switch表达式的值,将表达式的值依次与各case后的常量或常量表达式值进行匹配,若找到匹配的case常量则执行该匹配case常量后面的分支语句及向下所有的语句,直到遇到break语句或switch语句结束的右花括号为止;如果所有的case常量和表达式都不匹配,执行default对应的分支语句及向下所有的语句,直到遇到break语句或switch语句结束的右花括号为止。

考察如下程序:

```
#include<stdio.h>
int main(void)
{
    int a;
    printf("请输入a的值:\n");
    scanf("%d", &a);
    switch(a)
    {
      case 0:   printf("zero\n"); break;
      case 1:   printf("one\t");
      case 2:   printf("two\t");
      default:   printf("default\n");
    }
    return 0;
}
```

【运行结果1】

请输入a的值:

0↙

zero

【运行结果2】

请输入a的值:

1↙

one　　two　　default

【运行结果3】

请输入a的值:

3↙

default

因为case 0后面的分支中有break语句,当用户输入0时,输出zero后,执行break语句,跳出了switch语句(结束switch语句的运行)。而case 1后的分支中没有break语句,所以当用户输入1时,执行完case 1后的分支,继续向下执行case 2后的分支,由于case 2后的分支中也没有break语句,继续向下执行default后面的分支,直到遇到右花括号结束。当用户输入3时,所有的case常量均不能匹配输入的值,因此系统进行了缺省处理,执行default后面的分支。注意,C语言并没有规定各case和default分支的次序,default一般放在swtich语句结束的右花括号之前,也可以放在任意一个case前面。

【例4.10】 按照考试的成绩等级输出对应的百分制成绩分数段,其对应关系为:等级A为90~100分,等级B为80~89分,等级C为70~79分,等级D为60~69分,等级E为60分以下。

【问题分析】

输入为等级(A、B、C、D、E),因此接受输入数据的变量定义为字符型。根据输入的数据用switch可进行多分支判断处理,即可输出相应的结果。要注意,当用户输入A、B、C、D、E以外的其他字符时,应提示用户输入错误,因此该问题有6个分支。

【程序代码】

```
#include<stdio.h>
int main(void)
{
    char grade;  /*定义成绩等级变量*/
    printf("请输入成绩等级\n");
    scanf("%c", &grade);
    switch(grade)
    {
      case 'a':
      case 'A': printf("成绩在90~100分\n"); break;
      case 'b':
      case 'B': printf("成绩在80~89分\n"); break;
      case 'c':
      case 'C': printf("成绩在分70~79分\n"); break;
      case 'd':
      case 'D': printf("成绩在60~69分\n"); break;
       case 'e':
       case 'E': printf("成绩在60分以下\n"); break;
       default: printf("输入错误");
    }
    return 0;
}
```

【运行结果】

请输入成绩等级

A↙

成绩在90~100分

程序统一省略了case常量为小写字母的分支语句,使得同一等级不管是大写输入还是小写输入都输出百分制分数段。这种多种输入执行同一分支的设计方法不仅简化了程序,也提高了效率。

从上面的例题中可以看到,switch语句在执行多分支处理时十分简便,但由于它要求作为条件判断依据的表达式为整型或字符型，使得 switch 语句在处理问题时受到很大局限，我们须将数据做一些必要的处理，才能使用 switch 语句。

【例 4.11】 按照考试百分制成绩输出对应的的成绩等级，其对应关系为：等级 A 为 90～100 分，等级 B 为 80～89 分，等级 C 为 70～79 分，等级 D 为 60～69 分，等级 E 为 60 分以下。

【问题分析】

这个问题恰好与例 4.10 相反，输入数据为一个分数，根据分数所在的区间，输出对应的等级。但是成绩的取值不是一个离散的常数，而是连续的取值范围，无法用 case 语句一一给出其可能的取值。我们只有将连续的量转换成离散的量，才能用 switch 语句来处理这个问题。

将成绩整除 10 取商，可以得到下列对应关系：

成绩	成绩整除 10 的结果
≥90	9 或 10
80～89	8
70～79	7
60～69	6
<60	其他

经过处理，可以用有限个离散的整型常量来代替连续取值范围的分数值，符合 switch 语句的要求，可用 switch 语句来编写程序。

【程序代码】

```
#include<stdio.h>
int main(void)
{
    int score;  /*定义百分制成绩变量*/
    printf("请输入百分制成绩\n");
    scanf("%d", &score);
    if(score < 0 || score > 100)  /*进行输入有效性验证*/
        printf("输入成绩错误！\n");
    else
        switch(score/10)
        {
         case 10:
         case 9: printf("等级为 A \n"); break;
         case 8: printf("等级为 B \n"); break;
         case 7: printf("等级为 C \n"); break;
         case 6: printf("等级为 D \n"); break;
         default: printf("等级为 E");
        }
    return 0;
}
```

【运行结果】

请输入百分制成绩

78↙

等级为C

4.7 位运算符

C语言既有高级语言的特点，又有低级语言的特性。它除了支持算术运算、关系运算、逻辑运算，还支持位运算。位运算的操作对象只能是int和char类型，进行运算时，先将操作数视为二进制值，然后对字节或字内的二进制数按位进行相应运算。

C语言提供了6种位运算符：

(1) ~(按位取反)

按位取反是一元运算符，它对操作数的每一位取反，即将0变为1，1变为0。例如计算~7：

```
~  00000111
-----------
   11111000
```

7的二进制表示为00000111，按位取反后得到11111000，是−8的补码，因此，~7的值为 −8。

(2) &(按位与)

按位与将两个操作数按二进制位，逐位进行"与"操作，当任意一位为0时，运算结果对应位就为0。例如，将15与3进行按位与操作，计算15 & 3：

```
   00001111
&  00000011
-----------
   00000011
```

计算得到15&3的值为3。

(3) |(按位或)

按位或将两个操作数按二进制位，逐位进行"或"操作，当任意一位为1时，运算结果对应位就为1。例如，将15与127进行按位或操作，计算15 | 127：

```
   00001111
|  01111111
-----------
   01111111
```

计算得到15 | 127的值为127。

(4) ∧(按位异或)

当两个操作数的对应位不一样时，按位异或结果的对应位为1。例如，计算8∧6：

```
   00001000
∧  00000110
-----------
   00001110
```

计算得到8∧6的结果为14。

(5) <<(左移位)

x << n 左移位表示将 x 的每一位向左平移 n 为,右侧空缺补 0。例如:

```
15          00001111      15 的二进制表示
15 << 1     00011110      将 15 向左移一位,得到 30
15 << 2     00111100      将 15 向左移两位,得到 60
15 << 3     01111000      将 15 向左移三位,得到 120
```

操作数 x 每左移一位相当于乘以 2,x << n 相当于将 x 乘以 2^n。

(6) >>(右移位)

x >> n 右移位表示将 x 的每一位向右平移 n 为,左侧空缺补 0。例如:

```
15          00001111      15 的二进制表示
15 >> 1     00000111      将 15 向右移一位,得到 7
15 >> 2     00000011      将 15 向右移两位,得到 3
15 >> 3     00000001      将 15 向右移三位,得到 1
```

操作数 x 每右移一位相当于除以 2,x >> n 相当于将 x 除以 2^n。

<<(左移位)和 >>(右移位)通常用来代替整数的乘法和除法,将软件算法用硬件实现,提高了执行效率。

位运算符的优先级和结合性等特性见表 4-6 所示。

表 4-6　位运算符特性

优先级		运算符	类型	结合性
高	1	~(按位取反)	一元	自右向左
↓	2	<<(左移位)	二元	自左向右
		>>(右移位)	二元	自左向右
	3	&(按位与)	二元	自左向右
	4	∧(按位异或)	二元	自左向右
低	5	|(按位或)	二元	自左向右

使用位运算符时,注意与逻辑运算符相区别。

【例 4.12】　写出下面程序的运行结果。

```
#include<stdio.h>
int main(void)
{
    unsigned char a, b;
    a = 7 ^3;
    b = ~ 4 & 3;
    printf("a = %d, b = %d\n", a, b);
    return 0;
}
```

运算过程为:

```
计算 a：      00000111        计算 b： ~  00000100
          ∧  00000011                 ------------
          ------------                  11111011
             00000100                &  00000011
                                      ------------
                                        00000011
```

计算得到字符型变量 a 的十进制值为 4，b 的十进制值为 3，由于输出语句中的输出格式为“%d”，按十进制值输出，故程序的运行结果为：

a = 4, b = 3

4.8 小结

一、知识点概括

1. 关系运算符及其使用：

< <= > >=的优先级高于== !=，但低于算术运算符。

2. 逻辑运算符及其使用：

! 为一元运算符，其余均为二元运算符，! 优先级最高，|| 优先级最低；

注意：逻辑表达式的优化，一旦表达式的值确定，就不再继续运算了。

3. if 条件语句的使用：

(1) 单条件的 if 语句格式和应用

(2) 二选一的 if 语句格式和应用

(3) 嵌套的 if 语句的格式和应用

4. 条件运算符?:的使用，它是唯一一个三元运算符。

5. switch 语句：实现多分支的开关语句。

6. 位运算符：按位进行相应运算，与逻辑运算符相区别。

二、常见错误列表

错误实例	错误分析
if (a>b); max = a;	在 if 条件表达式(a > b)后，多加了一个分号

if (a > b);
    max = a;
else
    max =b;	

if (a > b)
    max = a;
    printf("max = %d\n", max);
	满足 if 条件，要执行两条语句，要使用大括号括起来，应为：
	if (a > b)
	    {
	        max = a;
	        printf("max = %d\n", max);
	    }

（续表）

错误实例	错误分析

if (a ＞ b)
{
max = a;
printf("max = %d\n", max);
else
max = b;
	因 if 条件后执行的语句缺少结束的大括号，系统编译报错，找不到与 else 配对的 if

if (a = b) printf("a equals b\n");	错误使用赋值符号 = 来判断两个操作数是否相等，应使用关系运算符 ==
if (a = = b) printf("a equals b\n");	将关系运算符 = =，! =，＞=，＜= 的两个符号之间多加了空格，系统报错
if (a =＜ b) max = b;	将关系运算符! =，＞=，＜= 的两个符号写反
if (x == 1.4)	用==或! =测试浮点数是否相等，系统运行时错误。

习　题

1. 用户输入一个大写字母，将其转换成小写字母后输出。

2. 用户输入三角形的三边 a、b、c，编写程序判断是否能构成一般三角形、等腰三角形、等边三角形、或直角三角形，并输出结果。

3. 用户输入三角形的三边，用海伦公式计算三角形的面积（要判断三边是否能构成三角形）。

4. 用户输入一元二次方程 $ax^2+bx+c=0$ 的系数 a、b、c，编写程序判断该方程在实数范围内是否有根，并输出其实数根。

5. 编写程序实现一个简单的计算器，用户输入一个形式如“操作数 运算符 操作数”的四则运算表达式，输出运算结果。

第五章　循环结构

前面介绍了顺序结构和选择结构，但在处理实际问题时，只有这两种结构是不够的。我们经常遇到需要重复处理的问题，比如级数求和、方程的迭代求解、日常的报表统计等，这就要用到**循环结构**(Loop Structure)。

5.1　累加求和

【例 5.1】 编写程序，根据用户输入的 n 值，计算 $S = 1 + 2 + 3 + \cdots + n$ 的和。

【问题分析】

问题的关键在于不断地重复加法操作，若用 S 表示最后求得的和，那么在开始阶段，没有求和，可使 $S = 0$；开始求和后，每一次将一个数加到 S 上去，如图 5 - 1 所示。

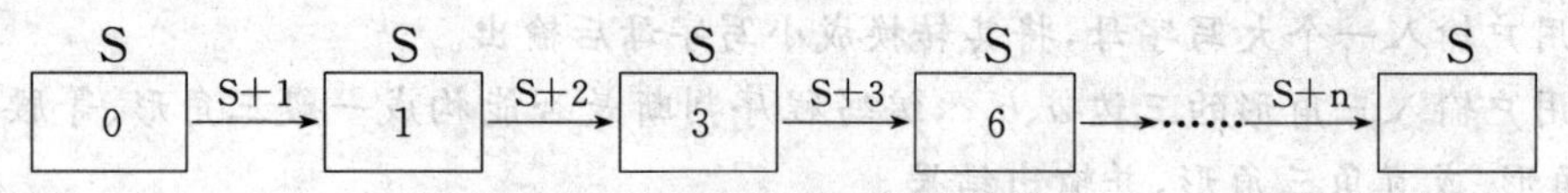

图 5 - 1　求和运算 S 变化示意图

如果将每一次加到 S 上的数用 i 表示，就发现，每一次的进行的操作完全相同，即 $S = S + i$。i 的初值为 1，以后每次自增 1，只要 $i \leqslant n$，就将它加到 S 上去，当 $i > n$ 时，终止计算。如图 5 - 2 所示。

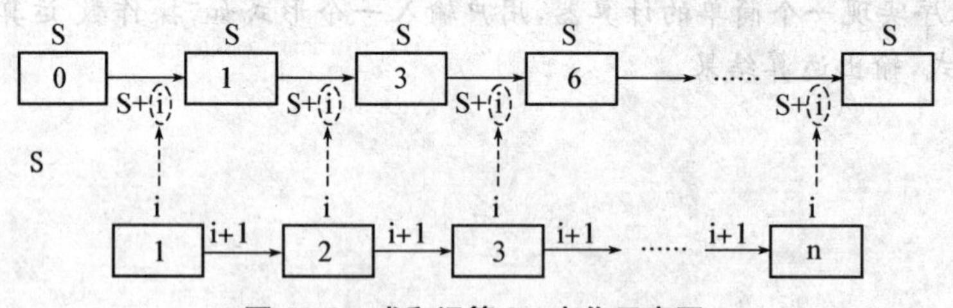

图 5 - 2　求和运算 S,i 变化示意图

【解题步骤】

(1) 输入 n；

(2) 若 i<= n，转第 3 步，否则转第 4 步；

(3) $S = S + i, i = i+1$；

(4) 输出 S；

(5) 结束。

注意事项：

在进行累加求和运算时，要将求和变量 S 的初始赋 0，累加变量 i 的初值赋 1。

【程序代码】

```
#include<stdio. h>
int main(void)
{
    int S = 0, i = 1, n;
    printf("请输入 n 的值:\n");
    scanf("%d", &n);
    while( i<=n)
    {
        S = S + i;
        i = i + 1;
    }
    printf("S = %d\n", S);
    return 0;
}
```

【运行结果】

请输入 n 的值：

100 ↙

S = 5 050

可以看到，只要条件“i <= n”成立，步骤 2 的操作就被重复的执行，这就是循环结构。决定循环是否继续的条件“i <= n”称为循环条件，而被重复执行的语句称为循环体。

C 语言共提供了 3 种用以循环结构的语句：

(1) while 语句

(2) do ... while 语句

(3) for 语句

例 5.1 中用 while 语句实现了这个循环过程。

5.2　while 循环

while 循环又称当型循环，即当某个给定的条件成立时执行循环体，否则终止循环体的执行。while 语句的一般形式为：

```
                ┌─循环条件
while （< 表达式 >）
{                           ┐
      语句序列              │ 循环体
}                           ┘
```

while 语句中的<表达式>是判定循环是否执行的条件，花括号中的语句序列，则是当条件成立时执行的循环体。

while 的执行过程如下：

(1) 计算表达式的值；

(2) 如果表达式的值为“真”(非 0)，则转(3)，否则，转(4)；

(3) 执行循环体的语句序列；

(4) 循环结束。

其流程如图 5-3 所示。

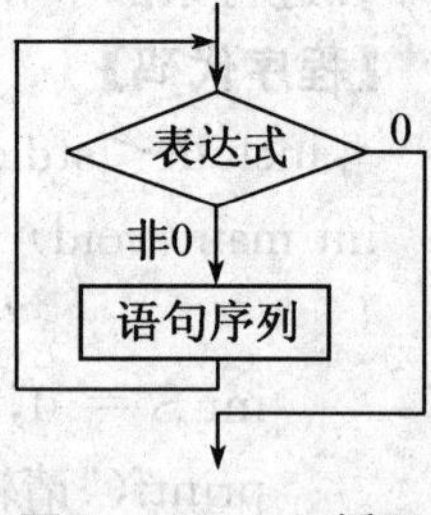

图 5-3 while 循环

例 5.1 用 while 语句实现了累加求和的运算，实现的语句为：

```
while( i <= n)
{
    S = S + i;
    i = i + 1;
}
```

要注意的是：

(1) 循环体如果包含一条以上的语句，要用花括号括起来；如果循环体只包含一条语句，可以不用花括号，则 while 语句的范围直到 while 后面第一个分号处。如果语句中去掉花括号：

```
while( i <= n)
    S = S + i;
    i = i + 1;
```

认为循环体是“S = S + i;”，当整个循环结束后，才执行“i = i + 1;”。一般的，如果循环体只有一条语句，将该语句和 while 放在同一行上，使程序清晰、易懂，如：

```
while( i <= n) S = S + i;
i = i + 1;
```

(2) 不要忽略给 S 和 i 赋初值，否则在未累加前，它们的值是不可预测的，执行完累加操作后，结果显然也不正确。

(3) 循环体中应有使循环趋向结束的语句，使得在某一次进行循环条件判断时，表达式的值为 0，从而结束循环。如例 5.1 程序中，循环体里的“i = i + 1;”使得 i 的值不断增大，最终导致 i 的值超过了 n，不满足表达式“i <= n”，循环终止。如果无此语句，i 的值始终保持不变，表达式“i <= n”永远成立，循环将不能结束，陷入死循环。

5.3 do ... while 循环

do ... while 循环又称直到型循环，先执行循环体，再检查给定的条件是否成立。它的一般形式为：

```
do
{
    语句序列
} while(<表达式>);
```

do … while 的执行过程如下：

(1) 执行循环体的语句序列；

(2) 计算表达式的值；

(3) 如果表达式的值为“真”(非 0)，则转(1)，否则，转(4)；

(4) 循环结束。

其流程如图 5 - 4 所示。

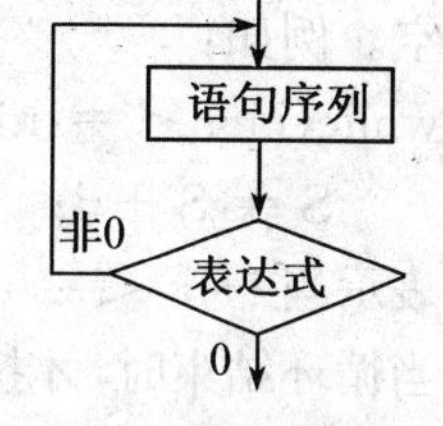

图 5 - 4　do … while 循环

【例 5.2】 用 do … while 语句，计算 S = 1 + 2 + 3 +…+ *n* 的和，*n* 为用户输入的整数。

【问题分析】

计算的方式与例 5.1 相似，仍用 S 表示求和变量，初值为 0，i 表示累加变量，初值为 1，重复的将 i 加到 S 上去。只是换一种思路：先将 i 加到 S 上去，使 i 自增 1，再判断 i 是否小于等于用户输入的 n 值，直到 i 的值大于 n，停止计算。

【解题步骤】

(1) 输入 n；

(2) S = S + i, i = i+1；

(3) 若 i<= n，转第 2 步，否则转第 4 步；

(4) 输出 S；

(5) 结束。

【程序代码】

```
#include<stdio.h>
int main(void)
{
	int S = 0, i = 1, n;
	printf("请输入 n 的值:\n");
	scanf("%d", &n);
	do
	{
		S = S + i;
		i = i + 1;
	} while( i <= n);
	printf("S = %d\n", S);
	return 0;
}
```

【运行结果】

请输入 n 的值：

100↙

S = 5 050

使用 do … while 循环的注意事项与 while 循环是一样的，要区别的有以下两点：

(1) do … while 循环中，while( )是循环语句的结尾，“( )”后面的分号不能缺少；而

while 循环中，while( )是循环语句的开始，后面一般不加分号，如果加上分号，则表示循环体为空。例如：

```
while(i++ <= n);
    S = S + i;
```

表示当 i++ <= n 成立时，执行的循环体为"；"，即 C 语言中的空语句，不执行任何操作。当循环结束时，才执行循环之后的语句"S = S + i;"。

(2) 与 while 不同，do ... while 循环的循环条件判断是在执行循环体之后进行的，所以，do ... while 循环至少执行一次。在某些情况下，用 while 和 do ... while 循环，执行的结果是不一样的。

【例 5.3】 while 循环与 do ... while 循环的比较。

(1) 用 while 循环执行下列程序

```
#include<stdio.h>
int main(void)
{
    int S = 0,i;
    printf("请输入i的值:\n");
    scanf("%d", &i);
    while(i<=10)
    {
        S += i;
        i++;
    }
    printf("S = %d\n",S);
    return 0;
}
```

【运行结果 1】

请输入 i 的值：

5↙

S = 45

【运行结果 2】

请输入 i 的值：

11↙

S = 0

(2)用 do ... while 循环执行程序

```
#include<stdio.h>
int main(void)
{
    int S = 0,i;
    printf("请输入i的值:\n");
```

```
    scanf("%d", &i);
    do
    {
        S += i;
        i++;
    } while(i<=10);
    printf("S = %d\n",S);
    return 0;
}
```

【运行结果 1】

请输入 i 的值:

5↙

S = 45

【运行结果 2】

请输入 i 的值:

11↙

S = 11

比较两种循环的运行结果,当用户输入 i 的初值为 5 时,满足循环条件 i<=10,两种循环执行的次数一样,运行结果也一样;当用户输入 i 的初值为 11,不满足循环条件 i<=10,while 循环先进行条件判断,循环体一次也不执行,故 S 维持初值 0 不变。而 do … while 先执行一次循环体,再判断,故 i 的初值被 11 加到了 S 上,输出 S 的值为 11。可以得到结论:循环体、循环条件相同时,当循环条件表达式第一次的值为"真"时,两种循环执行的结果相同,否则,两者的执行结果不相同。

5.4　for 循环

for 循环属于当型循环结构。与 while 和 do … while 循环相比,for 循环的使用方式更加灵活,在 C 语言程序中的使用频率也最高。其一般形式如下:

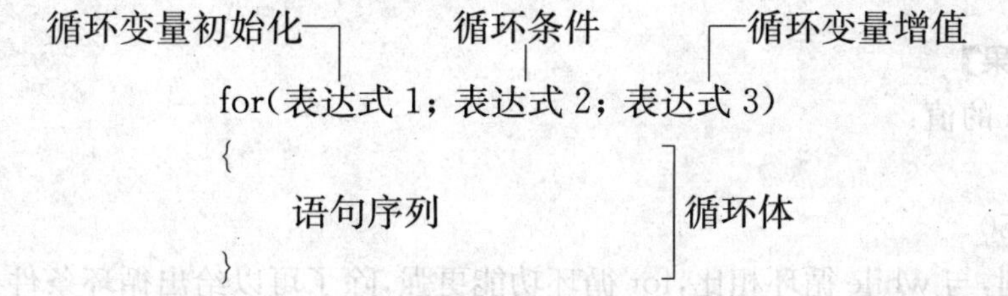

其中,表达式 1 一般用来对循环控制变量进行初始化,只执行一次;表达式 2 是控制循环继续执行的条件;表达式 3 一般用来定义每执行一次循环后,如何对循环控制变量进行增值。

for 循环的执行过程如下:

(1) 求解表达式 1;

(2) 求解表达式 2，若表达式 2 的值为“真”(非 0)，转(3)，否则，转(5)；

(3) 执行循环体的语句序列；

(4) 求解表达式 3，转(2)；

(5) 循环结束。

其流程如图 5 - 5 所示。

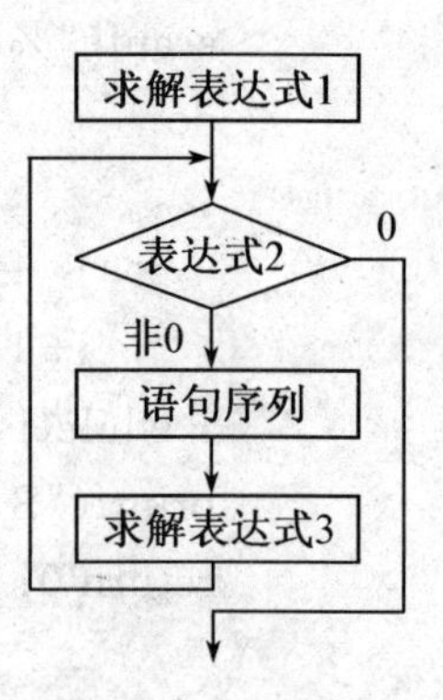

图 5 - 5　for 循环

【例 5.4】 用 for 循环，计算 S = 1 + 2 + 3 +…+ n 的和，n 为用户输入的整数。

【问题分析】

问题的解决方法与例 5.1 使用 while 循环相同，只是将循环条件和处理语句放在相应的表达式中：

① 用表达式 1 初始化循环控制变量(这里为累加变量 i)；

② 用表达式 2 给出循环执行的条件：i<= n；

③ 循环体执行求和：S = S + i；

④ 用表达式 3 给出循环控制变量的增值表示：i++。

【程序代码】

```
#include<stdio.h>
int main(void)
{
    int S = 0, i, n;
    printf("请输入 n 的值:\n");
    scanf("%d", &n);
    for(i = 1;i <= n; i++)
    {
        S += i;
    }
    printf("S = %d\n", S);
    return 0;
}
```

【运行结果】

请输入 n 的值:
100↙
S = 5 050

可以看到，与 while 循环相比，for 循环功能更强，除了可以给出循环条件，还可赋初值，使循环变量增值。一般情况下，for 循环和 while 循环可以相互替代，例如：

```
for (表达式 1; 表达式 2; 表达式 3)
{
    语句序列
}
```

可改写成：

```
表达式 1;
while(表达式 2)
{
    语句序列
    表达式 3
}
```

二者无条件等价。

使用 for 循环时，要注意以下几点：

(1) 当循环体只有一条语句时，可以不使用花括号，则 for 语句的范围包含到 for 后面第一个分号处；当循环体多于一条语句时，必须要使花括号，例如：

```
for(i = 1;i <= n; i++)
{
    S += i;
    printf("%d\t", S);
}
```

会在每一次计算 S += i 后，输出 S 的值。

(2) for 循环的三个表达式可以是任意表达式，也可以是 C 语言的**逗号表达式**。例如：

```
for(S = 0, i = 1; i <= n; i++)
{
    S += i;
}
```

表达式 1 是一个逗号表达式，即用**逗号运算符**连接的表达式，如"S = 0, i = 1"，表达式 1 为 S 和 i 同时赋了初值。

遇到逗号表达式时，程序按照从左到右的顺序依次运算各表达式的值，并将最后一个表达式的值作为整个逗号表达式的值。例如：

```
int x = 3, y;
y = ( x + 3, x -= 5, x + 6);
```

逗号运算符的级别最低，低于赋值运算符，使用小括号将逗号表达式优先计算。先计算"x + 3"，再计算"x -= 5"，最后计算"x + 6"，得到：

```
y = ( x + 3, x -= 5,x + 6 )
y = ( 6, x = -2, 9 )
y = ( 6, -2, 9 )
y = 9
```

取最后一个表达式的值 9 作为整个逗号表达式的值，赋给 y，故 y = 9。

当表达式 2 为逗号表达式时，要注意循环条件的判断，例如：

```
for(S = 0, i = 1; i <= n, S<=10; i++)
{
    S += i;
```

```
}
```

此时表达式 2 为"i <= n, S<=100",先运算 i <= n,再运算 S<=10,并将 S<=10 作为循环继续执行的条件。可以看出,当 n≥4 时,循环执行后,S 的值都为 10。

表达式 3 也可为逗号表达式,可同时使两个循环变量增值,例如:

```
for(i = 1,j = 0; i <= 10; i++,j++)
{
        S = i + j;
}
```

表达式 1 和表达式 3 都为逗号表达式,表达式 1 同时为两个循环变量 i,j 赋初值,表达式 3 同时使 i,j 增值。

(2) for 循环的三个表达式均可以省略,但两个分号不可少。

① 省略表达式 1

```
i = 1;                    /* 循环变量赋初值 */
for(   ; i <= n; i++)
{
        S += i;
}
```

将表达式 1 省略,即不赋初值,表达式 1 后的分号不能少,对循环变量赋初值的语句应放在 for 循环之前。

② 省略表达式 2

```
for( i = 1;   ;i++)
{
        S += i;
}
```

将表达式 2 省略,即不设循环条件,表达式 2 后的分号不能少,相当于表达式 2 的值始终为"真"(非 0),此时循环无终止的进行下去,陷入死循环。等价于:

```
for( i = 1; 1; i++)          /* 将表达式 2 置为 1,始终为"真", 陷入死循环 */
{
        S += i;
}
```

因此,为了能正确执行循环,应将循环条件放在循环体内判断,例如:

```
for( i = 1;   ;i++)
{
        if(i<=n)              /* 用 if 条件语句进行判断选择 */
            S += i;
        else
            break;            /* 不满足条件,用 break(见 5.7.1)结束循环 */
}
```

③ 省略表达式 3

```
for( i = 1; i <= n; )
{
    S += i;
    i++;                    /* 使循环变量增值 */
}
```

将表达式 3 省略，即没有循环变量增值表达式，但为了保证循环可以正常结束，应在循环体中增加循环变量增值的语句。

④ 同时省略多个表达式

```
i = 1;                      /* 循环变量赋初值 */
for(  ; i <= n;  )
{
    S += i;
    i++;                    /* 使循环变量增值 */
}
```

同时省略表达式 1 和表达式 3，则在循环之前将循环变量赋初值，在循环体中使循环变量增值。

或者，将三个表达式同时省略，例如：

```
i = 1;                      /* 循环变量赋初值 */
for(  ;  ;  )               /* 两个分号不可少 */
{
    if(i <= n)              /* 用 if 条件语句进行条件判断 */
    {
        S += i;
        i++;                /* 使循环变量增值 */
    }
    else
        break;              /* 不满足条件，用 break(见 5.7.1)结束循环 */
}
```

此时，还应在循环体中增加循环条件判断的语句，才能保证循环正常结束。

5.5　循环的选择

实际应用中，需要重复处理的操作都可以用循环结构来实现。但不同问题中，需重复操作的次数，有时是已知的，称为**计数控制的循环**(Counter Controlled Loop)，有时是未知的，需要某个条件来控制，称为**条件控制的循环**(Condition Controlled Loop)。在遇到不同问题时，可以选择适当的语句来解决。

5.5.1　计数控制的循环

一般的，while，do … while 和 for 循环都可以用来处理同一问题，它们也可以相互替代。但对于计数控制的循环，循环次数事先已知，习惯上，用 for 语句实现循环更简洁、方便。

【例 5.5】 编写一个程序，从键盘输入 n，计算 n！并输出。

【问题分析】

$n! = 1 \times 2 \times 3 \times \cdots \times n$，参考例 5.1 累加的方法，设一个求积变量 M，每一次将一个乘数乘到 M 上去，则在未进行累乘之前，求积变量 M 的值应为 1，设这个乘数为变量 i，i 的初值为 1，每做完一次乘法，i 自增 1。如图 5－6 所示。

由此可知，重复执行的操作是将 M 的值不断的乘以 i，可表示为“M = M * i”，执行的次数为用户输入的 n 值，循环执行的条件为 i≤n。

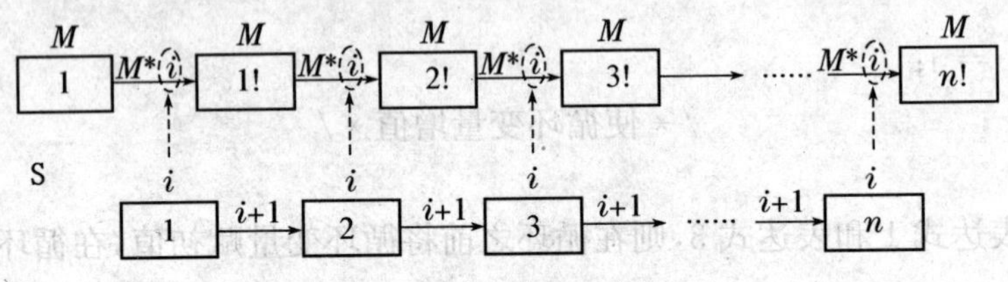

图 5－6　n 阶乘示意图

【解题步骤】

(1) 变量定义和初始化，对求积变量 M 赋初值 1；

(2) 输入 n；

(3) 用 for 循环求 M 的值，其中表达式 1 为 i 赋初值 1，表达式 2 设循环条件 i<=n，表达式 3 为循环变量增值 1，循环体为“M = M * i;”；

(4) 输出 M。

【程序代码】

```
#include<stdio.h>
int main(void)
{
    int i,n;
    long int M = 1;          /* 因阶乘取值范围较大，故 M 定义为长整型 */
    printf("请输入 n 的值:\n");
    scanf("%d", &n);
    for( i = 1;i <= n;i++)
    {
        M = M * i;
    }
    printf("%d! = %ld\n", n, M);
    return 0;
}
```

【运行结果】

请输入 n 的值：

10↙

10! ＝ 3 628 800

【例 5.6】 编写一个程序，从键盘输入 n，计算 S ＝ 1! ＋ 2! ＋ 3! ＋… ＋ n! 的值，并输出。

【问题分析】

从例 5.5 的分析中可以看到，在计算 M ＝ n! 时，计算过程中每一步 M 的值都为 i!，如图 5－6 所示，因此，只需再加入一个求和变量 S(初值设为 0)，将每次求得的 M 值加到 S 上，即可求得阶乘的和。

【解题步骤】

(1) 变量定义和初始化，对求积变量 M 赋初值 1，对求和变量 S 赋初值 0；

(2) 输入 n；

(3) 用 for 循环求 S 的值，三个表达式按例 5.5 设置，若 i<＝ n 则计算 M ＝ M ＊ i，S ＝ S ＋ M；否则，转第 4 步；

(4) 输出 M。

【程序代码】

```
#include<stdio.h>
int main(void)
{
    int i,n;
    long int M = 1, S = 0;        /*因阶乘取值范围较大，故M、S定义为长整型*/
    printf("请输入n的值:\n");
    scanf("%d", &n);
    for(i = 1;i <= n;i++)
    {
        M = M * i;
        S = S + M;
    }
    printf("S = %ld\n", S);
    return 0;
}
```

【运行结果】

请输入 n 的值：

5↙

S ＝ 153

【例 5.7】 编程输出所有的水仙花数。水仙花数是一个三位数，该数本身等于其各数位上数字的立方和，如 $153 = 1^3 + 5^3 + 3^3$。

【问题分析】

这个问题为在一个范围内求满足给定条件的数。所求的水仙花数 i 为一个三位数，因此 i∈[100,999]，对这个范围内所有的 i 依次进行判断是否满足条件，若满足条件则输出，若不满足条件，则将当前的 i 自增 1，判断下一个数。这个过程可以用循环实现，循环的次数是已知的，即 i 从 100 开始取值，每一次判断后，增加 1，直到 n 的值为 999，循环结束。

【解题步骤】

(1) 变量定义；

(2) 用 for 循环求水仙花数

① i = 100(表达式 1)；

② 若 i<= 999 (表达式 2)，转③，否则，结束循环；

③ 计算 i 的百位数字 x，十位数字 y，个位数字 z；

④ 如果 i == x*x*x + y*y*y + z*z*z，输出 n，否则转⑤；

⑤ i 增值 1(表达式 3)，转②。

【程序代码】

```
#include <stdio.h>
int main(void)
{
    int i, x, y, z;
    for( i=100; i<=999; i++ )
    {
        x = i/100;                              /*x为i的百位数字*/
        y = i/10 % 10;                          /*y为i的十位数字*/
        z = i % 10;                             /*z为i的个位数字*/
        if(i == x*x*x + y*y*y + z*z*z)          /* 如果i是水仙花数*/
            printf("%d \t",i);                  /*输出i*/
    }
    printf("\n");
    return 0;
}
```

【运行结果】

153　　370　　371　　407

【例 5.8】 求斐波纳契(Fibonacci)数列的前 30 项，并输出，每行输出 5 个。斐波纳契(Fibonacci)数列定义如下：

$$\begin{cases} F_1=1 & n=1 \\ F_2=1 & n=2 \\ F_n=F_{n-1}+F_{n-2} & n\geqslant 3 \end{cases}$$

【问题分析】

这是一道递推问题，除第一项和第二项外，数列中其余的每项都是前两项之和。可以写出数列的前若干项为：1　1　2　3　5　8　13　21　34 …。设第一、第二项 $f_1=1$，$f_2=$

1，则第三项 $f_3 = f_1 + f_2$，第四项 $f_4 = f_3 + f_2$，…，但我们不可能定义太多的变量，使得程序冗长，因此采取重复使用变量名的方法，使同一个变量名在不同时间表示不同的项，如：

	1	1	2	3	5	8	13	21	34	…
第 1 次：	f_1	f_2	f							
第 2 次：		f_1	f_2	f						
第 3 次：			f_1	f_2	f					

可以看出，第一、第二项的值都为 1，可以直接输出。f 从第 3 项开始计算，每一次计算总有 $f = f_1 + f_2$；进行下一次计算时，f_1 取前一次 $f2$ 的值，f_2 取前一次 f 的值，再进算 f。重复着这个步骤 28 次，可计算从第 3 项到第 30 项的 f 值，这是一个次数确定的循环。

在输出时用一个变量 k 记录已经输出了多少项，每输出一项，k 自增 1。若 k 为 5 的倍数，即满足 k%5 == 0，表示一行已经输出了 5 个，则输出一个换行符'\n'，使下一个输出另起一行。

【解题步骤】

(1) 变量定义和初始化，对 f1、f2 赋分别初值 1，对 k 赋值 0(一个输出都没有)；

(2) 输出数列的前两项 f1、f2，k = k+2(已经输出了两项)；

(3) 用 for 循环求解并输出 f 的值，每输出一项，k 自增 1，当 k % 5 == 0 时，输出换行符。

【程序代码】

```
#include<stdio.h>
int main(void)
{
    int f1 = 1, f2 = 1, f, i, k=0;          /*前两项的值固定为1*/
    printf("%d\t %d\t", f1, f2);            /*输出数列的前两项*/
    k = k+2;                                /*k记录已输出2项*/
    for( i = 3;i <= 30;i++)                 /*计算第3项到第30项*/
    {
        f = f1 + f2;                        /*每一项等于前两项的和*/
        printf("%d\t", f);                  /*输出当前计算出的项f*/
        k++;                                /*又输出一项,k自增1*/
        if ( k%5 == 0)                      /*如果当前输出的项是5的倍数*/
        printf("\n");                       /*输出换行符*/
        f1 = f2;                            /*f1取前一次f2的值*/
        f2 = f;                             /* f2取前一次f的值 */
    }
    printf("\n");                           /*数列输出完毕,输出换行符*/
    return 0;
}
```

【运行结果】

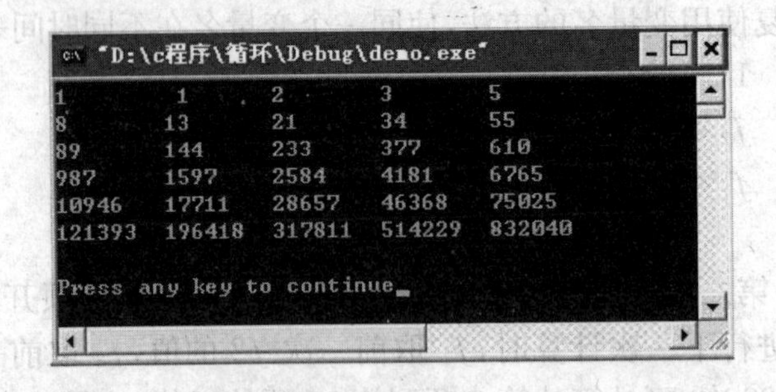

5.5.2　条件控制的循环

条件控制的循环，循环次数事先不能确定，由某个条件来控制循环的执行，通常使用 while 或 do ... while 语句实现循环。

【例 5.9】　求整数 x 和 y 的最大公约数。

【问题分析】

x 和 y 的最大公约数 z 就是 x 和 y 的公因子中最大的因子。所以，z 显然小于等于 x 和 y 中较小的数。假设 $x<=y$，使 $z = x$，如果 x 和 y 同时都能被 z 整除，那么 z 就是最大公约数，若不满足条件，则 $z = z-1$，再判断 x 和 y 同时都能被 z 整除，重复这个过程，直到找到一个满足条件的 z，即为所求。注意整个过程并不能确定要重复多少次，只能通过"x 和 y 是否同时都能被 z 整除"这个条件来判断，选择 while 循环来实现。

【解题步骤】

(1) 输入 x,y；

(2) 比较 x,y 的大小，令 z 的初值为 x,y 中较小的值；

(3) 判断！(x%z==0 && y%z==0)是否成立，若成立则转第(5)步，否则转第(4)步；

(4) z = z−1，转第(3)步；

(5) 输出 z。

【程序代码】

```
#include<stdio.h>
int main(void)
{
    int x, y, z;
    printf("请输入两个整数:\n");
    scanf("%d %d", &x, &y);
    if (x<=y)
            z = x;
    else
            z = y;
    while(! (x%z==0 && y%z==0))        /*当 x 和 y 不能同时被 z 整除时，执
```

行循环体＊/
```
    {
        z——;
    }
    printf("最大公约数为:%d\n", z);
    return 0;
}
```
【运行结果】

15　25↙

最大公约数为:5

这种求解方法是 brute-force(穷举)算法,算法简单,但执行效率很低。当两个整数较大时,如 1000,1005,要执行上千次循环才能求得结果。这里介绍一种“辗转相除法”来求解该问题。

【解题步骤】

(1) 输入 x,y;

(2) 比较 x,y 的大小,使 x >= y。

(3) 判断 x 除以 y 的余数 r 是否为 0,若 r 为 0,则 y 就是 x,y 的最大公约数,转第(5)步,否则转第(4)步;

(4) 令 x = y,y = r;转第(3)步;

(5) 输出 y。

例如:

	x	y	r(x%y)	判断条件(x%y!= 0)
第 1 次	25	15	10	成立
第 2 次	15	10	5	成立
第 3 次	10	5	0	不成立(终止)

则 5 为所求得的最大公约数。

【程序代码】
```
#include<stdio.h>
int main(void)
{
    int x, y, r,t;
    printf("请输入两个整数:\n");
    scanf("%d %d", &x, &y);
    if (x<y)                    /＊当 x<y 时,交换 x,y 的值＊/
    {
        t = x;
        x = y;
        y = t;
    }
```

```
    while( (r =x%y)!= 0)        /* 当余数不为0时,执行循环体 */
    {
            x = y;
            y = r;
    }
    printf("最大公约数为:%d\n",y);
    return 0;
}
```

【运行结果】

15 25↙

最大公约数为:5

注意,在"while((r =x%y)!= 0)"中,先将 x % y 的值赋给了 r,再判断 r!= 0 是否成立。但其实如果 r 是一个非 0 值时,肯定满足 r!= 0,因此也可写成"while(r = x%y)",效果是一样的。

【例 5.10】 用格里高利公式$\frac{\pi}{4}=1-\frac{1}{3}+\frac{1}{5}-\frac{1}{7}+\cdots$,求解 π 的近似值,直到发现某一项的绝对值小于$10^{-6}$为止。

【问题分析】

这是一个求 π 的近似值的问题,理论上,这个公式包含无穷项,项数越多,π 的值越精确。我们并不确切知道应求到第几项,但有一个条件可以用来判定是否需要继续求解,即某一项的绝对值小于10^{-6}。仔细观察这个公式发现,它可以写成:

$$\frac{\pi}{4}=\frac{1}{1}-\frac{1}{3}+\frac{1}{5}-\frac{1}{7}+\cdots\cdots$$

那么,每一项的分子都为 1,后一项的分母是前一项的分母加 2,后一项的符号与前一项的符号相反。设 denominator 为每一项的分母,则当 n =1 时,denominator = 1,当 n >1 时,每一项的分母 denominator = denominator + 2。则第一项的值为 term = 1/denominator,第二项的值为 term = -1/denominator,第 3 项的值又为 term = 1/denominator,所以不妨设控制符号的变量 flag,计算第一项的时候初值为 1,计算后一项的时候,对 flag 取反,flag = -flag,这样,就可以在计算每一项的时候用公式 term = flag/denominator 控制该项的符号了。重复这个过程,直到 term 的绝对值小于10^{-6}。

【解题步骤】

(1) 变量定义和初始化:

定义求和变量 pi 初值为 0,分母 denominator,初值为 1,符号变量 flag,初值为 1,每项的值 term,初值为 1/denominator;

(2) 判断是否满足$|term|\geqslant 10^{-6}$,若满足条件,则转第(3)步,否则转第(4)步;

(3) pi = pi + term;

denominator = denominator + 2;

flag = -flag;

term = flag/denominator;

(4) pi = pi * 4;

(5) 输出 pi。

【程序代码】

```
#include<stdio.h>
#include<math.h>               /* 使用 fabs 绝对值函数,要包含头文件 math.h */
int main(void)
{
    double pi = 0, denominator = 1, flag = 1,term;
    term = 1/denominator;
    while(fabs(term)>=1e-6)                    /* 判断|term|≥ */
    {
        pi = pi + term;                        /* 将当前项加到 pi 上 */
        denominator = denominator + 2;         /* 下一项的分母比当前项增加 2 */
        flag =-flag;                           /* 下一项的符号与当前项相反 */
        term =flag/denominator;                /* 计算下一项的值 */
    }
    pi = pi * 4;            /* 将算出的 π/4 近似值结果乘以 4,得到 π 的近似值 */
    printf("pi = %10.8f\n",pi);                /* 输出 π 的近似值 */
    return 0;
}
```

【运行结果】

pi = 3.141 590 65

5.6 嵌套循环

如果循环体的实现,又用到了循环结构,则称为嵌套循环。

【例 5.11】 编程输出下面的九九乘法口诀表。

```
1*1=1
1*2=2 2*2=4
1*3=3 2*3=6  3*3=9
1*4=4 2*4=8  3*4=12 4*4=16
1*5=5 2*5=10 3*5=15 4*5=20 5*5=25
1*6=6 2*6=12 3*6=18 4*6=24 5*6=30 6*6=36
1*7=7 2*7=14 3*7=21 4*7=28 5*7=35 6*7=42 7*7=49
1*8=8 2*8=16 3*8=24 4*8=32 5*8=40 6*8=48 7*8=56 8*8=64
1*9=9 2*9=18 3*9=27 4*9=36 5*9=45 6*9=54 7*9=63 8*9=72 9*9=81
```

【问题分析】

表一共有 9 行,第 1 行有 1 列,第 2 行有 2 列……第 i 行有 i 列。因为总行数固定,可以用 for 循环,以行数 i 为循环控制变量,将每一行的内容输出。而具体到每一行时,总是从第

一列开始输出的，设 j = 1，输出的列数 j 总是满足 j ≤ i。以前三行为例，第 i 行第 j 列的位置总是显示“j * i” =(i * j)。当每一行输出完所有的列后，输出一个换行符。

	j=1	j=2	j=3
i=1	1*1=1		
i=2	1*2=2	2*2=4	
i=3	1*3=3	2*3=6	3*3=9

【关键代码】

输出第 i 行所有列的信息，可以用这样的伪代码表示：

```
for( i=1; i<= 9; i++)
{
    输出第 i 行所有列的信息;  ⟹  ① 判断列号 j≤i 是否成立，若成立，转②，
                                   否则，转④
                                ② 输出“j * i”=(i * j)，输出制表符
    输出换行符;                  ③ j 自增 1，转①；
}                               ④ 结束。
```

而循环体中输出第 i 行所有列的信息仍需要一个循环结构去实现，得到伪代码为：

```
for( i = 1; i<= 9; i++)
{
    for(j = 1;j<=i;j++)
      {
         输出 j * i =(i * j);
         输出制表符;           内层循环
      }
    输出换行符;
}
```

这是一个典型的嵌套循环，外层循环用 i 控制要输出的行数，内层循环用 j 控制每行输出的列数。当第 i 行的所有列(j 从 1 到 i)全部输出完毕，才输出第 i+1 行的信息，即外层循环执行循环体一次，内层循环循环体要全部执行完毕后，外层循环循环体才执行下一次。

【程序代码】

```
#include<stdio.h>
int main(void)
{
    int i, j;   /*定义行列号变量*/
    for( i=1; i<= 9; i++)
    {
        for(j = 1;j<=i;j++)
        {
            printf("%d*%d=%d\t", j, i, i*j);
        }
        printf("\n");
    }
```

```
    return 0;
}
```

在嵌套循环中,如果内层循环的循环体内还包含一个循环,那么就是多层循环嵌套。

【例 5.12】 百钱买百鸡问题:一百个铜钱买了一百只鸡,其中公鸡一只 5 钱、母鸡一只 3 钱,小鸡一钱 3 只,问一百只鸡中公鸡、母鸡、小鸡各多少。

【问题分析】

这是一个古典数学问题,设一百只鸡中公鸡、母鸡、小鸡分别为 x,y,z,则可以得到:

$$\begin{cases}5x + 3y + z/3 = 100 \\ x + y + z = 100\end{cases}$$

这里 x,y,z 为正整数,且 z 是 3 的倍数;由于鸡和钱的总数都是 100,可以确定 x,y,z 的取值范围:

(1) x 的取值范围为 1~20(一百钱最多买 20 只公鸡)

(2) y 的取值范围为 1~33(一百钱最多买 33 只母鸡)

(3) z 的取值范围为 3~99,步长为 3(小鸡一买就是 3 只,且小鸡的数量不能超过总数 100)

对于这个问题我们可以用穷举的方法,遍历 x,y,z 的所有可能组合,只要满足“百钱,百鸡”的条件,即可得到问题的解。

【关键代码】

(1) 遍历 x,y,z 的所有可能组合可用三重循环来实现:

伪代码:

```
for(x=1; x<=20; x++)
{
    for(y=1; y<=33; y++)
    {
        for(z=3; z<=99; z+=3)
        {
            ......
        }
    }
}
```

(2) 是否满足百钱,百鸡的条件可用表达式((5 * x + 3 * y + z/3==100)&&(x + y + z==100))是否成立来判断。

【程序代码】

```
#include <stdio.h>
int main(void)
{
    int x,y,z;
    for(x=1; x<=20; x++)
    {
```

```
        for(y=1; y<=33; y++)
        {
            for(z=3; z<=99; z+=3)
            {
                if((5*x+3*y+z/3==100)&&(x+y+z==100))
                    printf("公鸡只数:%d,母鸡只数:%d,小鸡只数:%d\
n", x, y, z);
            }
        }
    }
    return 0;
}
```

【运行结果】

公鸡只数:4，母鸡只数:8，小鸡只数:78

公鸡只数:8，母鸡只数:11，小鸡只数:81

公鸡只数:12，母鸡只数:4，小鸡只数:84

在实际使用中，while 循环、do ... while 循环和 for 循环可以相互嵌套，可根据具体的问题选择合适的循环语句实现循环结构。

5.7 流程控制语句

顺序结构、选择结构和循环结构都是按照预先规定的流程执行的。但有时需要改变预先指定的流程，这就需要流程控制语句来执行。C 语言中用于流程控制的语句有：break 语句、continue 语句、goto 语句和 return 语句。其中用于控制从函数返回值的 return 语句将在第 6 章介绍。

5.7.1 break 语句

前面 4.6 节已经介绍了 break 语句用在 switch 中结束 switch 语句的执行。break 语句也可以用在循环语句中来立即结束循环。

【例 5.13】 输出三位数中第一个能被 9 整除且个位是 5 的数。

【问题分析】

这个问题实际是求在一定范围内满足给定条件的数。所求的三位数 $i\in[100,999]$，可以使用循环对这个范围的每一个 i 进行判断，如果找到一个 i 满足条件，即已经找到了第一个满足条件的数，不需要再继续找下去了，则输出这个 i，并立即结束循环。

【解题步骤】

(1) 变量定义；

(2) 用循环对[100,999]范围内的数输出满足条件的数：

① i =100；

② 若 i<=999，则判断 i 是否满足“能被 9 整除且个位是 5”，若满足条件转③，否则

转④；

③ 输出当前的数 i，立即结束循环；

④ 将 i 自增 1，转②。

【程序代码】

```
#include <stdio.h>
int main(void)
{
    int i;
    for(i=100;i<=999;i++)
    {
        if( i%9==0 && i%10==5)    /*如果i满足"能被9整除且个位是5"*/
        {
            printf("%d \n",i);          /*输出i*/
            break;                      /*结束所在的循环*/
        }
    }
    return 0;
}
```

【运行结果】

135

【例 5.14】 输入一个大于 3 的整数，判断这个数是否为素数。

【问题分析】

素数除了 1 和本身之外，没有其他的因数。对整数 n 进行判断，使 n 依次除以 i，$i=2,3,\cdots,(n-1)$，用循环实现。如果 n 能被当前的 i 整除，则 n 不是素数，不需要再判断 n 是否能被 $i+1$ 整除了，立即结束循环，此时 $i<n$；如果 n 不能被当前的 i 整除，则将 i 自增 1，判断 n 是否能被下一个 i 整除。当 i 的值超过了 $n-1$，表示在$[2,n-1]$范围内没有找到一个数能整除 n，则 n 为素数。

【解题步骤】

(1) 输入 n；

(2) i = 2；

(3) 若 i < n，则转第(4)步，否则转第(5)步；

(4) 判断是否满足 n%i==0，若满足条件，立即结束循环，否则将 i 自增 1，转第(3)步；

(5) 判断是否满足 i < n，若满足，则输出 n 不是素数，若不满足，则输出 n 是素数。

【程序代码】

```
#include <stdio.h>
int main(void)
{
    int n,i;
    printf("请输入一个大于3的整数:\n");
```

```
    scanf("%d", &n);
    for(i=2;i<n;i++)
    {
        if( n%i==0)                 /* n能被i整除 */
        break;                      /* n不是素数,立即结束循环 */
    }
    if(i<n)                         /* 找到一个i可以整除n */
        printf("%d 不是素数\n",n);   /* 输出n不是素数 */
    else                  /* 当i>n-1时,没有找到一个i可以整除n */
        printf("%d 是素数\n",n);     /* 输出n是素数 */
    return 0;
}
```

【运行结果】

请输入一个大于3的整数:

17↙

17是素数

【程序改进】

在判断 n 是否能被 i 整除时,不必将 i 的范围设为 $[2,n-1]$,只需判断 $[2,\sqrt{n}]$ 范围内的整数 i 是否能整除 n 即可。例如判断23是否为素数,只要判断23是否能被2,3,4整除,若2,3,4都不能整除23,那么23一定是一个素数。这样大大减少了循环的次数,提高了执行效率。

【程序代码】

```
#include <stdio.h>
#include<math.h>     /* 用到求平方 sqrt( )函数,要包含头文件 math.h */
int main(void)
{
    int n,i;
    printf("请输入一个大于3的整数:\n");
    scanf("%d", &n);
    for( i=2; i<=sqrt(n); i++)            /* i为[2,√n ]范围内的整数 */
    {
        if( n%i==0)
        break;
    }
    if(i<=sqrt(n))
        printf("%d 不是素数\n",n);
    else
        printf("%d 是素数\n",n);
    return 0;
```

}

【运行结果】

请输入一个大于 3 的整数:

23↙

23 是素数

break 语句的作用是结束所在的循环，当有多层循环时，要分清要用 break 语句结束哪一层循环。

【例 5.15】 输出 3～50 间所有的素数，一行输出 5 个。

【问题分析】

这属于求一定范围内满足给定条件的数。用循环依次判断[3,50]内的整数 n 是否为素数，而循环体中则用例 5.14 中的改进方法判断当前的 n 是不是素数，若是，则输出，若不是，则 n 自增 1，再判断下一个数是不是素数。可见，这是个二层嵌套循环，外层循环判断 [3,50]内的整数 n 是否为素数，内层循环判断数 n 是否在$[2,\sqrt{n}]$内没有任何因子。

【程序代码】

```
#include <stdio.h>
#include<math.h>
int main(void)
{
    int n, i, k=0;                          /* k 记录输出的素数个数 */
    for(n=3; n<=50; n++)                    /* 外层循环 */
    {
        for(i=2; i<=sqrt(n); i++)           /* 内层循环 */
        {
            if( n%i==0)                     /* 满足条件,即当前的 n 不是素数 */
            break;                          /* break 语句结束内层循环 */
        }
        if(i >sqrt(n))                      /* 如果 n 是素数 */
        {
            printf("%d \t",n);              /* 输出 n*/
            k++;                            /* 输出素数的个数增 1 */
            if ( k % 5==0)                  /* 若一行输出了 5 个 */
            printf("\n");                   /* 换行 */
        }
    }
    printf("\n");
    return 0;
}
```

【运行结果】

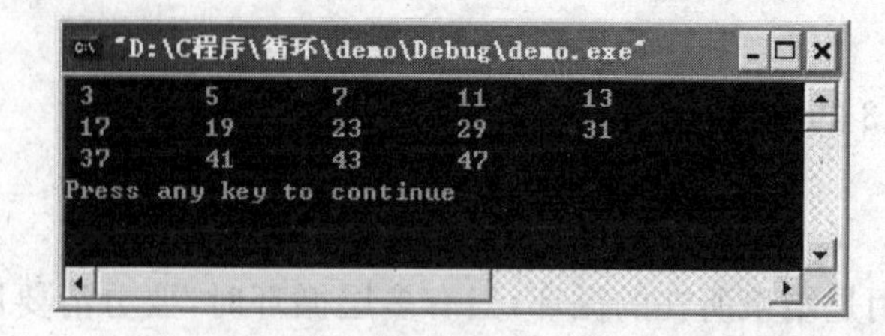

5.7.2 continue 语句

continue 语句也用在循环结构中，它用来提前结束本次循环，而不是整个循环的操作。

【例 5.16】 输出 50～100 之间不能被 6 整除的数。

【问题分析】

对[50,100]范围内的每一个数 i 进行判断，如果 i 不能被 6 整除，则输出，若 i 能被 6 整除，就不输出。无论是否输出此数，都接着对下一个数进行判断。

【解题步骤】

(1) i = 50;

(2) 如果 i<=100，转第(3)步，否则，结束；

(3) 如果 i 能被 6 整除，转第(4)步，否则，输出 i；

(4) i 自增 1，转第(2)步。

如图 5-7 所示。

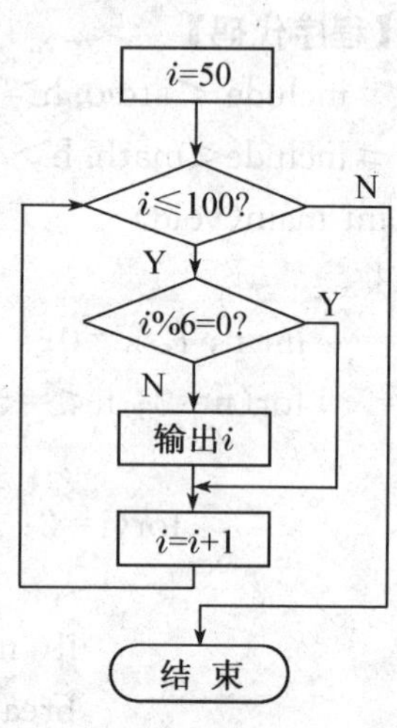

图 5-7 使用 continue 语句流程

【程序代码】

```
#include <stdio.h>
int main(void)
{
    int i;
    for(i=50;i<=100;i++)
    {
        if( i%6==0)
            continue;/* continue 语句结束本次循环 */
        printf("%d \t", i);
    }
    printf("\n");
    return 0;
}
```

【运行结果】

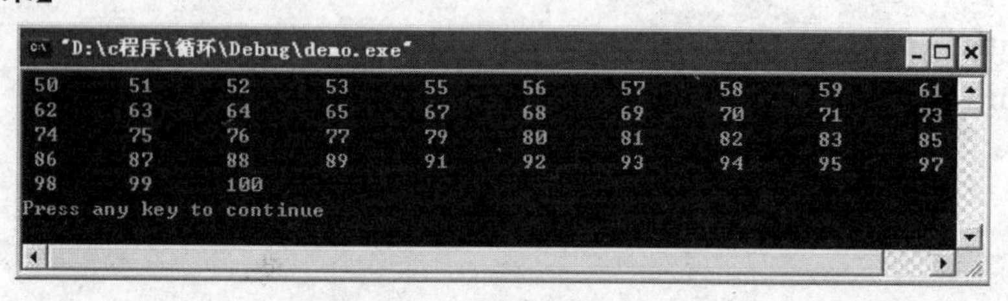

当 i 能被 6 整除时，用 continue 语句立即结束本次循环，即不执行循环体中的"printf("%d \t",i);"语句，就执行 i++，直接进入下一次循环。若使用 break 语句代替 continue 语句，程序如下：

```
#include <stdio.h>
int main(void)
{
    int i;
    for(i=50;i<=100;i++)
    {
        if( i%6==0)
                break;          /* break 语句结束整个循环 */
        printf("%d \t",i);
    }
    printf("\n");
    return 0;
}
```

【运行结果】

50　51　52　53

当遇到第一个 i(i = 54)满足"i%6==0"，break 语句立即结束整个循环，不再对后面的 i 进行判断，故输出的结果为 54 之前的数。

从上面的例子可以看出，continue 和 break 语句都可以用在循环语句中，包括以下 3 种形式：

```
while(<表达式 1>)            do                          for( ;<表达式 1>; )
{                            {                           {
    语句序列 A;                  语句序列 A;                  语句序列 A;
    if(<表达式 2>)               if(<表达式 2>)               if(<表达式 2>)
    continue;或 break;           continue;或 break;           continue;或 break;
    语句序列 B;                  语句序列 B;                  语句序列 B;
}                            }while(<表达式 1>);         }
循环后语句;                  循环后语句;                 循环后语句;
```

但 continue 和 break 语句对循环的控制效果是不同的，如图 5-8、图 5-9 所示。

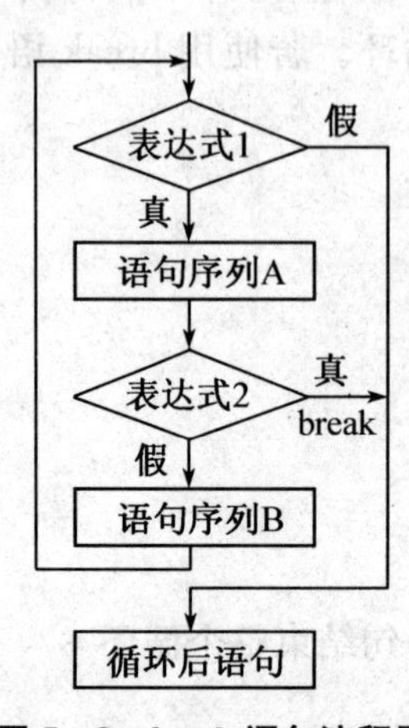

图 5-8 break 语句流程图

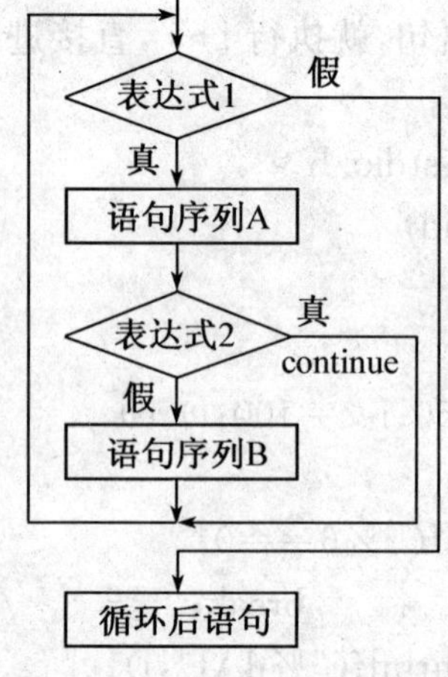

图 5-9 continue 语句流程图

请读者分清 break 和 continue 的语句的区别，选择合适的语句使用。

5.7.3 goto 语句

goto 语句为无条件转向语句，它可以向前跳转，也可以向后跳转。goto 语句的一般形式为：

```
            goto  label;     或      label:   ……
label:   ……                                goto  label;
```

其中，label 为用户自定义的标号，按标识符的命名规则来定义，是 C 语言中无需声明即可使用的语言元素。

【例 5.17】 用 goto 语句求 S = 1 + 2 + 3 + … + n 的值，n 为用户输入的正整数。

【问题分析】

这是一个累加问题，解题思路与例 5.1 相同，这里用 goto 语句实现。

【程序代码】

```
#include <stdio.h>
int main(void)
{
    int S = 0, i = 1, n;
    printf("请输入 n:\n");
    scanf("%d", &n);
    A:  if(i<= n)              /*用户自定义标号 A*/
            {
                S = S + i;
                i++;
                goto A;        /*用 goto 语句向前跳转到标号 A 处语句*/
            }
        printf("S = %d \n",S);
```

```
    return 0;
}
```

【运行结果】

请输入 n:10↙
S = 55

goto 语句使用比较灵活,但结构化程序设计中一般不主张使用 goto 语句,以免造成程序流程的混乱,特别是向前跳转的 goto 语句,将使理解和调试程序都产生困难。因此,基于某些特定的需求使用 goto 语句时,一定要注意代码安全。

5.8 小结

一、知识点概括

1. while 循环、do ... while 循环、for 循环的形式和使用方法,读者注意掌握循环语句的不同形式,灵活使用。
2. 空语句、逗号运算符和表达式的意义和使用。
3. 流程控制语句 break 和 continue 的意义和使用。
4. 循环常见算法:累加、累乘、穷举、递推等。
5. 常见经典问题:水仙花数、素数、斐波纳契数列、最大公约数、百鸡百兔问题等。

二、常见错误列表

错误实例	错误分析

int s, i = 0;
while(i < 10)
{
  s = s + i;
  i++;
}
	累加计和变量 s 未初始化,导致运行结果出现乱码

while(i< 10)
  s = s + i;
  i++;
	while,for 循环体的语句多于一条,忘记用大括号括起来,导致程序运行结果错误

for(i = 0;i<=10;i++)
  s += I;
  m *= i;	

for(i = 0;i<=10;i++); s += i;	for 语句的括号后输入了一个分号,使 for 的循环体变成了空语句,不执行任何操作,导致程序运行结果错误,程序陷入死循环

while(i< 10);
  {
    s = s + i;
    i++;
  }
	while 语句的括号后输入了一个分号,使 while 的循环体变成了空语句,不执行任何操作,导致程序运行结果错误,程序陷入死循环

（续表）

错误实例	错误分析

int i = 1, s = 0;
while(i< 10)
{
    s = s + i;
}
	while语句循环体中，没有改变循环条件的表达式，使得循环条件永远成立，陷入死循环

do
{
    S = S + i;
    i = i + 1;
} while(i <= n)
	do ... while语句while条件后面缺少分号

for(i = 1,i <= n;i++) M = M * i;	for循环中三个表达式用两个分号隔开，两个分号必不可少，否则，系统报编译错误

for(i=1; ;i<= 9; i++)
{
  for(j = 1;j<=i;j++)
  {
    printf("%d %d\t",i,j);
    printf("\n");
  }
	嵌套循环中左括号{与右括号}不匹配

习　题

1. 用户输入n值，编写程序计算$S=1+1/2+1/3+\cdots+1/n$，输出S的值。

2. 古典问题：有一对兔子，从出生后第3个月起每个月都生一对兔子，小兔子长到第三个月后每个月又生一对兔子，假如兔子都不死，问每个月的兔子总数为多少？请列举前20个月每个月的兔子数。

3. 用户输入一个正整数，统计这个正整数的位数并输出。

4. 用户输入一个数，求这个数的逆序数，如用户输入1234，输出4321。

5. 编写程序输出[10,2000]范围内的回文数，一个数和它的逆序数相等称为回文数，如11,121,1221都是回文数。

6. 将一个正整数分解质因数。例如：输入90，打印出90=2*3*3*5。

第六章　函　数

人们在求解某个复杂问题时，为了便于规划、组织和实施，一般采用逐步分解、分而治之的方法，将一个大的问题分解为若干个较小问题，再分别解决。在程序设计中，为了降低开发大规模软件的复杂度，可以将大型任务分解为若干小问题，小问题可以继续分解为更小的问题。这种在程序设计中分而治之的策略，称为模块化程序设计。在结构化程序设计中，主要采用功能分解的方法来实现模块化程序设计，功能分解是一个自顶向下、逐步求精的过程，将大模块分解为小模块，逐步求精、各个击破。模块化程序设计使得程序更容易理解，也方便程序调试和维护。

在C语言中，函数(Function)是模块化程序设计的最小单位。一个C程序一般由一系列函数组成，每个函数由若干代码行组成，完成特定功能。无论一个程序有多少程序模块，都只能有一个main()函数，程序总是从main()函数开始执行。

6.1　函数的定义

6.1.1　函数的分类

函数是完成特定功能的代码段，从用户的使用角度对函数分类，可以将函数分为标准库函数和用户自定义函数。

1. 标准库函数

前面章节已经介绍了一些ANSI C定义的标准库函数，如使用printf()函数输出结果，使用sqrt()函数求平方根，使用rand()函数产生随机数等。符合ANSI C标准的C语言编译器，都必须提供这些常用的库函数。库(Library)是由一系列函数组成的程序集。

除了标准库函数外，还有第三方提供的函数库可供用户使用。所谓第三方函数库，指的是由其他厂商或个人自行开发的C语言函数库，用于扩充C语言在图形、网络、数据库等方面的功能。

用户在调用某个库函数之前，必须在程序的开头把该函数对应的头文件包含进来。例如，要计算x的平方根，可以使用库函数sqrt(x)，在程序开头要将头文件math. h包含进来，如：

＃include ＜math. h＞。

C语言常用的标准头文件有以下几个：

stdio. h	声明了用于标准输入输出的类型、宏、和函数原型
stdlib. h	声明了公用的类型、宏和函数,如数值转文本、文本转数值、内存申请和随机数生成等
string. h	声明了一种类型和几个函数,以及定义一个与字符处理相关的宏
math. h	声明了两种类型和几个函数,并定义了几个基本数学操作的宏
time. h	声明和定义了与时间和日期相关的类型、宏和函数

2. 自定义函数

在实际程序开发中,仅仅使用系统库函数往往难以满足编程需要,这时就需要自己动手编写函数,以完成特定功能,这类函数称为用户自定义函数。本章将重点讨论用户自定义函数。

函数可以有多种分类方法。从主调函数和被调函数之间数据传送的角度看可分为无参函数和有参函数两种。无参函数在调用时,不需要传递数据,如 rand()函数。有参函数在调用时,需要传递相应数据,如求平方根函数 sqrt(x),在调用时必须给出一个参数 x。例如:

```
int x = rand() % 100;        /* 无参函数,产生 100 以内的随机正整数 */
double y = sqrt(20);         /* 有参函数,返回 20 的平方根 */
```

C 语言的函数兼有其他语言中的函数和过程两种功能,从这个角度看,又可把函数分为有返回值函数和无返回值函数两种。

6.1.2 孪生素数

【例 6.1】 输出 100 以内所有孪生素数。如果两个素数相差为 2,则称这两个素数为孪生素数。如 3 和 5,5 和 7,11 和 13 等。

【问题分析】

求出某一范围内满足特定条件的数,常用穷举法。所谓穷举法(Exhaustion),就是将所有可能性全部验证一遍,然后得到满足条件的答案。这种方法对于人工来说难以完成,但是由于计算机运算速度快、精度高,所以程序设计中常采用穷举法来解决此类问题。程序伪代码可以描述如下:

```
for(i = 2; i <= 100; i++)
{
    if(i 是素数 并且 i+2 是素数)
        printf("%d %d\n", i, i+2);
}
```

程序设计的难点在于如何判断一个数是素数。类似于求平方根的函数 sqrt(),如果库函数中有一个函数可以判断素数,那这个题目就迎刃而解了。但是,系统库中没有这样一个能判断素数的函数。那怎么办呢?我们可以自己编写一个判断素数的函数。自定义判断素数函数的原型如下:

```
int isPrime(int n);      /* 函数功能:判断 n 是否为素数,若是,返回 1,否则返回 0 */
```

函数名是 isPrime,有一个 int 参数 n,返回值类型是 int。函数功能是:判断 n 是否为素数,若是,返回 1,否则返回 0。

这样，程序可以直接调用 isPrime()函数来判断素数。伪代码可以书写如下：

```
for(i = 2; i <= 100; i++)
{
    if(isPrime(i) && isPrime(i+2))
        printf("%d %d\n", i, i+2);
}
```

【程序代码】

```
#include <stdio.h>
#include <math.h>
int isPrime(int n);                          /* 函数原型声明——判断素数 */
int main(void)
{
    int i;

    for(i = 2; i < 100; i++)
    {
        if(isPrime(i) && isPrime(i+2))
        {
            printf("[%-3d %3d]\n", i, i+2);
        }
    }

    return 0;
}

/* 函数功能：判断 n 是否为素数，若是，返回 1，否则返回 0 */
int isPrime(int n)
{
    int i;
    for(i = 2; i <= sqrt(n); i++)
    {
        if(n % i == 0) return 0;
    }
    return 1;
}
```

【运行结果】

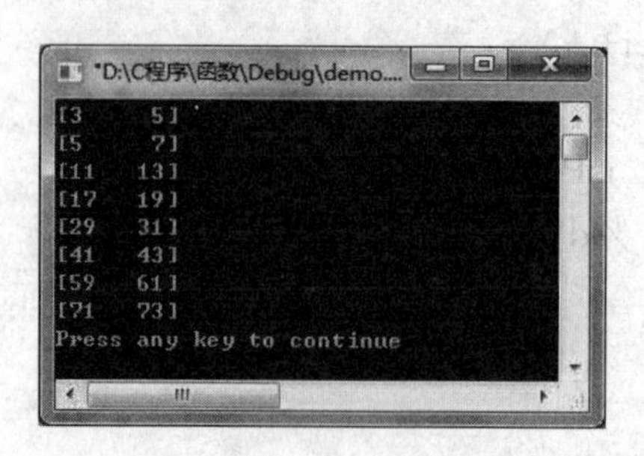

6.1.3　函数的定义

函数定义一般形式为：

```
返回值类型　函数名(形式参数列表)
{
    函数体;
}
```

函数名是函数的唯一标识，要求符合标识符的命名规则。函数的命名应该尽量用英文表达出函数的作用，做到“见名知意”，直观简单，便于阅读和使用。函数名的命名风格主要依照个人习惯、软件开发小组或公司的统一规则，但一般情况下遵循动宾结构的命名法则，即函数名中动词在前，如求最大值可用 getMax()、判断一个正整数是否为素数可用 isPrime()等。

函数体即函数的实现代码，要用一对大括号括起来。

函数名后小括号里是函数的形式参数(Formal Parameter)，简称形参。多个形参之间用逗号隔开，每个形参都要说明其数据类型。如果函数没有形式参数，形参列表可以为空或写上 void。

函数返回值类型即函数执行后所带回值的类型，如果函数没有运算结果返回，函数返回值类型应定义为 void。

【例 6.2】　编写函数，求两个整数的和。

```
/*
函数功能：    求两个整数的和
参数：        两个整型参数 int a, int b
返回值类型：  整型 int
*/
int add(int a, int b)
{
    int sum;           /* sum 为函数体内局部变量(local variable) */
    sum = a + b;       /* 求和 */
    return sum;        /* 返回 a 和 b 之和 */
}
```

函数 add 功能是计算两个整数和，函数形参是两个整型数据，函数返回值类型是整型。

注意函数定义时，每个形参都必须说明其数据类型，如函数头部写成以下形式是错误的：

```
int add(int a, b)      /*形参说明错误*/
```

有返回值的函数必须有 return 语句。return 语句结束当前函数的执行，将控制权交还给调用者。一个函数可以包含若干 return 语句。return 语句一般形式如下：

return 表达式；

return 后面表达式的值代表函数要返回的值，它的类型应该与函数定义头部中声明的函数返回值类型一致或兼容。

函数的默认返回值类型为 int。在有的情况下，函数并不需要返回值，只是执行一段代码，这时，函数的返回值类型应定义为 void。

【例 6.3】 定义一个函数，打印一个菜单选项。

```
/*
函数功能：  打印菜单选项
参数：      void
返回值类型：void
*/
void printMenu(void)
{
    printf("        请选择：\n");
    printf("        1.  功能 A\n");
    printf("        2.  功能 B\n");
    printf("        3.  功能 C\n");
    printf("        0.  退出\n");

    return;
}
```

printMenu()函数不需要参数，所以参数列表为 void，函数不需要返回值，返回值类型声明为 void。这时，return 语句后面不能带表达式，其使用形式为：

return;

如果函数中没有 return 语句，就一直运行到函数的最后一条语句后再返回。

通常，在函数定义的前面应写上一段文字注释，来描述函数的功能、形式参数以及返回值类型，这是一个良好的编程习惯，增加了程序的可读性。

6.2 函数调用

6.2.1 函数调用一般形式

函数通过调用而执行，怎么样进行函数调用呢？函数调用的一般形式为：

<函数名>(<实参列表>)

当函数有返回值时，函数调用可以出现在表达式中，如：

sum = add(m, n);

当函数无返回值时，可以在函数调用格式后加上分号进行函数调用，如：

printMenu();

注意，即使函数没有参数，函数名后面的小括号也不能省略。

【例 6.4】 输入两个整数，调用 add 函数求其和并输出结果。

```
#include <stdio.h>

/*函数功能:求两个整数的和*/
int add(int a, int b)          /* a  b为形参*/
{
    int sum;                   /*sum为函数体内局部变量(local variable)*/
    sum = a + b;               /*求和*/
    return sum;                /*B行,返回a和b之和*/
}

int main(void)
{
    /* 变量定义 */
    int m, n;
    int sum;

    /* 输入m n */
    printf("please input m n:");
    scanf("%d %d", &m, &n);

    /* 调用函数 add(), 将函数返回值存入变量 sum */
    sum = add(m, n);     /*A行,调用函数add(),m, n为实参*/

    /*输出结果*/
    printf("SUM: %d\n", sum); /*C行*/

    return 0;
}                              /*D行*/
```

发生函数调用时，把计算机执行控制权传递给被调用的函数，执行完被调函数后再将控制权返回给主调函数。本例中，程序从 main()函数开始运行，到 A 行时调用 add()函数，将实参 m 和 n 的值传递给相应的形参 a 和 b。程序转向执行函数 add()，add()函数运行到 B 行 return 语句，带上返回值返回主函数 A 行。将返回值赋值给 main()函数中定义的变量 sum，然后在 C 行输出结果，当运行到 D 行，main()函数结束，程序随之结束运行。函数的调用过程如图 6－1 所示。

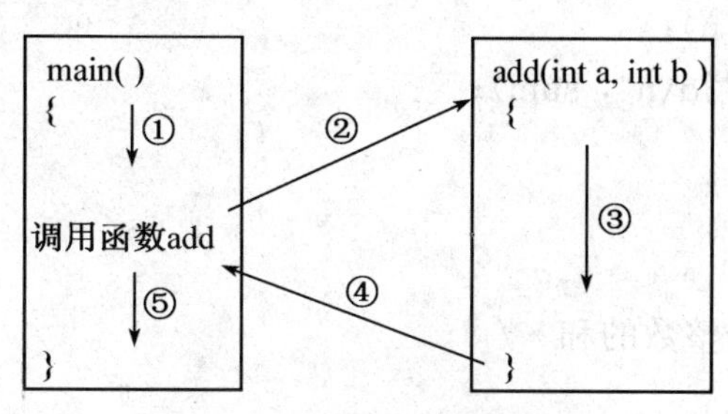

图 6-1　函数调用的执行过程

前面已经介绍过，函数的参数分为形参和实参两种。函数定义时函数名后面括号中的参数称为形式参数，简称形参，如例 6.4 函数 add( )定义头部，a 和 b 为形参。在主调函数中调用函数时，函数名后面括号中的参数称为实际参数，简称实参，如例 6.4 的 A 行，m 和 n 为实参。在发生函数调用时，将实参传递给形参的过程称为参数传递。

函数的形参和实参具有以下特点：

(1) 形参变量只有在被调用时才分配内存单元，在调用结束时，即刻释放所分配的内存单元。因此，形参只在函数内部有效。

(2) 实参可以是常量、变量、表达式、函数等，在进行函数调用时，它们都必须具有确定的值，以便把这些值传送给形参。

(3) 实参和形参在个数、类型和顺序上应严格一致，否则会发生“类型不匹配”的错误。

6.2.2　函数原型说明

函数原型(Function Prototype)是一种函数声明，指出函数的返回值类型和形式参数列表。函数原型不包括任何处理语句，仅提供函数接口的基本信息。如：

```
int add(int a, int b);              /* 函数原型说明 */
```

如果函数的返回值类型不是 int 且函数的定义在被调用之后，或函数定义在另一个文件中，此时需要使用函数原型说明。函数原型说明的作用就是在函数尚未定义的情况下，将该函数的有关信息通知编译器，从而可以正确进行编译。如例 6.4 的 add()函数定义如果放在 main()函数之后，则应该在 main()函数调用 add()函数之前对 add()函数进行说明。

函数原型说明中的参数名也可以省略，如：

```
int add(int, int);                  /* 等价于 int add(int a, int b); */
```

【例 6.5】　定义一个函数，求两个整数的和。

```
#include <stdio.h>
int add(int a, int b);              /* 函数原型说明 */
int main(void)
{
    int m, n;
    int sum;
    printf("please input m n:");
    scanf("%d %d", &m, &n);
    /* 调用函数 add()，将函数返回值存入变量 sum */
```

```
    sum = add(m, n);
    printf("SUM: %d\n", sum);
    return 0;
}

/* 函数功能:求两个整数的和 */
int add(int a, int b)
{
    return a+b;                    /* 返回 a 和 b 之和 */
}
```

函数原型说明也是一条语句,其语法格式通常与函数的头部一致,注意在函数原型末尾要加上分号。在函数的原型说明中,应保证函数原型与函数头部一致,即函数返回值类型、函数名、参数个数、参数类型和顺序必须相同。

如果被调用函数的定义出现在主调函数之前,可以不进行函数原型声明。但在程序设计中,一般将 main()函数写在程序前面,其他函数的定义放在后面。在 main()函数之前对其他函数进行函数原型声明,这样整个程序的结构一目了然,程序的可读性较好。

6.2.3 函数参数传递方式

函数的参数传递通常有两种模式:值传递和地址传递。在值传递时,实参的值被复制到被调用函数的形参中,当形参值改变时,不会影响到实参的值。在地址传递中,实参的地址将复制给函数的形参,对形参的修改将会影响到实参。C语言默认为值传递模式。

【例 6.6】 函数参数的值传递。

【程序代码】

```
#include<stdio.h>
void swap(int x, int y)       /* 形参为 x  y */
{
    int t = x;
    x = y;
    y = t;
}
int main(void)
{
    int a= 10, b = 20;
    printf("a = %d b = %d\n", a, b);
    swap(a, b);                    /* 调用 swap()函数,实参为 a、b */
    printf("a = %d b = %d\n", a, b);
    return 0;
}
```

【运行结果】

a = 10　b = 20

a = 10　b = 20

当 main()函数调用 swap()函数时，进行参数传递，将实参 a 和实参 b 的值分别传递给相应的形参 x 和形参 y。值传递时，实参的值被复制到被调用函数的形参中，如图 6-2 左所示。程序转向指向 swap()函数，将形参 x 和形参 y 交换，如图 6-2 右所示。swap()函数执行结束后返回 main()函数，再输出 a 和 b 的值。从图 6-2 右可以看出，实参 a 和实参 b 没有发生任何变化，所以程序运行结果的第二行是"a = 10　b = 20"。

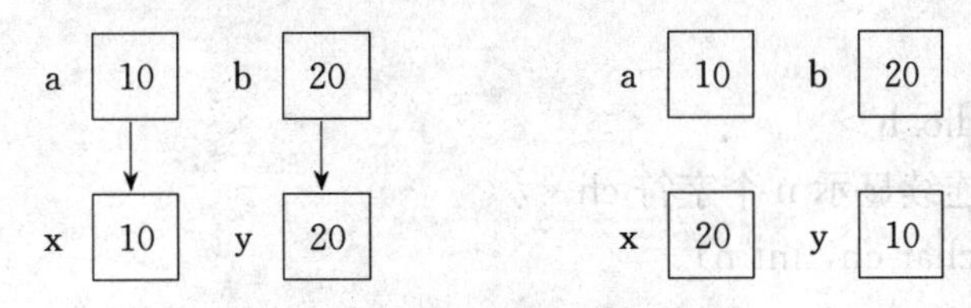

图 6-2　值传递调用示意图

6.2.4　应用举例

【例 6.7】 设计一个函数，求 x 的 n 次幂。其中 x 为实型，n 为正整数。

【程序代码】

```
#include <stdio.h>
/* 函数定义，返回 x 的 n 次幂 */
double power(double x, int n)
{
    double result = 1.0;
    int i;
    for(i = 1; i <= n; i++)
        result *= x;
    return result;
}
int main(void)
{
    double a;
    int num;
    printf("输入一个实数:");        scanf("%lf", &a);
    printf("输入一个正整数:");      scanf("%d", &num);
    printf("%.2f 的%d 次幂是%.3f\n", a, num, power(a, num)); /* 函数调用 */
    return 0;
}
```

【运行结果】

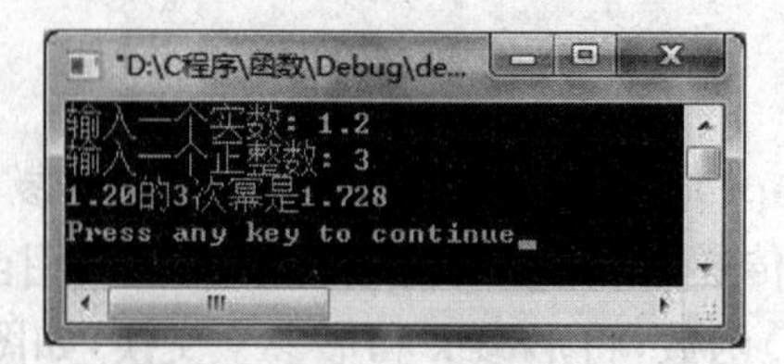

【例 6.8】 输入一个正整数 n,以星号(*)打印一个等腰三角形。三角形有 n 行,每行有 2n−1 个星号。

【程序代码】

```
#include <stdio.h>
/* 函数定义,连续显示 n 个字符 ch */
void put_star(char ch, int n)
{
    while(n-- > 0)
        putchar(ch);
}

int main(void)
{
    int i, n;
    scanf("%d", &n);
    for(i = 1; i <= n; i++)
    {
        put_star(' ', n-i);
        put_star('*', 2*i-1);
        putchar('\n');
    }
    return 0;
}
```

【运行结果】

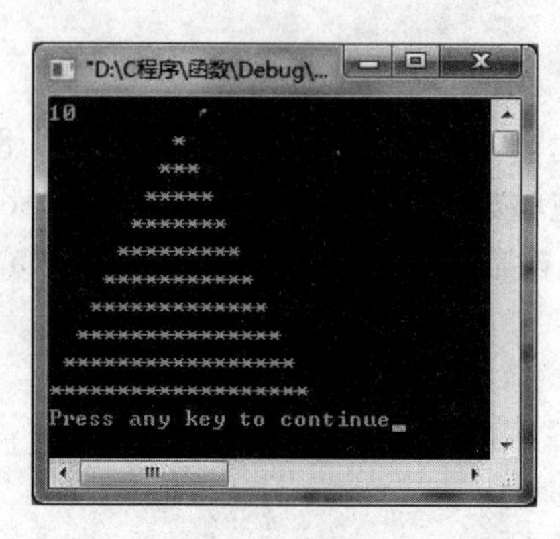

【例 6.9】 输入一个正整数,判断该数是否为回文数。所谓回文数是指一个数的逆序数等于该数本身。

【程序代码】

```
#include <stdio.h>
long reverse(long num);              /* 函数原型声明——求逆序数 */
int main(void)
{
    long n;
    printf("请输入一个正整数:");
    scanf("%d", &n);
    if(n == reverse(n))              /* 调用函数 reverse,判断 n 是否为回文数 */
        printf("%d 是一个回文数\n", n);
    else
        printf("%d 不是一个回文数\n", n);
    return 0;
}
/* 函数定义,返回 num 的逆序数 */
long reverse(long num)
{
    long result = 0;
    do
    {
        result = result * 10 + num % 10;
        num/= 10;
    }while(num > 0);
    return result;
}
```

【运行结果】

输入 12321,显示:12321 是一个回文数。

输入 12345,显示:12345 不是一个回文数。

6.3 函数的嵌套调用

C 语言中不允许嵌套的函数定义。因此各函数之间是平行的,不存在上一级函数和下一级函数的问题。但是 C 语言允许在一个函数的定义中出现对另一个函数的调用,也就是被调用的函数可以继续调用其他函数,这称为函数的嵌套调用。C 语言中不允许函数的嵌套定义,但是允许函数的嵌套调用。

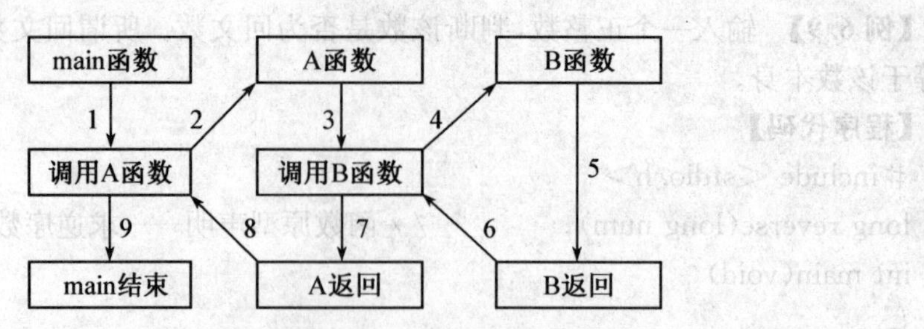

图 6-3 函数的嵌套调用示意图

图 6-3 给出了两层函数嵌套的情形。其执行过程是:main()函数中调用 A 函数时,即转去执行 A 函数,在 A 函数中调用 B 函数时,又转去执行 B 函数,B 函数执行完毕返回 A 函数的断点继续执行,A 函数执行完毕返回 main()函数的断点继续执行。

【例 6.10】 求排列组合问题 C_8^3,C_7^2,C_4^2。

【问题分析】

从 m 个元素中取出 n 个元素的组合计算公式为:

$$C_m^n=\frac{m!}{n!\ (m-n)!}$$

因为组合问题要计算 3 次,所以可以将组合的计算定义为一个函数。在计算组合的过程中,要多次计算阶乘,因此可以将阶乘的计算也定义为函数。

【程序代码】

```
#include<stdio.h>

long fac(int n);                               /* 函数原型说明——求阶乘 */
int cmn(int,int);                              /* 函数原型说明——求组合数 */

int main(void)
{
    printf("C(%d,%d) = %d\n", 8, 3, cmn(8,3));   /* 主函数调用 cmn()函数 */
    printf("C(%d,%d) = %d\n", 7, 2, cmn(7,2));
    printf("C(%d,%d) = %d\n", 4, 2, cmn(4,2));
    return 0;
}

/* 函数功能:求组合数 */
int cmn(int m, int n)
{
    return fac(m)/(fac(n) * fac(m-n));          /* cmn()函数调用 fac()函数 */
}

/* 函数功能:求 n! */
```

```
long fac(int n)
{
    long s = 1;
    int i;
    for(i = 2; i <= n; i++)
        s *= i;
    return s;
}
```

【运行结果】

c(8,3)=56

c(7,2)=21

c(4,2)=6

从以上程序中可以看到,各个函数的定义都是独立的,结构是平行的,互不从属。程序的执行从 main()函数开始,并在 main()函数中调用了 cmn()函数,而在 cmn()函数中又调用了 fac()函数,这就是函数的嵌套调用。fac()函数执行结束后,返回到 cmn()函数调用 fac()函数的地方,而 cmn 函数执行结束后则返回到 main()函数中调用它的地方。其调用及返回的过程如图 6-4 所示。

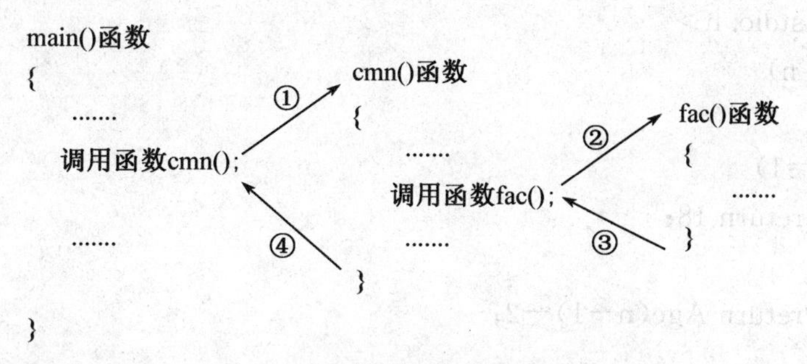

图 6-4 函数的嵌套调用示意图

6.4 递归函数

6.4.1 老五几岁了

【例 6.11】 假如有路人遇到了兄弟 5 人,路人问最小的老五几岁了?他说比老四小两岁。而后路人问老四多大,他说比老三小两岁。老三又说他比老二小两岁。老二比老大也小两岁。最后老大告诉路人他已经 18 岁了。那么请问老五到底几岁了?

【问题分析】

要求老五的年龄,就必须先知道老四的年龄,而老四的年龄也不知道。要求老四的年龄必须先知道老三的年龄,而老三的年龄又取决于老二的年龄,老二比老大也是小两岁,老大 18 岁了。从老大就可以反过来依次算出其他人的年龄了,所以这是一个递归问题,其过程如图 6-5 所示。

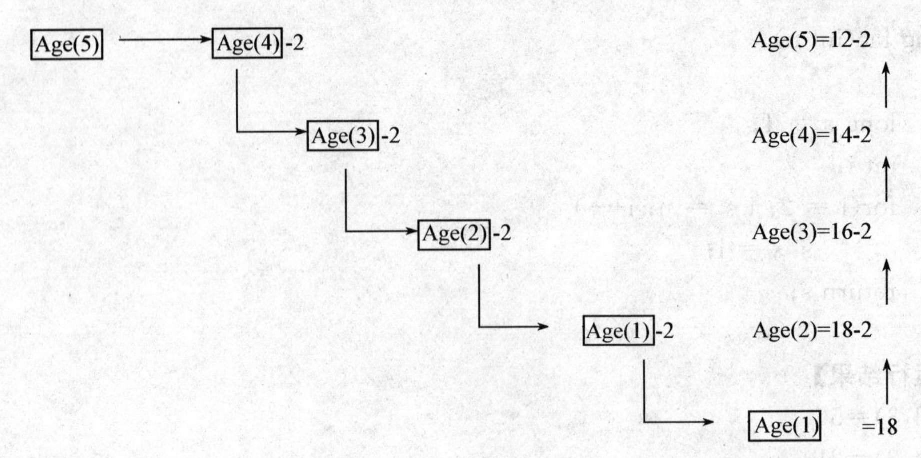

图 6－5　递归调用过程

我们可以将以上关系归纳为：

$$Age(n)=\begin{cases}18 & (n=1)\\ Age(n-1)-2 & (n>1)\end{cases}$$

可以编写如下程序求解年龄问题。

【程序代码】

```
#include<stdio.h>
int Age(int n)
{
    if(n==1)
        return 18;
    else
        return Age(n-1)-2;
}
int main(void)
{
    printf("老五%d岁了\n", Age(5));
    return 0;
}
```

【运行结果】

老五 10 岁了

函数调用过程如图 6－6 所示。

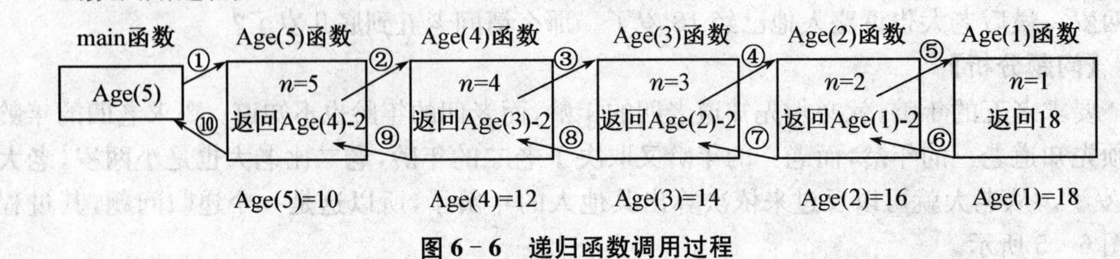

图 6－6　递归函数调用过程

从图中可以看到，main 函数调用了 Age(5)函数，Age(5)函数又调用了 Age(4)函数，Age(4)函数调用了 Age(3)函数，Age(3)调用了 Age(2)函数，Age(2)函数调用了 Age(1)函数，只有 Age(1)函数有确定的返回值 10，当 Age(1)函数体执行完毕之后，返回到 Age(2)函数中调用 Age(1)的地方，执行完 Age(2)的函数体后，就返回到 Age(3)函数中调用 Age(2)的地方，依次类推，直至返回到主函数中。

6.4.2　递归函数

如果一个对象部分地由它自己组成或按它自己定义，则我们称之为递归(Recursive)。正整数 n 的阶乘可以写成：

$$n!=n\times(n-1)\times(n-2)\times\cdots\times2\times1$$

也可以写成：

$$n!=n\times(n-1)!$$
$$(n-1)!=(n-1)\times(n-2)!$$
$$...$$
$$2!=2\times1!$$
$$1!=1$$

从上面可以看出，n 的阶乘问题最终可以转化为求解 1 的阶乘问题，1 的阶乘反过来又解决 2 的阶乘，以此类推，求出$(n-1)$的阶乘后，最终可以求出 n 的阶乘。所以，阶乘问题是个可以根据自身来定义的问题，即阶乘是个递归问题。n 阶乘的可用以下递归公式表示：

$$n!=\begin{cases}1 & n=0,1\\ n\times(n-1)! & n\geqslant2\end{cases}$$

注意 0! 等于 1。

递归是一种可以根据其自身来定义问题的编程技术，递归通过将问题逐步分解为与原始问题类似但规模更小的子问题来解决问题。即将一个复杂问题简化并最终转化为简单问题，而简单问题的解决，反过来又解决了整个问题。

递归问题可用递归函数来解决。所谓递归函数是指自己调用自己的函数，递归函数可分为直接递归和间接递归。

若函数 f1 直接调用函数本身称为直接递归，其递归调用关系如图 6-7 所示。间接递归是指在调用 f1 函数过程中要调用 f2 函数，而在调用 f2 函数过程中又要调用 f1 函数，其递归调用关系如图 6-8 所示。

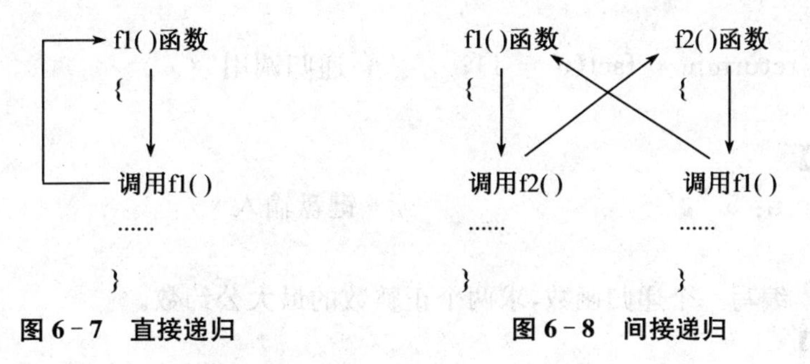

图 6-7　直接递归　　　图 6-8　间接递归

【例 6.12】　编写递归函数，求正整数 n 的阶乘。

【问题分析】

根据n的阶乘的递归公式,可以写出求解n阶乘的递归函数fact(),计算n阶乘的程序如下。

【程序代码】

```
#include <stdio.h>
long fact(int n);                        /* 函数原型说明——求阶乘 */
int main()
{
    int n;
    long result;
    printf("please input n:");
    scanf("%d", &n);

    if(n >= 0)
    {
        result = fact(n);                /* 调用函数 fact() */
        printf("%d! = %ld\n", n, result);
    }
    else
    {
        printf("data error! \n");
    }

    return 0;
}

/*  函数功能:计算n的阶乘  */
long fact(int n)
{
    if(0 == n || 1 == n)             /* 递归出口 */
        return 1;
    else
        return n * fact(n - 1);      /* 递归调用 */
}
```

【运行结果】

```
please input n: 5 ↙                      /* 键盘输入 */
5! = 120
```

【例6.13】 编写一个递归函数,求两个正整数的最大公约数。

【问题分析】

求两个正整数的最大公约数可以写成递归形式如下:

$$gcd(m,n)=\begin{cases} n, & m\%n=0 \\ gcd(n,m\%n), & m\%n\neq 0 \end{cases}$$

【程序代码】

```
#include<stdio.h>
int gcd(int, int);          /*函数原型说明——求两个正整数的最大公约数*/
int main(void)
{
    int a, b;

    printf("please input a b:");
    scanf("%d %d", &a, &b);              /*输入a b*/

    printf("GCD(%d, %d) = %d\n", a, b, gcd(a, b));

    return 0;
}

/*递归函数——求两个正整数的最大公约数*/
int gcd(int m, int n)
{
    if(m % n == 0)
        return n;
    else
        return gcd(n, m % n);
}
```

【运行结果】

```
GCD(8, 20) = 4;
GCD(20, 8) = 4;
```

【例 6.14】 汉诺塔。

【问题分析】

传说中印度的一座神庙里有3根石柱,左侧的石柱从下而上有64个逐渐变小的圆盘,中间的石柱和右侧的石柱则是空的。和尚要把左侧石柱上的圆盘按一定的规则全部移动到右侧的石柱上去:每次只能移动一个圆盘,并且要始终保持小圆盘在大圆盘之上。据说,当这64个圆盘全部移动到右侧的石柱上去之后,就是世界末日。

假设汉诺塔有n个圆盘,3根石柱分别命名为A、B、C,如图6-9所示。首先应将A柱上的n－1个圆盘移动到B柱上,再将A柱上的最后一个圆盘移到C柱上,最后将B柱上的n－1个盘子移动到C柱上。这样就将原来要移动n个圆盘的问题变成了移动n－1个圆盘的问题,这是一个递归过程。同样的,可以继续向下分解,将移动n－1个圆盘的问题又分解成移动n－2个圆盘的问题。依次类推,当变成移动一个圆盘的问题时,递归结束。

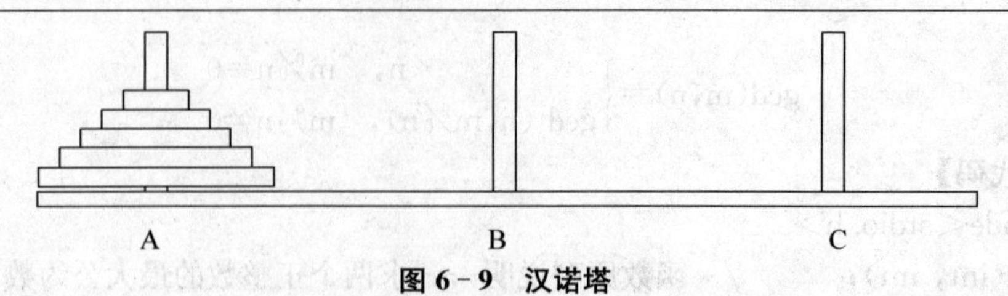

图 6-9 汉诺塔

所以,我们可以设计一个基本的解决汉诺塔问题的递归思路了。

(1) 当 n=1 时,直接把 A 柱上的圆盘移动到 C 柱上。

(2) 当 n≠1 时,把 A 柱上的 n-1 个圆盘通过 C 柱移动到 B 柱上(相当于解决 n-1 个圆盘的汉诺塔问题),把 A 柱上的最后一个圆盘移动到 C 柱上,然后再将 B 柱上的 n-1 个圆盘通过 A 柱移动到 C 柱上(相当于解决 n-1 个圆盘的汉诺塔问题)。

【程序代码】

```
#include<stdio.h>
void mov(char a, char b);                    /* 函数原型说明 */
void Hanoi(int n, char a, char b, char c);
int main(void)
{
    int n;
    printf("请输入汉诺塔圆盘的个数:");
    scanf("%d", &n);

    Hanoi(n, 'A', 'B', 'C');
}

/* 函数功能:模拟将 a 移动到 b */
void mov(char a, char b)
{
    printf("%c ---> %c\n", a, b);
}

/* 递归函数 Hanoi,将 n 个圆盘从 a 移动到 c 上 */
void Hanoi(int n, char a, char b, char c)
{
    if(n==1)
    {
        mov(a, c);                           /* 一个圆盘,直接从 a 移动到 c 上 */
    }
    else
    {
        Hanoi(n-1, a, c, b);                 /* 将 n-1 个圆盘从 a 移动到 b 上 */
```

```
        mov(a, c);                    /*将最下面一个圆盘从 a 移动到 c 上*/
        Hanoi(n-1, b, a, c);          /*将 n-1 个圆盘从 b 移动到 c 上*/
    }
}
```

【运行结果】

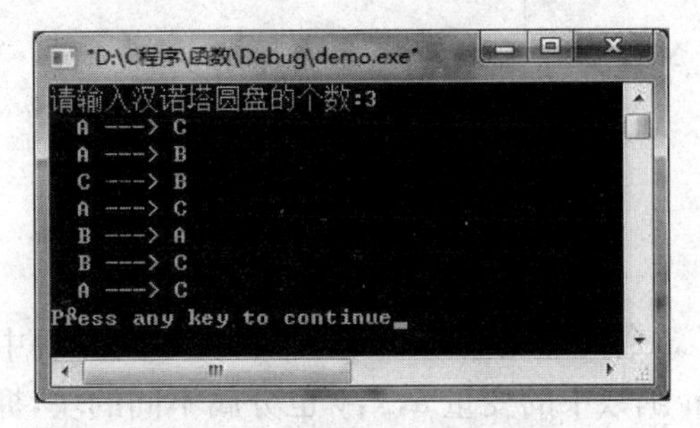

汉诺塔问题的运算量是随着圆盘的增多而夸张地增长着。据说如果用家用计算机计算64个圆盘的汉诺塔问题,需要花上几百年的时间。如果由人来移动圆盘,则要花费的时间比地球的年龄——46亿年还要多得多!

在实现递归时,人们可以不去考虑实现递归的过程细节,只需写出递归公式和递归结束条件(即边界条件),即可很容易写出递归函数。采用这种方法,符合人们的思路,程序容易理解,但在时间和空间上的开销比较大。由于现代计算机的性能提高很快,人们首先考虑的往往不再是效率问题,而是程序的可读性问题。因此,递归方法是程序设计重要方法之一。

6.5　变量的作用域

变量的作用域就是变量的作用范围。根据作用域,变量可分为局部变量和全局变量。

6.5.1　局部变量

C语言中用花括号括起来代码块称为复合语句,又称作语句块,简称块。在一个函数内部定义的变量或在一个语句块中定义的变量,就称为局部变量。函数的形参的作用域在函数内,也是局部变量。局部变量只在局部作用域内有效,称之为可见,离开了其所在的局部作用域便无效,或称之为不可见。

局部变量的作用域为块作用域,即其作用域限定在对应的语句块中,开始于变量的声明处,结束于块的结尾处。例如:

```
float  f1(int d)                                  ┐
{  int a,b;                           ┐            │
   ……                                 │            │
   {  int  c;   ┐                     │            │
      c=a+b;    │c 有效               │a,b 有效    │d 有效
      ……        │                     │            │
   }            ┘                     │            │
   ……                                 ┘            │
}                                                  ┘
```

```
int main()
{   int a;
    ……
    {   int x,y;  ┐
         ……       ├x, y有效   ┐
    }             ┘            ├a有效
                               │
    return 0;                  ┘
}
```

在函数f1中,定义了3个局部变量a,b,c。它们在不同的块中定义,相应的,它们的作用域也是不相同的。main函数中的变量a,x,y也分属不同的块,拥有不同的作用域。

块作用域的划分也规定了同名变量的使用问题。不同的块作用域中允许定义同名变量,如上例f1函数中的变量a和main函数中的变量a。同一个块作用域内不允许出现同名的变量定义。

局部变量只在块作用域内有效,离开了其所在的块作用域便无效,因此相互独立的块中同名变量是不可能相互影响的,这是容易理解的。但如果拥有同名变量的语句块存在着嵌套的关系,发生了同名局部变量作用域重叠的情况又该如何处理呢?C语言规定,具有块作用域的局部变量在其作用域内,将屏蔽其外层块中的同名变量,即局部优先原则。

【例6.15】 嵌套语句块的同名变量访问示例。

```
#include<stdio.h>
int main(void)
{
    int i=1, j=2, k=3;                                      ┐
    printf("i=%-3d j=%-3d k=%-3d\n", i, j, k);      /*A*/  │
                                                            │
    {                                                ┐      │
        int i=10, j=20;                     /*B*/   │内    │外
        k = i + j;                          /*C*/   │层    │层
        printf("i=%-3d j=%-3d k=%-3d\n", i, j, k); /*D*/ │块 │块
    }                                                ┘      │
                                                            │
    printf("i=%-3d j=%-3d k=%-3d\n", i, j, k);      /*E*/  │
                                                            │
    return 0;                                               ┘
}
```

【运行结果】

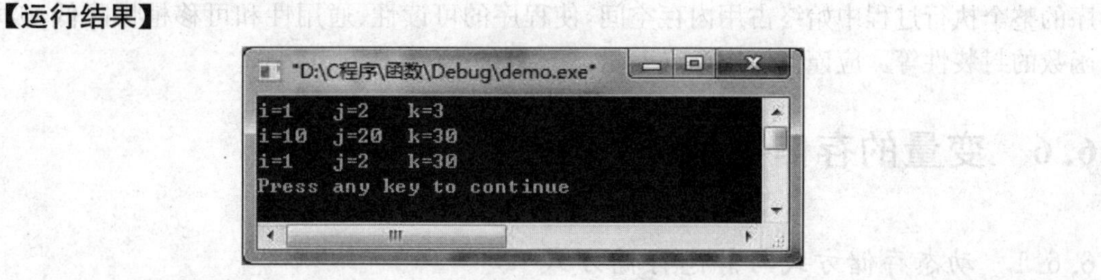

程序中有两个嵌套的语句块，内层块有两个局部变量i,j和外层块的局部变量同名。根据局部优先的原则，内层块将屏蔽外层块中的同名变量i,j，即内层块只访问本层的变量i和j。所以，程序的处理是这样的：

(1) A行输出的是外层的变量i,j,k的值；

(2) B行定义了内层的变量i和变量j；

(3) C行是用内层的变量i,j的和对外层变量k赋值；

(4) D行输出的是内层的变量i,j和外层的变量k的值；

(5) E行输出的是外层的变量i,j,k的值。

6.5.2　全局变量

不在任何语句块内定义的变量，称为全局变量，全局变量也称为外部变量。全局变量的作用域为文件作用域，有效作用范围从变量定义处开始，到源程序文件结尾处结束。全局变量缺省初始化时，系统自动初始化为0。

在函数中使用全局变量，一般应作全局变量说明，全局变量的说明符为extern。但在一个函数之前定义的全局变量，在该函数内使用可不再加以说明。

【例6.16】　外部变量与局部变量同名。

```
#include<stdio.h>
int a=100, b=1;                          /*a,b为外部变量*/

int max(int a, int b)                    /*a,b为局部变量*/
{
    return a>b? a:b;                     /*外部变量被屏蔽*/
}

int main(void)
{
    int a = 10;
    printf("%d\n", max(a, b));
}
```

如果同一个源文件中，外部变量与局部变量同名，则在局部变量的作用范围内，外部变量被“屏蔽”，即它不起作用。

使用全局变量，增加了函数间数据联系的渠道。但是，全局变量有许多副作用，如：在程序的整个执行过程中始终占用内存空间,使程序的可读性、通用性和可移植性降低,破坏了函数的封装性等。应谨慎使用全局变量。

6.6 变量的存储类型

6.6.1 动态存储方式与静态存储方式

作用域讨论的是变量的有效范围,是程序可访问该变量的区域。存储类规定了变量的生存期,即何时为变量分配内存空间以及何时回收为变量分配的内存空间。

一个程序在内存中占用的存储空间分为三部分:程序区、静态存储区和动态存储区。

程序区用来存放程序代码,静态存储区和动态存储区用来存放变量。动态存储区用于存放动态存储变量。所谓动态存储变量就是在作用域开始处才由系统分配存储空间,而作用域一结束系统就立即收回空间的变量。动态存储变量的生存期仅在变量的作用域内。动态存储区存放以下数据:

(1) 函数形式参数;

(2) 自动变量(未加 static 声明的局部变量);

(3) 函数调用时的现场保护和返回地址。

对以上这些数据,在函数开始调用时分配动态存储空间,函数结束时释放这些空间。

静态存储区用于存放静态存储变量。和动态存储变量不同,在程序开始行时,系统就为静态存储变量分配存储空间,并且在程序的执行过程中,静态存储变量一直占用为其分配的内存空间。因此,静态存储变量的生存期为程序的整个运行期间。

全局变量存放在静态存储区,在程序开始执行时给全局变量分配存储空间,程序运行结束后释放存储空间,在程序执行过程中它们占据固定的存储单元。

变量是动态还是静态的存储方式,存放在什么存储区,可在编写程序时通过变量的存储类型来指定。

C语言为变量提供了 4 种存储类型:自动存储类型(auto)、寄存器存储类型(register)、静态存储类型(static)和外部存储类型(extern)。

动态局部变量与静态局部变量的区别可归纳为表 6-1 所示。

表 6-1 动态局部变量与静态局部变量的区别

	动态局部变量	静态局部变量
声明方式	auto(可省略) register(寄存器变量) 形参	static
存储区	动态存储区	静态存储区
空间分配与回收	函数调用时分配 函数结束时回收	程序开始执行时分配 程序全部结束后回收
特点	离开函数,值就消失	离开函数,值仍保留
初值	每次调用函数时重新赋一次初值;如果不赋初值,则其值不确定	编译时赋初值,即只赋初值一次;如果不赋初值,自动赋初值 0(对数值型变量)或空字符(对字符变量)

6.6.2　auto 变量

用关键字 auto 说明的局部变量是自动存储类型变量，简称自动型变量，属于动态存储方式。局部变量的缺省存储类型为 auto。

如：

```
int main(void)
{
    auto int x;
    int y;
    ……
}
```

main 函数中定义了两个局部变量，其中变量 x 通过存储类型关键字 auto 指定为自动型，而变量 y 未显式指定存储类型，则系统默认变量 y 为自动存储类型。

又例如：

```
int fun(int a)              /*定义 fun 函数，a 为参数*/
{
    auto int b = 1;         /*定义 b 为自动变量*/
    int c = 2;              /*变量 c 缺省为自动变量*/
    ……
}
```

a 是函数形参，当函数 fun 被调用时，编译器给形参 a 分配内存单元并将实参的值传递给形参 a。变量 b 是自动变量，变量 c 也缺省为自动变量，当函数 fun 执行到变量 b 和变量 c 的定义语句时，编译器分配相应内存单元给自动变量 b 和 c 并进行初始化。当函数 fun 执行结束后，编译器会自动释放 a，b，c 所占的存储单元。

关于自动存储类型的变量有以下说明：

(1) 自动型变量属于动态存储类型。在执行到变量作用域时，动态地为变量分配存储空间；执行到变量作用域结束处时，系统立刻收回变量所占用的存储空间。

(2) 没有初始化的自动型变量在赋值之前的值是不确定的，所以，自动型变量一定要先赋值再引用。

(3) 全局变量不能定义为自动型变量。

6.6.3　static 变量

用关键字 static 说明的变量称为静态存储类变量，简称为静态变量。如：

```
static int a=5;
void fun(void)
{
    static int b;
    ……
}
```

函数 fun 外定义了一个全局变量 a 并初始化为 5，函数 fun 内定义了一个局部变量 b，a 和 b 都用关键字 static 进行了说明，都是静态变量。关于静态变量有以下说明：

(1) 静态变量是静态存储类型。在程序开始运行时系统就分配存储空间，并且在程序的执行过程中一直占用空间直到程序运行结束。

(2) 静态变量的初始化是在编译的时候完成的，并且只初始化这一次。若程序中没有指定初值，编译时自动赋初值 0(对数值型变量)或空字符(对字符变量)。

(3) 静态变量可以是全局变量，也可以是局部变量。

静态的局部变量和自动型变量不同，程序在开始执行时就为其分配存储空间，变量作用域结束时依然占用空间。所以局部的静态变量在作用域结束后依然保留最后一次计算的结果，若程序运行再次进入该变量的作用域，则该静态变量在保留的上一次计算的结果基础上进行新的计算，而不是重新从初值开始计算。这样就保持了变量变化的连续性。

【例 6.17】 静态变量存储特性示例。

【程序代码】

```
#include<stdio.h>
void fun(void)
{
    static int i;
    int j = 1;
    i += 10;
    j += 10;
    printf("i=%d   j=%d\n", i, j);
}

int main(void)
{
    fun();
    fun();
}
```

函数 fun 中定义了两个局部变量，一个是静态的局部变量 i，由系统缺省初始化为 0；一个是自动型的局部变量，初始化为 0。每调用一次函数 fun，变量 i 和变量 j 的值都同时增加 10，并输出 i 和 j。main 函数中两次调用函数 fun，两个局部变量 i 和 j 的取值变化如图 6-10 所示。

	i	j
第一次调用开始	0	1
第一次调用结束	10	11
第二次调用开始	10	1
第二次调用结束	20	11

图 6-10 静态局部变量和自动变量存储特性比较示意图

在两次的函数调用过程中，静态的局部变量的取值是连续变化的，而自动型的局部变量在每次函数调用开始时重新分配存储空间，因此值的变化是不连续的。

当一个源程序由多个源文件组成时，非静态的全局变量在各个源文件中都是有效的。而静态全局变量则限制了其作用域，即只在定义该静态变量的源文件内有效，而在其他源文件中不能使用它。这样可以减少不同文件中定义的同名全局变量发生冲突的可能性，从而提高了程序的可移植性。

6.6.4 register 变量

用关键字 register 说明的局部变量称为寄存器存储类型变量，简称为寄存器型变量。如：

```
register int i;
for ( i = 0; i < 10; ++ i)
{
    sum += i;
}
```

用 register 关键字说明的寄存器型变量，要求编译器尽可能分配使用 CPU 中的寄存器，以提高对变量的存取速度。寄存器型变量主要用于循环控制变量。关于寄存器型变量有以下说明：

(1) 寄存器型变量属于动态存储类型。

(2) CPU 的寄存器个数是有限的，因此说明的寄存器型变量，编译器也可能不分配使用寄存器而放在内存中。

(3) 寄存器变量只能是局部变量。

(4) 现在的编译器一般都可以进行最优化处理，自动判断哪些变量保存在寄存器会更好。因此使用 register 声明变量的重要性已经降低了，一般不需要声明 register 变量。

6.6.5 用 extern 声明外部变量

外部变量(即全局变量)是在函数的外部定义的，它的作用域为从变量定义处开始，到本程序文件的末尾。如果在定义点之前的函数想引用该外部变量，则应该在引用之前用关键字 extern 对该变量作“外部变量声明”。表示该变量是一个已经定义的外部变量。有了此声明，就可以从“声明”处起，合法地使用该外部变量。

【例 6.18】 用 extern 声明外部变量，扩展程序文件中的作用域。

```
#include<stdio.h>
int sum(int x, int y)
{
    return x + y;
}

main()
{
```

```
    extern a, b;           /* 外部变量声明 */
    printf("sum = %d\n", sum(a, b));
}

int a = 10, b = 20;        /* 外部变量定义 */
```

【运行结果】

sum = 30

在程序的最后一行定义了外部变量 a 和 b，因为外部变量定义的位置在函数 main 之后，所以，要在 main 函数中引用外部变量 a 和 b，必须用 extern 对变量 a 和 b 进行声明。

6.7 编译预处理

所有的 C 源程序都要经过编译、连接才能生成可执行文件，由系统运行。但是在编译之前，系统会先对程序中的一些特殊命令进行处理，这叫做"编译预处理"。编译预处理处理的特殊命令被称为预处理命令。

预处理命令不是 C 语言的语句，不能直接进行编译，必须由预处理方式在编译前统一处理。C 语言规定了三类预处理命令：宏定义、文件包含和条件编译。预处理命令有如下规则：

(1) 所有的预处理命令必须以"#"开头。

(2) 每一条预处理命令必须单独占用一行。

(3) 预处理命令末尾一般没有分号";"。

(4) 预处理命令一行写不下，可以续行，但要加续行符"\"。

6.7.1 宏定义

宏定义是用一个指定的标识符(宏名)代表一个字符串，从而使程序简洁，增强可读性，方便了某些数据的整体改动。宏定义格式如下：

#define 宏名 字符串

宏名，是用户自定义的标识符，通常都用大写字母命名。

宏定义用来建立宏名和字符串之间的一一对应关系，经过定义的宏名可以在源程序中使用。在编译预处理时，将用字符串原样替换源程序中宏名出现的地方，这个替换过程叫做宏替换。

【例 6.19】 无参宏定义。使用宏定义计算圆周长，其中圆的半径为 8。

```
#include<stdio.h>
#define PI 3.14159              /* 宏定义 PI 为 3.14159 */
#define RADIUS 8                /* 宏定义 RADIUS 为 8 */

int main(void)
{
    double c = 2 * PI * RADIUS;
```

```
    printf("area = PI * RADIUS * RADIUS = %.2f\n", c);
    return 0;
}
```

【运行结果】

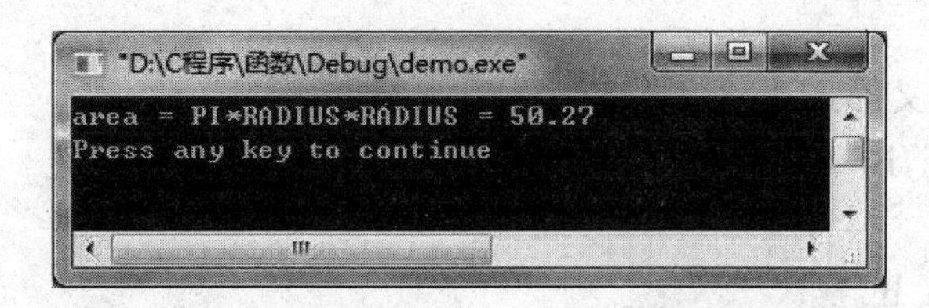

关于宏定义及宏替换有说明如下：

(1) 宏名的定义可以出现在程序任何位置，但一般定义在源程序的开始部分。宏名的作用域从定义开始到源程序文件结束。

(2) 宏定义可以嵌套，即宏名的定义中可以使用已经定义的宏名。

(3) 当宏名出现在字符串中，不进行宏替换，如例 6.19 所示。

(4) 宏替换时，仅作简单的原样替换，不进行语法和语义的检查。如有宏定义及源代码片段如下：

```
#define A 2+3
……
int x = A * A;          /* B行 */
```

宏替换后，B 行被替换为：

```
int x = 2+3 * 2+3;
```

运行结果 x 值为 11，而不是 25。

【例 6.20】 嵌套宏定义。

【程序代码】

```
#include<stdio.h>
#define HEIGHT 10                      /* 宏定义 */
#define WEIGHT 20                      /* 宏定义 */
#define AREA HEIGHT * WEIGHT           /* 嵌套宏定义 */
int main(void)
{
    double s = AREA;
    printf("area: %.2f\n", s);
    return 0;
}
```

【运行结果】

area：200.00

宏名可以带参数定义，具体的定义格式如下：

#define　宏名(参数表)　字符串

参数表中的形参只用标识符表示，不能指定参数类型。宏名与左括号之间不能有空格，因为宏名后空格以后的所有字符都会被理解为宏名要代表的字符串。

带参数的宏名需要带实参进行宏替换，宏替换时，先用实参替换宏定义时对应的字符串，再用替换后的字符串替换源程序中出现宏名的地方。

【例 6.21】 带参数的宏定义。使用带参数的宏定义求两个数字的较大值。

【问题分析】

求较大值的宏定义形式为：

```
#define MAX(a,b) (a>b)? (a):(b)      /*带参数的宏定义*/
```

【程序代码】

```
#include<stdio.h>
#define MAX(a,b) (a>b)? (a):(b)      /*带参数的宏定义*/

int main(void)
{
    int x = 10, y = 20, z = 30;
    int m = MAX(x, y);               /*预处理后:int m=(x>y)? (x):(y); */
    printf("MAX(%d,%d): %d\n", x, y, m);
    printf("MAX(%d,%d,%d): %d\n", x,y,z, MAX(m, z));

    return 0;
}
```

【运行结果】

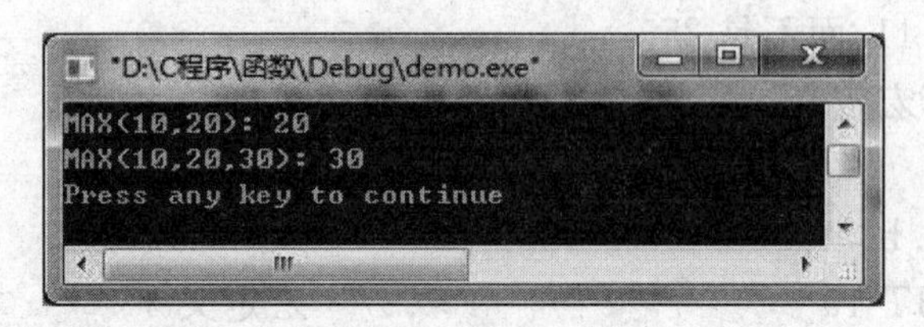

【例 6.22】 宏定义求平方数。

【程序代码】

```
#include<stdio.h>
#define SQUARE(a) a*a          /*带参数的宏定义*/

int main(void)
{
    int x = SQUARE(2);          /*预处理后:int x = 2*2; */
    int y = SQUARE(1+1);

    printf("x = %d  y = %d\n", x, y);
    return 0;
}
```

【运行结果】

x = 4　y = 3

运行结果为什么 x 的值是 4，而 y 的值是 3 呢？宏定义为：

```
#define SQUARE(a) a*a
```

语句

```
int y = SQUARE(1+1);
```

经过预处理后变为：

```
int y = 1+1*1+1;
```

所以 y 值得到 3，这显然与设想的不同。因此宏定义应改为：

```
#define SQUARE(a) (a)*(a)
```

或

```
#define SQUARE(a) ((a)*(a))
```

这才能得到正确的结果。

6.7.2　文件包含

文件包含，是指在一个源程序文件中可以将另一个源程序文件的全部内容包含进来。文件包含的格式如下：

```
#include <文件名>
```

或

```
#include "文件名"
```

include 命令预处理的过程是：预处理程序根据文件名将指定文件的全部内容读到当前的文件中，作为文件的一部分，即用文件内容替代该 #include 命令行。如图 6-11 所示。

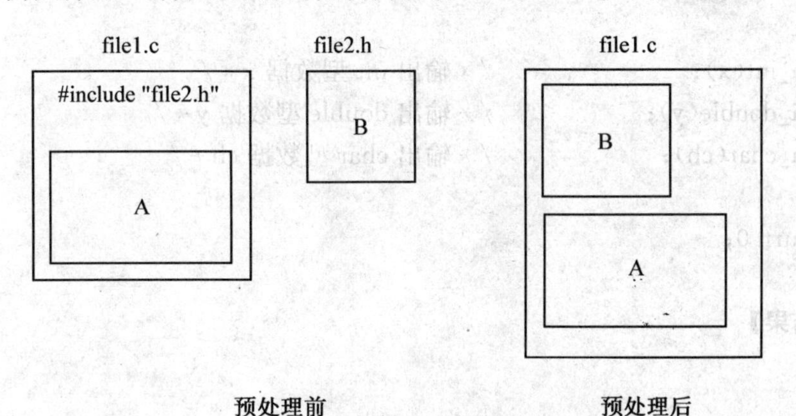

图 6-11　include 命令预处理的过程

使用 include 预处理命令时，要注意以下几点：

(1) 用双引号括起来的文件名表示从当前工作目录开始查找包含文件。用<>括起来的文件名表示从系统指定目录开始查找包含文件。

(2) 包含文件扩展名通常为". h"，也可以使用其他的扩展名。

(3) 一个 include 命令只能包含一个文件。

(4) include 命令可以出现在程序任何位置,通常放在文件的开头。

包含文件操作给程序设计带来了很多方便,节省了程序设计人员的重复劳动。包含系统提供的头文件,可以方便地调用库函数。用户也可以将一些常用程序段或公共信息作为包含文件处理,减少编程的重复性,提高开发的效率。

【例 6.23】 设计输出模式。

【问题分析】

C 语言的输入输出函数使用起来有些繁琐,可以设计自己习惯的输入输出模式。将常用输入输出格式组织在一起,形成一个头文件,在编写程序时,可以将这个头文件包含进来。

【程序代码】

文件 prnformat.h 代码:

```
#define prn_int(d) printf("%d \n", d)              /* 宏定义 */
#define prn_double(f) printf("%.2f\n", f)          /* 宏定义 */
#define prn_char(ch) printf("%c \n", ch)           /* 宏定义 */
```

文件 demo.c 代码:

```
#include <stdio.h>
#include "prnformat.h"
int main(void)
{
    int x = 12;
    double y = 34.5;
    char ch = 'Y';

    prn_int(x);              /* 输出 int 型数据 x */
    prn_double(y);           /* 输出 double 型数据 y */
    prn_char(ch);            /* 输出 char 型数据 ch */

    return 0;
}
```

【运行结果】

```
12
34.50
Y
```

6.7.3 条件编译

一般情况下,源程序中所有的行都参加编译。但有时希望对其中一部分内容只在满足一定条件下才进行编译,即对一部分内容指定编译条件,这就是"条件编译"(Conditional Compile)。条件编译指令将决定哪些代码被编译,而哪些是不被编译的。可根据表达式的值或某个特定宏是否被定义来确定编译条件。

条件编译命令常用的有三种形式，第一种形式为：

```
#ifdef 标识符
    程序段 1
#else
    程序段 2
#endif
```

当指定的标识符已经被#define命令定义过，则在程序编译阶段只编译程序段 1，否则编译程序段 2。#endif用来限定#ifdef命令的范围。其中，#esle部分也可以没有。

【例 6.24】　ifdef 条件编译程序示例。

【程序代码】

```
#include<stdio.h>
#define TIME            /*宏定义 TIME*/

int main(void)
{
    #ifdef TIME                    /*A行*/
        printf("Now begin to work.\n");
    #else
        printf("You can have a rest.\n);
    #endif
}
```

在此程序中因为加入了条件编译预处理命令，因此要根据 TIME 是否被#define语句定义过，来决定编译哪一个 printf 语句。本例 TIME 已经定义过，所以输出的结果为：

Now begin to work.

条件编译命令第二种形式为：

```
#ifndef 标识符
    程序段 1
#else
    程序段 2
#endif
```

格式二和格式一形式上的区别在于 ifdef 关键字换成了 ifndef 关键字，其功能是：如果标识符未被#define命令定义过，则对程序段 1 进行编译，否则对程序段 2 进行编译，这与格式一的功能正好相反。如将上例代码 A 行改写成：

```
#ifndef TIME
```

那么输出结果应该变成：

You can have a rest.

条件编译命令第三种形式为：

```
#if 表达式
    程序段 1
```

```
#else
    程序段 2
#endif
```

当指定的表达式值非0时，编译程序段1，否则编译程序段2。可以事先给定一定条件，使程序在不同的条件下执行不同的功能。

【例 6.25】 if条件编译程序示例。输入边长，使用条件编译，计算输出正方形面积或立方体体积。

【程序代码】

```
#include<stdio.h>
#define SQUARE 1                                    /*宏定义*/
int main(void)
{
    double length;
    double s;
    printf("please input side length:");
    scanf("%lf", &length);                          /*输入边长*/

    #if SQUARE                                      /*编译条件*/
        s = length * length;                        /*计算正方形面积*/
        printf("Square area: %.2lf\n", s);
    #else
        s = length * length * length;               /*计算立方体体积*/
        printf("Cubic volume: %.2lf\n", s);
    #endif

    return 0;
}
```

在这个例子中，如果宏名SQUARE为非零，则编译语句：

```
s = length * length;              /*计算正方形面积*/
printf("Square area: %.2lf\n", s);
```

计算输出正方形面积。否则则编译语句：

```
s = length * length * length; /*计算立方体体积*/
printf("Cubic volume: %.2lf\n", s);
```

计算输出以输入立方体体积。

【运行结果】（#define SQUARE 1）

输入1.2，输出：Square area：1.44

【运行结果】（#define SQUARE 0）

输入1.2，输出：Cubic volume：1.73

6.8　小结

一、知识点概括

1. 函数定义。函数定义头部包括函数名，函数的形参列表，函数的返回值类型。如果函数的返回值类型不为 void，则函数体中应使用 return 语句返回函数值。

```
int add(int a, int b)                    /* 函数定义 */
{
    ……
    return result;
}
```

2. 函数调用。调用时的参数称为实参，实参的个数与类型要与形参一一对应。

```
int z = add(x, y);                       /* 函数调用 */
```

3. 函数原型说明。当函数的定义在函数的调用之后，一般在调用之前要进行函数原型说明。

```
int add(int, int);                       /* 函数原型说明 */
```

4. 递归函数。当一个函数直接或间接调用自身时，这个函数称为递归函数。

```
/* 递归函数：计算 n 的阶乘 */
long fact(int n)
{
    if(0 == n || 1 == n)                 /* 递归出口 */
        return 1;
    else
        return n * fact(n - 1);          /* 递归形式 */
}
```

5. 局部变量与全局变量。

在一个函数内部定义的变量或在一个语句块中定义的变量，就称为局部变量。函数的形参的作用域在函数内，也是局部变量。局部变量只在局部作用域内有效。

不在任何语句块内定义的变量，称为全局变量，全局变量也称为外部变量。全局变量的作用域为文件作用域，有效作用范围从变量定义处开始，到源程序文件结尾处结束。全局变量缺省初始化时，系统自动初始化为 0。

6. 用关键字 static 说明的变量称为静态存储类变量，简称为静态变量。

静态变量是静态存储类型。在程序开始运行时系统就分配存储空间，并且在程序的执行过程中一直占用空间直到程序运行结束。

静态变量的初始化是在编译的时候完成的，且只初始化这一次。若程序中没有指定初值，编译时自动赋初值 0（对数值型变量）或空字符（对字符变量）。

7. 编译预处理指令。

宏定义、文件包含和条件编译。

二、常见错误列表

错误实例	错误分析

int add(int a, b) /* 函数定义 */
{
......
return result;
}
	函数定义时，形参列表的每个参数都必须有类型说明

int add(int, int) /* 函数原型说明 */	函数原型说明时，末尾不要忘记分号
int sum = add(x, y, z); /* 函数调用 */	函数调用时，实参的个数与类型要与形参一一对应

/* 递归函数：计算 n 的阶乘 */
long fact(int n)
{
return n * fact(n - 1); /* 递归形式 */
}
	书写递归函数时，既要有递归的形式，也要有递归的出口。
	long fact(int n)
	{
	if(0 == n || 1 == n) /* 递归出口 */
	return 1;
	else
	return n * fact(n - 1); /* 递归形式 */
	}

y = fabs(x);	调用系统库函数时，忘记了包含头文件<math. h>
#define SQUARE(a) a * a /* 不合格的宏定义 */	定义带参数的宏时，为避免理解错误，应多加括号 #define SQUARE(a) ((a) * (a))

习　题

1. 编写一个函数，用来求三个实数的最大值。

2. 编写两个函数，分别求解两个正整数的最大公约数和最小公倍数。

3. 求出 1 000 以内所有的完全数。所谓完全数是指一个数字的因子和等于该数本身，如 6 的因子有 1、2、3，而 1+2+3=6，所以 6 是完全数。要求编写一个函数用来判断一个数是否为完全数。

4. 编写程序求出 100～999 之间的无暇素数。所谓无暇素数是指本身为素数，其逆序数也是素数的数。要求编写两个函数，分别用来求逆序数和判定素数。

5. 编写程序，设置条件编译，使得对于输入的字母字符，可根据需要以大写字母输出，或以小写字母输出。

6. 输入整数 n，编写一个函数判断 n 是否是对称数。例如：616，7227 是对称数；345，12 312 不是对称数。

7. 设计一个程序，按以下公式求出数列的前 20 项并输出，要求每行输出 5 项。计算公式如下：(用递归方式求解)

$$y=\begin{cases} 0 & n=0 \\ 1 & n=1 \\ 2 & n=2 \\ y_{n-1}+y_{n-2}+y_{n-3} & n>2 \end{cases}$$

第七章　数　　组

迄今为止，我们使用的都是基本类型（整型、实型、字符型）的数据，用简单变量进行数据存储和计算。简单变量的特点是一个变量对应一个数据，变量名与变量值一一对应。

在程序设计中，经常需要对相同类型的一批数据进行处理。考虑这样一个问题，假设一个班有 30 个学生，现在要统计这 30 个同学的数学成绩，如果使用简单变量来处理，变量的命名和使用就会有很大问题。定义 30 个变量，程序就会显得凌乱和麻烦，如果要是处理一个年级的学生成绩，就可能要定义上千个变量，更是不可想象的。怎样处理相同类型的一批数据呢？C 语言引入了数组的概念。

数组（Array），顾名思义，是一组数据，准确来说，是一组相同类型的数据的集合。使用数组可以大大减少程序中简单变量的数量。数组在工程和科学计算中常用于处理大量集合数据，数组可以拓展到一维或多维以表示列（行）、平面、立方体等。数组中的元素具有相同的名字和数据类型，数组中的元素通过下标来区分。

C 语言中，变量必须"先定义，后使用"，数组也一样。数组定义的主要目的是确定数组的名称、数组的大小和数组的类型。

7.1　一维数组

数组是一组相同类型的数据的集合，数组中的元素通过下标来区分，数组下标指定数组元素在数组中的位置，由此可以实现数组的随机存取。数组元素的赋值和访问与普通变量一样。首先看一个简单的数组示例。

【例 7.1】 数组的随机存取。

```
int main(void)
{
    double a[3];          /* 定义一个大小为 3 的 double 类型数组 */
    a[2] = 12.3;          /* 数组元素 a[2]赋值为 12.3 */
    a[0] = 7.6;           /* 数组元素 a[0]赋值为 7.6 */
    a[1] = 8.2;           /* 数组元素 a[1]赋值为 8.2 */
    return 0;
}
```

其中，第一条语句声明了一个大小为 3 个元素的数组，数组类型为 double。下面的 3 条语句给数组元素赋值。如图 7－1 所示。

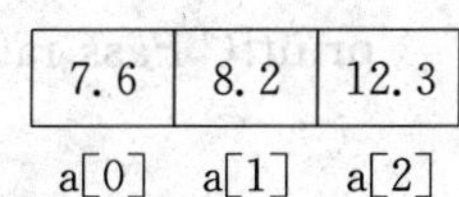

图 7－1　数组元素初始化示意图

7.1.1 统计数学成绩的平均分和通过率

【例 7.2】 编写程序，输入一个班级（假设 10 个学生）的数学成绩，计算平均成绩和通过率。

【问题分析】

一个班级的数学成绩，是一组相同类型的数据的集合，适合用一维数组来存放和处理。

【解题步骤】

(1) 定义一个大小为 N 的一维数组，其中 N 宏定义为 10。

(2) 使用循环语句依次输入 N 个成绩。

(3) 计算平均分，统计通过率。

(4) 输出结果。

【程序代码】

```
#include <stdio.h>
#define N 10                                    /*宏定义 N 为 10*/

int main(void)
{
    int score[N];                               /*定义大小为 N 的 int 数组*/
    double sum = 0;                             /*总分，初始化为 0*/
    int count = 0;                              /*及格人数，初始化为 0*/
    int i;                                      /*循环变量*/

    for(i = 0; i < N; i++)                      /*循环输入 N 个成绩*/
    {
        printf("score%d: ", i+1);
        scanf("%d", &score[i]);
    }

    for(i = 0; i < N; i++)
    {
        sum += score[i];                        /*计算总分*/
        if(score[i] >= 60) count++;             /*统计及格人数*/
    }

    printf("Average: %.1lf\n", sum/N);          /*输出结果*/
    printf("Pass rate: %.1lf%%\n", (double)count*100/N);

    return 0;
}
```

【运行结果】

```
score1：90
score2：80
score3：55
score4：68
score5：92
score6：87
score7：72
score8：99
score9：80
score10：60
Average：78.3
Pass rate：90.0%
```

7.1.2 一维数组的定义

所谓一维数组，就是一组相同类型的元素按照线性结构排列起来。一维数组声明的格式如下：

<数据类型> <数组名>[常量表达式]；

其中，数据类型指的是数组元素的类型。数组名是数组的名称，要求符合标识符的命名规则。常量表达式规定了数组中元素的个数，必须是大于零的正整数。

数组定义后，C语言编译系统就在内存中为数组分配一块连续的存储空间，用来依次存放数组中各元素的值。

例如，存储一个班10个学生的数学成绩，可以定义如下数组：

```
int score[10];
```

该语句声明了一个有10个整型元素的一维数组，数组名为score。该数组包含10个元素，分别是a[0]、a[1]、a[2]、…、a[9]，每个元素用来表示一个整型数据。

数组定义时，数组的大小必须是大于0的整型常量表达式。例如：

```
int score[10];                /* 正确，定义大小为10的int整型数组 */
float a[10];                  /* 正确，定义大小为10的单精度实型数组 */
double b[20 + 30];            /* 正确，定义大小为50的双精度实型数组 */
int a[2.3];                   /* 错误，数组大小必须是整型常量表达式 */
```

数组定义时，数组的大小也可以包括标识符常量，例如：

```
#define SIZE 100
int a[SIZE];                  /* 正确 */
```

注意：数组定义时，数组的大小不能包含变量。例如：

```
int n = 10;         /* 定义整型变量n,初始化为10 */
int a[n];           /* 错误，编译时报错"expected constant expression" */
```

数组一旦定义大小，就不能改变它的大小。在程序设计中，如果需要根据用户输入的变量值来确定数组的大小，该如何做呢？这个问题在第12章会告诉你如何解决。

数组定义后，就可以使用了。一维数组元素的引用方式如下：

数组名[下标表达式]；

例如：

```
int score[10];                /* 定义大小为 10 的整型数组 */
score[0] = 100;               /* 给数组的第一个元素即 score[0]赋值为满分 100 */
score[9] = 88;                /* 给数组的最后一个元素即 score[9]赋值为 88 */
```

在定义数组时，score[10]中括号中的数字是 10，表示定义数组的大小为 10，是数组中元素的总数。在使用数组时，score[0]中括号中的数值 0 是下标，表示使用数组中哪一个元素。

注意：在 C 语言中，数组元素的下标从 0 开始，而不是从 1 开始，在初学阶段要格外注意。所以，数组 score 的下标范围是从 0 到 9，如果下标不在这个范围，就会发生"下标越界"错误。

7.1.3 一维数组的初始化

【例 7.3】 数组的初始化

```
#include <stdio.h>
int main(void)
{
    int a[5];                              /* 定义大小为 5 的数组 */
    int index;

    for(index = 0; index < 5; index++)
    {
        printf("%d\n", a[index]);          /* 循环输出 5 个数组元素 */
    }

    return 0;
}
```

【运行结果】（运行环境不同，结果可能不同）：

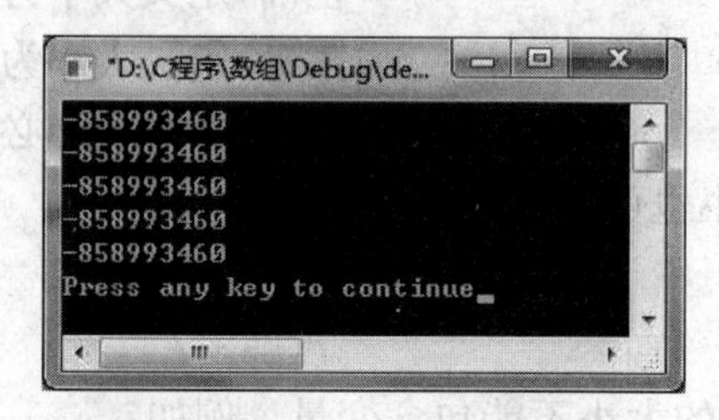

与普通变量相似，在初始化之前数组元素值是不确定的。定义数组后，编译器为数组分配相应内存单元，数组的数值则是存储单元中现有的当前值，所以输出结果是不确定的。

引用数组前，应当对数组进行初始化。对数组元素的初始化可以用以下方法实现。

(1) 在定义数组时对数组元素赋初值。例如：

int a[5] = {10, 20, 30, 40, 50};

将数组元素的初始化值依次放在一对大括号中,用逗号隔开。上述数组初始化后,数组元素 a[0]为 10,a[1]为 20,依次类推,a[4]为 50。

(2) 部分元素赋值。例如:

int a[5] = {10, 20};

其中,数组大小定义为 5,初始化值只提供了 2 个,系统会将余下数组元素默认值设置为 0。所以 a[0]为 10,a[1]为 20,a[2]到 a[4]则默认值为 0。

(3) 如果对全部数组元素赋初值,可以不指定数组长度。例如:

int a[ ] = {10, 20, 30, 40, 50};

等价于:

int a[5] = {10, 20, 30, 40, 50};

系统会根据初始化值个数自动确定数组 a 的大小。

(4) 当数组声明为静态数组或全局数组时,系统会对所有数组元素自动初始化为 0。例如:

static int a[5];

等价于:

static int a[5] = {0, 0, 0, 0, 0};

【例 7.4】 编写程序,打印每月天数(不考虑闰年情况)。

【问题分析】

一年有 12 个月,首先需要定义一个大小为 12 的数组,数组的初始化值为每个月的天数,然后使用循环语句依次输出每个月天数。在输出结果时需要注意,数组下标从 0 开始。

本例采用标识符常量 MONTHS 来表示数组大小。这种方法值得推荐,一旦数组大小改变,只用修改 #define 语句即可,其他代码无须修改。

【程序代码】

```
#include <stdio.h>
#define MONTHS 12
int main(void)
{
    /* 定义数组并进行初始化 */
    int days[MONTHS] = {31, 28, 31, 30, 31, 30, 31, 31, 30, 31, 30, 31};
    int index;

    /* 输出月份及对应天数 */
    for(index = 0; index < MONTHS; index++)
    {
        printf("Month %d has %2d days.\n", index + 1, days[index]);
    }

    return 0;
```

```
}
```

【运行结果】

```
Month 1 has 31 days.
Month 2 has 28 days.
Month 3 has 31 days.
Month 4 has 30 days.
Month 5 has 31 days.
Month 6 has 30 days.
Month 7 has 31 days.
Month 8 has 31 days.
Month 9 has 30 days.
Month 10 has 31 days.
Month 11 has 30 days.
Month 12 has 31 days.
```

在数组的使用中,要特别注意下标越界问题。以一个简单的一维数组为例:

```
int a[10];
```

定义了一个整型数组 a,有 10 个元素,正确的下标应该是从 0 开始,到 9 结束,即 a[0]到 a[9],如果试图访问 a[20],超出 0 到 9 的下标范围,即产生数组下标越界。

数组下标越界是初学者常犯错误之一,C 语言对于数组下标是否越界并不检查。声明一个数组后,系统会给数组分配相应内存空间,而一旦下标越界,将访问数组以外的空间。某些程序设计语言会进行下标越界检查,但 C 语言编译器并不会对此进行检查,这就可能会引发严重后果,比如程序崩溃等。

例如:

```
int a[3] = {11, 22, 33};            /* 定义大小为 3 的整型数组并初始化 */
a[1] = 100;                         /* 正确,a[1]赋值为 100 */
a[3] = 200;                         /* 错误,下标越界 */
a[10] = 300;                        /* 错误,下标越界 */
```

数组越界有时会产生严重的副作用,如下例所示。

【例 7.5】 下标越界副作用示例。

【程序代码】

```
#include <stdio.h>
int main(void)
{
    int x = 123;
    int a[3] = {10,20,30};

    printf("  a addr: %p\n", a);        /* 打印数组 a 的首地址 */
    printf("  x addr: %p\n", &x);       /* 打印变量 x 的地址 */
    printf("x = %d\n", x);
```

```
    a[3] = 100;                    /* 错误,下标越界 */
    printf("x = %d\n", x);

    return 0;
}
```

【运行结果】（在 VC6.0 下）

```
a addr: 0012FF38
x addr: 0012FF44
x = 123
x = 100
```

程序中首先定义整型变量 x 和整型数组 a,系统会分配 4 个字节的内存空间给变量 x,然后继续分配 12 个字节空间给大小为 3 的数组 a,内存分配如图 7-2 所示。当程序执行到“a[3] = 100;”将 100 赋值给 a[3],实际上是将变量 x 修改为 100。

这样的程序会产生严重的运行时错误,它修改了一个完全独立的变量的值,但 C 编译器不会对此提出错误或警告。这种错误称之为代码的副作用,它难以察觉,可能会造成严重的错误。C 语言给予了程序员最大的自由,可以写出高效代码,但同时需要程序员在编写程序时要足够认真仔细。

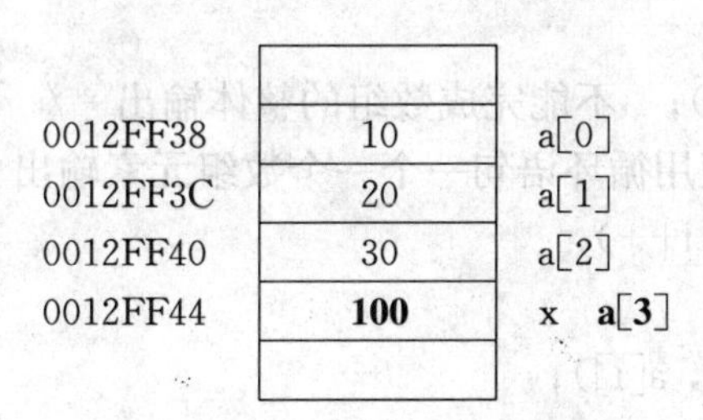

图 7-2　下标越界示意图

7.1.4　一维数组的应用

数组定义后,就可以在程序中使用了。对数组的使用是通过引用数组元素实现的,不能将数组作为一个整体加以引用。一维数组元素的引用方式如下:

数组名[下标表达式]

注意:数组名代表数组首地址,对数组不能整体输入和输出。比如有以下数组语句:

```
#define N 5                    /*宏定义N为5*/
int a[N];                      /*定义大小为N的数组a*/
scanf("%d", a);                /*不能完成数组的整体输入*/
printf("%d", a);               /*不能完成数组的整体输出*/
```

以上后面两条语句虽无语法错误,但达不到数组的整体输入输出目的。因为数组名代表数组的首地址,所以,

```
scanf("%d", a);    /*等价于 scanf("%d", &a[0]); 仅完成数组元素 a[0]的输入*/
```

而

```
printf("%d", a);                /* 只是输出了数组的起始地址。 */
```

数组的输入输出要使用循环语句一个一个的输入输出，如下例所示。

【例 7.6】 数组输入输出示例。

【程序代码】

```
#include <stdio.h>
#define N 5                          /* 宏定义 N 为 5 */
int main(void)
{
    int a[N];                        /* 定义大小为 N 的数组 a */
    int i;

    /* scanf("%d", a); 不能完成数组的整体输入 */
    /* 数组的输入要使用循环语句一个一个数组元素输入 */
    for(i = 0; i < N; i++)
    {
        scanf("%d", &a[i]);
    }

    /* printf("%d", a);   不能完成数组的整体输出 */
    /* 数组的输出要使用循环语句一个一个数组元素输出 */
    for(i = 0; i < N; i++)
    {
        printf("%4d ", a[i]);
    }
    printf("\n");

    return 0;
}
```

【运行结果】

```
60 70 80 90 100 ↙
60 70 80 90 100
```

【例 7.7】 用数组求斐波那契(Fibonacci)数列前 20 项，并打印输出，每行打印 5 个数字。

【问题分析】

斐波那契在《算盘书》中提出了一个有趣的兔子问题：一般而言，兔子在出生两个月后，就有繁殖能力，一对兔子每个月能生出一对小兔子来。假设一个农场刚开始时有一对小兔子，问以后每个月的兔子数量。

第一个月、第二个月小兔子没有繁殖能力，所以还是一对；

第三个月，生下一对小兔，总数共有两对；

第四个月,老兔子又生下一对,因为上个月生的小兔子还没有繁殖能力,所以一共是三对;依次类推,可以得到斐波那契数列如下:

1, 1, 2, 3, 5, 8, 13, 21, …

即斐波那契数列的前两个数是1、1,以后的每个数都是前两个数的和。公式表示如下:

$$F_n=\begin{cases}1 & n=1,2\\ F_{n-1}+F_{n-2} & n>2\end{cases}$$

【解题步骤】

(1) 定义一个长整型数组,大小为20,并对数组前两个数赋初值为1。

(2) 使用循环计算数列后18项的每一项,每个元素为前两项之和。

(3) 输出数组,题目要求每行打印5个,用if语句控制换行。

【程序代码】

```
/* 斐波那契数列 */
#include <stdio.h>
int main(void)
{
    int i;
    long int f[20] = {1, 1};                  /* 数组元素部分初始化 */

    for(i = 2; i < 20; i++)                   /* 循环计算 f[i] */
        f[i] = f[i-2] + f[i-1];

    for(i = 0; i < 20; i++)                   /* 循环输出数组 */
    {
        printf("%8ld", f[i]);
        if((i+1) % 5 == 0)  printf("\n");     /* 每打印5个,换行 */
    }

    return 0;
}
```

【运行结果】

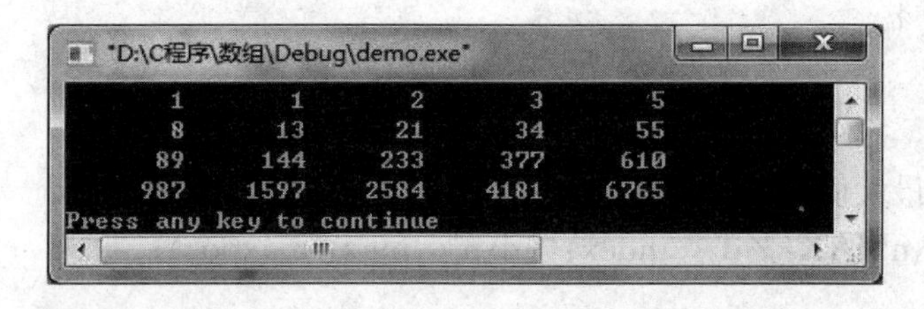

【例7.8】 找出数组中的最大值,并与数组的最后一个数字对换。

【问题分析】

本题关键是找出最大值并记录最大值的位置(下标)。在程序中定义变量max保存最大值，maxpos保存最大值的数组下标。找数组中最大值，一般先将数组第一个元素赋值给max，再依次与数组中其他元素进行比较，若该元素大于max，则将其赋值给max，同时记录其下标给maxpos。找出最大值及其下标后，与数组最后一个数字对换，即将a[maxpos]和数组最后一个元素a[N－1]交换。最后输出交换后的数组。

为调试方便，使用随机函数产生两位随机正整数来给数组元素赋值。

【程序代码】

```
#include <stdio.h>
#include <stdlib.h>
#define N 10                                    /*宏定义N为10*/
int main(void)
{
    int a[N];                                   /*定义大小为N的数组*/
    int max;                                    /*最大值*/
    int maxpos;                                 /*最大值下标*/
    int i, temp;

    printf("original array:\n");
    for(i = 0; i < N; i++)
    {
            a[i] = rand() % 90 + 10;            /*产生两位随机正整数值*/
            printf("%4d ", a[i]);               /*输出数组元素*/
    }

    /*查找最大值及其下标位置*/
    max = a[0]; maxpos = 0;
    for(i = 1; i < N; i++)
    {
            if(a[i] > max)
            {
                max = a[i];  maxpos = i;
            }
    }

    /*输出最大值及其下标*/
    printf("\nMAX:%d    index:%d\n", max, maxpos);

    /*交换*/
    temp = a[N-1];
    a[N-1] = a[maxpos];
```

```
    a[maxpos] = temp;

    printf("\nchanged array:\n");
    for(i = 0; i < N; i++)                    /* 输出结果 */
    {
        printf("%4d ", a[i]);
    }
    printf("\n");

    return 0;
}
```

【运行结果】

```
original array:
51  27  44  50  99  74  58  28  62  84
changed array:
51  27  44  50  84  74  58  28  62  99
```

【例 7.9】 定义一个大小为 10 的整型数组,数组元素为互不相同的两位随机正整数。

【问题分析】

随机数的生成可以使用 rand()函数。但本题的关键在于随机生成 10 个互不相同的随机数。本题的基本思路是:对于每个新生成的随机数 x,和已生成的数组元素进行比较,若在已生成的数组元素中没找到 x,就将 x 写入数组,再继续下一次循环;若在已生成的数组元素中找到 x,则重新生成随机数,继续判断。

【程序代码】

```
#include <stdio.h>
#include <stdlib.h>
#include <time.h>
#define N 10                                  /* 宏定义数组大小 N 为 10 */
int main(void)
{
    int a[N];                                 /* 定义大小为 N 的数组 */
    int x, i, j;
    srand(time(NULL));

    /* 生成 N 个互不相同的两位随机数正整数 */
    i = 0;
    while(i < N)
    {
        x = rand() % 90 + 10;                 /* 生成随机数 */
```

```
        /* 对于每个新生成的随机数 x,和数组已生成的元素比较 */
        for(j = 0; j < i; j++)
        {
            if(a[j] == x) break;            /* 找到了 x,退出 for 循环 */
        }

        if(j == i)                          /* 没找到 x,将 x 写入数组 */
        {
            a[i] = x;
            i++;
        }
    }

    /* 输出数组 */
    for(i = 0; i < N; i++)
    {
        printf("%4d ", a[i]);
    }
    printf("\n");

    return 0;
}
```

【运行结果】

```
57 77 40 39 45 11 87 50 55 26
```

7.2 二维数组

7.2.1 统计多门课成绩

【例 7.10】 一个班某次考试的成绩如表 7-1 所示。编写程序,求出每个同学的总分。

表 7-1 考试成绩表

学号	数学	英语	C程序设计	物理
1	90	88	78	82
2	76	81	82	79
3	82	77	90	92

【问题分析】

从表中可以看出,本次考试有 3 名同学,每个同学有 4 门课程成绩,一维数组已经难以保存和处理这样的数据，所以需要定义一个有 3 行 4 列二维数组来处理成绩。二维数组的定义及初始化语句如下：

```
#define M 3                              /* 学生人数 */
#define N 4                              /* 课程门数 */
int score[M][N] = { {90, 88, 78, 82},
                    {76, 81, 82, 79},
                    {82, 77, 90, 92}
                  };                     /* 定义二维数组并初始化 */
```

【解题步骤】

(1) 定义一个 3 行 4 列二维数组 score，并使用表中数据进行数组的初始化。

(2) 3 名同学的总分可以定义一个大小为 3 的一维数组 stu 来存放。

(3) 使用循环语句计算每个同学的总分并存放到一维数组 stu 中。注意，一维数组有 1 个下标，所以使用一重循环，二维数组有两个下标，一般使用两重循环。

(4) 最后输出每个同学的总分。

(5) 为使程序具有通用性，使用#define 定义 M 为 3，定义 N 为 4。

【程序代码】

```
#include <stdio.h>
#define M 3                                    /* 学生人数 */
#define N 4                                    /* 课程门数 */

int main(void)
{
    int score[M][N] = { {90, 88, 78, 82},
                        {76, 81, 82, 79},
                        {82, 77, 90, 92} };    /* 定义二维数组并初始化 */
    int stu[M];                                /* 存放每个同学的总成绩 */
    int i, j;

    /* 输出数组 score */
    for(i = 0; i < M; i++)
    {
        for(j = 0; j < N; j++)
        {
            printf("%4d", score[i][j]);
        }
        printf("\n");
    }

    /* 计算每个同学的总成绩 */
```

```
    for(i = 0; i < M; i++)
    {
        stu[i] = 0;                                    /*注意要初始化为0*/
        for(j = 0; j < N; j++)
        {
            stu[i] += score[i][j];
        }
    }

    /*输出每个同学的总成绩*/
    for(i = 0; i < M; i++)
    {
        printf("student%d total: %5d \n", i+1, stu[i]);
    }

    return 0;
}
```

【运行结果】

```
90  88  78  82
76  81  82  79
82  77  90  92
student1 total:  338
student2 total:  318
student3 total:  341
```

7.2.2 二维数组的定义

一个班30个同学的数学成绩可以用一个大小为30的一维数组来存储和处理,那么,一个班30个同学,每个同学有4门课程,怎样存储30个同学每门课的成绩呢? 可以使用二维数组来解决。

二维数组的每个数据有行列之分,用两个下标标识一个数组元素,适合于矩阵处理等应用。二维数组可以看成"数组的数组",每一行元素就是一个一维数组。

一维数组有一个下标,二维数组有两个下标,二维数组的一般定义格式为:

<数据类型>　<数组名>[第一维大小][第二维大小];

二维数组用两个下标确定各元素在数组中的位置,习惯上,第一维下标表示元素所在行,第二维下标表示元素所在列。例如:

int a[3][4];

声明的是一个二维数组a,数组a有3行4列共12个整型元素。第一维(行)的下标值从0变化到2,第二维(列)的下标值从0变化到3,因此,第一个元素表示为a[0][0],最后一个表示为a[2][3]。数组a的逻辑存储结构如图7-3所示。

	第0列	第1列	第2列	第3列
第0行	a[0][0]	a[0][1]	a[0][2]	a[0][3]
第1行	a[1][0]	a[1][1]	a[1][2]	a[1][3]
第2行	a[2][0]	a[2][1]	a[2][2]	a[2][3]

图7-3　二维数组逻辑结构示意图

二维数组元素在内存中的物理顺序是按行存放的。也就是在内存中先顺序存放第一行元素，再存放第二行元素，依次类推，如图7-4所示。

a[0][0]
a[0][1]
a[0][2]
a[0][3]
a[1][0]
a[1][1]
……
a[2][2]
a[2][3]

图7-4　二维数组物理存储示意图

一维数组占用的内存字节数为：数组大小 * sizeof(数据类型)，二维数组占用的字节数为：第一维大小 * 第二维大小 * sizeof(数据类型)。例如：

```
int a[3][4];
double b[3][5];
char c[4][5];
```

在VC6.0编译环境中，sizeof(int)为4，所以数组a占用字节数为3 * 4 * 4 = 48Bytes。sizeof(double)为8，数组b占用字节数为3 * 5 * 8 = 120Bytes。sizeof(char)为1，数组c占用字节数为4 * 5 * 1 = 20Bytes。

7.2.3　二维数组的初始化

在定义二维数组的同时也可以初始化各数组元素，方法与一维数组初始化相似，格式如下：

二维数组定义＝{{表达式列表1},{表达式列表2},…}

或

二维数组定义＝{表达式列表}

第一种方法按行初始化，将表达式列表1中的数值给数组的第一行、表达式列表2中的数值给数组的第二行……；第二种方法将所有初始化数据写在一对花括号内，自动按行初始化，其余数组元素值为0。例如：

```
int a[3][4] = {{1, 2, 3}, {4, 5}};
```

则表达式为数组a第1行各元素a[0][0]、a[0][1]、a[0][2]、a[0][3]依次赋值1、2、3、0；为第2行各元素a[1][0]、a[1][1]、a[1][2]、a[1][3]依次赋值4、5、0、0；而第3行各元素初值均为0。

当对二维数组初始化时，可以默认数组定义中的第一维长度，此时数组行数由初始化数据的个数和列数决定。例如：

```
int a[][4] = {{1, 2}, {3, 4, 5}, {6}};
```

等价于

```
int a[3][4] = {{1, 2}, {3, 4, 5}, {6}};
```

以下定义表示数组b是3行3列数组。例如：

int b[][3] = {1, 2, 3, 4, 5, 6, 7};

但是以下定义是不正确的,如

int a[][] = {1, 2, 3, 4, 5, 6};　　/* 不正确,不能确定每一行数组元素的个数 */

二维数组是"数组的数组",每一行元素就是一个一维数组。例如:

float a[3][4];

定义了3行4列的二维数组,它由三个一维数组组成,即:

(1) 数组名a[0],包括a[0][0]、a[0][1]、a[0][2]、a[0][3]。

(2) 数组名a[1],包括a[1][0]、a[1][1]、a[1][2]、a[1][3]。

(3) 数组名a[2],包括a[2][0]、a[2][1]、a[2][2]、a[2][3]。

二维数组有两个下标,所以,使用二维数组时,通常和两重循环一起配合使用。对二维数组进行输入时,使用外层循环控制行下标变化,用内层循环控制列下标变化,例如:

```
int a[3][4];
/* 使用两重循环输入数组元素 */
for(i = 0; i < 3; i++)                  /* 行下标值变化 */
{
    for(j = 0; j < 4; j++)              /* 列下标值变化 */
    {
        scanf("%d", &a[i][j]);
    }
}
```

二维数组不能整体输入,也不能整体输出,所以,输出二维数组元素值,应使用两重循环。

```
/* 使用两重循环输入数组元素 */
for(i = 0; i < 3; i++)                  /* 行下标值变化 */
{
    for(j = 0; j < 4; j++)              /* 列下标值变化 */
    {
        printf("%4d", a[i][j]);
    }
    printf("\n");                       /* 换 行 */
}
```

7.2.4　二维数组的应用

【例7.11】 矩阵转置。

【问题分析】 矩阵转置即行列互换。用二维数组表示矩阵,矩阵的转置操作就是将一个二维数组的行和列元素互换,存到另一个二维数组中。例如,

$a=\begin{pmatrix}1 & 2 & 3\\4 & 5 & 6\end{pmatrix}$行列互换后存放在b数组中　$b=\begin{pmatrix}1 & 4\\2 & 5\\3 & 6\end{pmatrix}$

【程序代码】

```
#include <stdio.h>
#define M 2
#define N 3

int main(void)
{
    int a[M][N] = {{1,2,3}, {4,5,6}};          /*数组定义及初始化*/
    int b[N][M];                               /*转置矩阵*/
    int i, j;                                  /*循环变量*/

    printf("原矩阵:\n");                        /*输出原矩阵*/
    for(i = 0; i < M; i++)
    {
        for(j = 0; j < N; j++)
        {
            printf("%4d", a[i][j]);
        }
        printf("\n");
    }

    for(i = 0; i < N; i++)                     /*计算转置矩阵*/
    {
        for(j = 0; j < M; j++)
        {
            b[i][j] = a[j][i];                 /*注意下标,将行列标号互换*/
        }
    }

    printf("\n转置矩阵:\n");                    /*输出转置矩阵*/
    for(i = 0; i < N; i++)
    {
        for(j = 0; j < M; j++)
        {
            printf("%4d", b[i][j]);
        }
        printf("\n");
    }
```

```
    return 0;
}
```

【运行结果】

原矩阵：

1　2　3

4　5　6

转置矩阵：

1　4

2　5

3　6

【例 7.12】 打印出以下的杨辉三角形(打印 10 行)

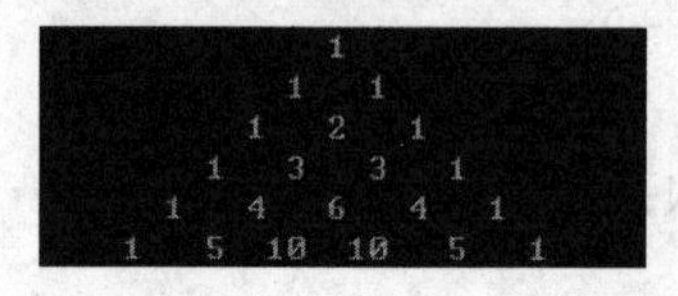

【问题分析】

上图为杨辉三角形的前 6 行。杨辉三角行有以下规律：

(1) 每行的第一个数都是 1；

(2) 每行的最后一个数都是 1；

(3) 从第 3 行起,除第一和最后一个数外,每个数字等于上方两个数字之和。

【程序代码】

```
#include<stdio.h>
#define M 10                              /*宏定义 M 为 10*/

int main()
{
    int a[M][M];                          /*数组定义*/
    int i, j;                             /*循环变量*/

    for(i = 0; i < M; i++)
    {
        a[i][0]=1;                        /*设置每行第 0 列元素的值为 1*/
        a[i][i]=1;                        /*设置每行对角线上的元素值为 1*/
    }

    for(i = 2; i < M; i++)                /*从第 2 行开始处理*/
    {
        for(j = 1;j < i; j++)
```

```
        {
            a[i][j] = a[i-1][j-1] + a[i-1][j];
                                        /*每个数字等于上方两个数字之和*/
        }
    }

    for(i = 0; i < M; i++)              /*输出杨辉三角形*/
    {
        /*控制每行的空格*/
        for(j = i; j < M; j++)
        {
            printf("  ");               /*注意:字符串内有2个空格字符*/
        }

        for(j = 0; j <= i; j++)
        {
            printf("%4d", a[i][j]);
        }
        printf("\n");
    }
}
```

【运行结果】

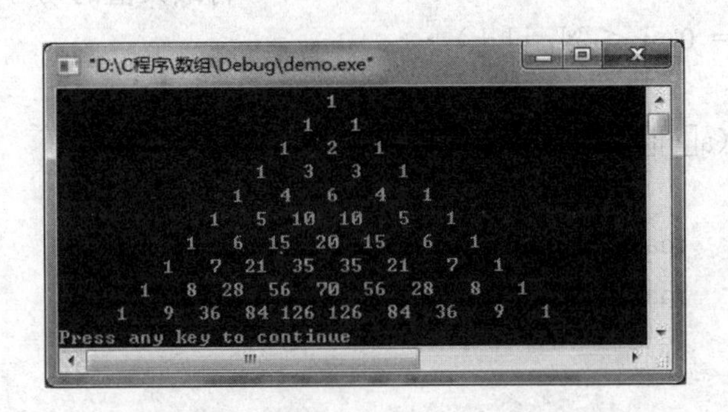

【例 7.13】 找出二维数组中的鞍点元素。

【问题分析】

所谓鞍点元素即二维数组的某个元素在该行上最大,而在该列上最小。数组可能有一个或多个鞍点,也可能没有鞍点。编程的基本思路是,先找出一行中值最大的元素,然后检查它是否是该列中的最小值,如果是,则该元素是鞍点,输出该鞍点;对二维数组每一行重复上述过程。如果每一行的最大数都不是鞍点,则此数组无鞍点。

【程序代码】

```
#include<stdio.h>
#define M 3                             /*宏定义行为3*/
```

```
#define N 4                                  /*宏定义列为4*/
int main(void)
{
    int a[M][N] = {{3,1,2,0},{8,2,7,6},{8,0,4,5}};
    int i, j, k;
    int max, maxj;
    int flag = 0;

    for(i = 0; i < M; i++)                   /*输出数组*/
    {
        for(j = 0; j < 4; j++)
        {
            printf("%4d", a[i][j]);
        }
        printf("\n");                        /*换行*/
    }

    for(i = 0; i < M; i++)
    {
        /*求出每行最大值及其下标*/
        max=a[i][0];                         /*假设每行的第0列元素为最大值*/
        maxj=0;                              /*将最大值的列号保存在maxj中*/
        for(j = 0; j < N; j++)
        {
            if(a[i][j] > max)
            {
                max = a[i][j];
                maxj = j;
            }
        }

        /*最大值与所在列元素比较*/
        for(k = 0; k < M; k++)
        {
            if(a[k][maxj] < max) break;      /*将最大数和其同列元素相比*/
        }

        if(k >= M)
        {
```

```
            printf("a[%d][%d] = %d\n", i, maxj, max);
            flag = 1;                    /* 标志,表明数组存在鞍点元素 */
        }
    }

    /* 通过 flag 判断数组是否不存在鞍点元素 */
    if (! flag) printf("the element don't exist! \n");

    return 0;
}
```

【运行结果】（一个鞍点元素）：

```
"C:\Users\zjq\Desktop\temp\Debug\f1.exe"
   6   4   9   6
   5   2   7   6
   1   0   8   5
a[1][2] = 7
Press any key to continue
```

【运行结果】（没有鞍点元素）：

```
"C:\Users\zjq\Desktop\temp\Debug\f1.exe"
   6   4   3   6
   5   2   7   6
   1   0   8   5
the element don't exist!
Press any key to continue
```

【运行结果】（多个鞍点元素）：

```
"C:\Users\zjq\Desktop\temp\Debug\f1.exe"
   3   1   2   0
   4   2   7   6
   3   0   0   2
a[0][0] = 3
a[2][0] = 3
Press any key to continue
```

7.3　向函数传递数组

7.3.1　函数的一维数组传递

我们已经知道,数组名代表数组的首地址。数组名也可以作实参和形参,传递的是数组的起始地址。

【例 7.14】　分别编写函数,实现一维数组的输入输出。

【问题分析】

本题需要编写两个函数,分别实现一维数组的输入和输出功能。输入函数的原型为:

```
void input(int a[], int n);                    /* 函数原型说明 */
```

其中第一个参数为int数组,第二个参数为数组的大小。

输出函数的原型为:

```
void print(int [], int);                       /* 函数原型说明 */
```

其中第一个参数为int数组,第二个参数为数组的大小。注意在函数的原型说明中,可以去掉形参名。

【程序代码】

```
#include<stdio.h>
void input(int a[], int n);                    /* 函数原型说明 */
void print(int [], int);                       /* 函数原型说明 */

int main( )
{
    int a[10];
    input(a, sizeof(a)/sizeof(int));           /* 函数调用,注意实参写法 */
    print(a, sizeof(a)/sizeof(int));           /* 函数调用,注意实参写法 */

    return 0;
}

/* 函数功能:数组输入 */
void input(int a[], int n)
{
    int i;
    printf("please input %d numbers:\n", n);
    for(i = 0; i < n; i++)
    {
        scanf("%d", &a[i]);
    }
}

/* 函数功能:数组输出 */
void print(int a[], int n)
{
    int i;
    for(i = 0; i < n; i++)
    {
```

```
        printf("%d ", a[i]);
    }
    printf("\n");
}
```

【例 7.15】 定义函数,求一维数组的平均值。

【问题分析】

函数 avg 的原型如下所示 :

double avg(int a[], int n)

其中,第一个参数为整型数组,第二个参数为数组大小。在函数原型说明中可以去掉参数名,如下所示:

double avg(int [], int);　　　　　　/ * 函数原型说明 * /

main 函数中的调用函数 avg 的语句如下:

double average = avg(data, size);　　　/ * 调用函数 avg, 注意参数 * /

其中,第一个实参为数组名 data,数组名代表数组的首地址。调用函数 avg 时,数组 data 作为实参传递给形参数组 a,并不是将整个数组 data 拷贝一份传递给形参数组 a,而只是将 data 数组的首地址传递给形参数组 a。这样,实参数组 data 和形参数组 a 实际指向了同一段存储单元。

【程序代码】

```
#include <stdio.h>
double avg(int [], int);                    / * 函数原型说明,返回一维数组平均值 * /

int main(void)
{
    int data[] = {12, 22, 33, 44 ,55};              / * 数组定义及初始化 * /
    int size = sizeof(data) / sizeof(int);          / * 求数组大小 * /
    printf("average: %.2f\n", avg(data, size));     / * 调用函数 avg, 注意参数 * /

    return 0;
}

/ * 返回一维数组平均值 * /
double avg(int a[], int n)
{
    double sum = 0;
    int i;
    for(i = 0; i < n; i++)
    {
        sum += a[i];                                / * 求数组总和 * /
    }
```

```
    return sum / n;                        /* 返回平均值 */
}
```

在用数组名作函数参数有两点要注意：

(1) 如果函数的形参是数组，那么实参必须是数组名，且实参数组与形参数组类型应一致，如不一致，结果将出错。在例 7.15 中有函数

```
double avg(int [], int);                          /* 函数原型说明 */
```

调用该函数的形式应为

```
double average = avg(data, size);                 /* 调用函数 avg，注意参数 */
```

(2) 因为数组名代表数组首元素的地址，所以用数组名作函数实参时，并不是把实参数组中所有元素的值传递给形参，而只是将实参数组首元素的地址传递给形参数组名。这样，实参数组和形参数组就共占同一段内存单元，实际上就是同一个数组。

形参数组中各元素的值如发生变化就意味着实参数组元素的值发生变化，这一点是与变量作函数参数的情况不相同的。在用变量作函数参数时，只能将实参变量的值传给形参变量，在调用函数过程中如果改变了形参的值，对实参没有影响，即实参的值不因形参的值改变而改变。

实际上，声明形参数组并没有真正建立一个包含若干元素的数组，在调用函数时也不会对它分配存储单元，只是用 a [ ]这样的形式表示 a 是一维数组名，以接收实参传来的地址。因此 a [ ]中方括号内的数值并无实际作用，形参一维数组的声明可以写元素个数，也可以不写。函数首部的下面几种写法都是合法的，作用相同。

```
double avg(int a[10], int n);          /* 指定元素个数与实参数组相同 */
double avg(int a[], int n);            /* 不指定元素的个数 */
double avg(int [], int);               /* 函数原型说明中可省略参数名 */
```

推荐使用后两种写法。

7.3.2 函数的二维数组传递

用二维数组名作为函数参数时，参数的传递方式与一维数组类似。但在对形参数组声明时，必须指定第二维(即列)的大小，且应与实参的第二维的大小相同。第一维的大小可以指定，也可以不指定。如

```
int array[3][10];                /* 形参数组的两维都指定 */
```

或

```
int array[ ][10];                /* 第一维大小省略 */
```

二者都合法而且等价。但是不能把第二维的大小省略。下面的形参数组写法不合法：

```
int array[ ][ ];                 /* 不能确定数组的每一行有多少列元素 */
```

或

```
int arrar[3][ ];                 /* 不指定列数就无法确定数组的结构 */
```

这种要求实际上是由数组在内存中的存放特点所决定的。因为二维数组是由若干个一维数组组成的，在内存中是按行序存放的，如果不知道每行有几个元素，则就有可能发生越界访问，因此在定义二维数组时必须指定列数(即一行中包含的元素个数)。假如一个二维数组有 12 个元素，可以组成 2×6，3×4，4×3，6×2 等不同形式的二维数组，如果指定了列

数为 3，则只有一种可能的形式 4×3。

形参数组的结构应与实参数组相同，但在第二维大小相同的前提下，形参数组的第一维可以与实参数组不同。例如，实参数组定义为：

int score[5][10]；

而形参数组可以声明为：

int array[3][10]；

或

int array[ ][10]；

系统只检查第二维的长度，不检查第一维的大小。如果是三维或更多维的数组，处理方法是类似的。

【例 7.16】 定义函数，输出二维数组。

【问题分析】 定义一个函数，输出二维数组，函数原型为：

void print(int a[][COLS], int rows, int cols);　　　　/* 原型说明 */

其中，第一个参数为二维数组，注意第二维的大小不能省略，第二个和第三个参数分别为二维数组的行数和列数。

调用函数 print 的语句为：

print(a, ROWS, COLS);　　　　/* 函数调用，注意实参 */

【程序代码】

```
#include<stdio.h>
#define ROWS 3
#define COLS 4
void print(int a[][COLS], int rows, int cols);          /* 原型说明 */

int main( )
{
    int a[ROWS][COLS] = {1,2,3,4,5,6,7,8,9,10,11,12};
                                                        /* 定义数组并初始化 */
    print(a, ROWS, COLS);                               /* 函数调用，注意实参 */

    return 0;
}

/* 函数功能：数组输出 */
void print(int a[][COLS], int rows, int cols)
{
    int i, j;
    for(i = 0; i < rows; i++)
    {
        for(j = 0; j < cols; j++)
```

```
        {
            printf("%4d", a[i][j]);
        }
        printf("\n");
    }
}
```

7.4 数组的数据处理

7.4.1 排序

排序(Sorting)是计算机程序设计中的一种重要操作,它的作用是将一个无序的数据序列,重新排列成一个有序的序列。排序有升序排序和降序排序之分。排序的方法很多,最常用的方法有选择法排序、冒泡法排序、插入法排序、合并法排序等。本节主要介绍选择法排序、冒泡法排序和插入法排序。

【例 7.17】 用选择法对数组中的 10 个整数按升序(从小到大)的顺序排列。

【问题分析】

所谓选择法排序就是按顺序依次排定数组中的每个元素。首先排定的是 a[0]元素,先找到 10 个数中最小的数,如果这个数就是 a[0],则不进行交换;如果不是 a[0],则将它与 a[0]对换。接着排定下一个元素 a[1],从剩下的 a[1]到 a[9]中找到最小的数,如果是 a[1],则不进行交换,如果不是 a[1],则将它与 a[1]对换……每比较一轮,在未经排序的数中找出最小的一个,若是排定位置上的数组元素,则不交换,否则将最小的元素与排定位置上的数组元素进行交换。共比较 9 轮。排序过程如表 7-2 所示。

表 7-2　选择法排序的过程

次数	3	8	7	6	15	24	9	11	0	2
i=0	0	8	7	6	15	24	9	11	3	2
i=1	0	2	7	6	15	24	9	11	3	8
i=2	0	2	3	6	15	24	9	11	7	8
i=3	0	2	3	6	15	24	9	11	7	8
i=4	0	2	3	6	7	24	9	11	15	8
i=5	0	2	3	6	7	8	9	11	15	24
i=6	0	2	3	6	7	8	9	11	15	24
i=7	0	2	3	6	7	8	9	11	15	24
i=8	0	2	3	6	7	8	9	11	15	24

(灰:已排序　白:未排序　黑:未排序中最小的元素)

【程序代码】

```
#include<stdio.h>
void select_sort(int a[], int n);                  /* 函数原型说明 — 排序 */
```

```
void print(int a[], int n);                          /*函数原型说明 — 数组输出*/

int main()
{
    int a[] = {3, 8, 7, 6, 15, 24, 9, 11, 0, 2};
    int size = sizeof(a)/sizeof(int);                /*数组大小*/

    printf("排序前:\n");
    print(a, size);                                  /*调用 print 函数*/

    select_sort (a, size);                           /*调用 select_sort 函数*/

    printf("排序后:\n");
    print(a, size);                                  /*调用 print 函数*/
}

/*函数功能:选择法排序*/
void select_sort (int a[], int n)
{
    int i, j, k, t;
    for(i = 0; i < n-1; i++)
    {
        /*查找 a[i]到 a[N-1]的最小值位置 k*/
        k = i;                                   /*假设第 i 个元素是剩余元素中最小的*/
        for(j = i+1; j < n; j++)                 /*和 a[i+1]到 a[N-1]依次比较*/
        {
            if(a[j] < a[k])    k = j;            /*记录最小值位置*/
        }

        if(k ! = i)                              /*若 a[i]本身是最小值,则无须交换*/
        {
            t = a[k]; a[k] = a[i]; a[i] = t;                        /*交换*/
        }
    }
}

/*函数功能:数组输出*/
void print(int a[], int n)
{
```

```
    int i;
    for(i = 0; i < n; i++)
    {
        printf("%3d ", a[i]);
    }
    printf("\n");
}
```

【运行结果】

排序前：

3 8 7 6 15 24 9 11 0 2

排序后：

0 2 3 6 7 8 9 11 15 24

【例 7.18】 冒泡法排序。

【问题分析】

(1) 冒泡排序始终比较相邻两个元素。设有 n 个元素，从第一个元素开始，对每一对相邻元素进行比较，若第一个比第二个大，就进行交换。

(2) 当比较完倒数第二个和最后一个元素后，一趟比较结束。这时，最大的元素已经移动到了最后位置，其他较小元素位置都前移一位。就像一颗石子扔到水中，石子重，一路沉到底，石子就像最大的元素移到最后位置，而产生的气泡则像较小元素一样位置前移。所以这种排序方法被形象的称为"冒泡法排序(bubble sort)"。

(3) 对剩余的未排序的 1 到 $n-1$ 个数重复同样过程，直到剩余 1 个数字为止。

表 7-3 演示了冒泡法一趟排序的过程。一趟排序结束后，最大数 9 已经到了最后一位。第二趟开始对前 7 个数字再进行同样过程的排序，第二趟排序结束后，前 7 个数的最大值 8 已移动到最后，其余较小元素也都位置前移。以此类推，直到剩余最后一位数字，此时，排序结束。

表 7-3 冒泡法一趟排序的过程

次数	3	9	1	6	8	5	7	2
$i=0$	**3**	**9**	1	6	8	5	7	2
$i=1$	3	**9**	**1**	6	8	5	7	2
$i=2$	3	1	**9**	**6**	8	5	7	2
$i=3$	3	1	6	**9**	**8**	5	7	2
$i=4$	3	1	6	8	**9**	**5**	7	2
$i=5$	3	1	6	8	5	**9**	**7**	2
$i=6$	3	1	6	8	5	7	**9**	**2**
第一趟结束	3	1	6	8	5	7	2	**9**
				……				**9**
第二趟结束	1	3	6	5	7	2	**8**	**9**

(灰：正在比较的相邻数字　　黑：排好序的数字)

【程序代码】

```
/*其余代码同上例选择法排序,故略去*/

/*函数功能:冒泡法排序*/
void bubble_sort(int a[], int n)
{
    int i, j;                              /*循环变量*/
    int tmp;                               /*用于交换的临时变量*/

    for (i = 0; i < n-1; i++)    /*外层循环控制排序趟数,n个数要排n-1趟*/
    {
        for (j = 0; j < n-1-i; j++)        /*内层循环控制每趟比较次数*/
        {
            if (a[j] > a[j+1])             /*比较相邻数字,若逆序,则交换*/
            {
                tmp = a[j];
                a[j] =  a[j+1];
                a[j+1] = tmp;
            }
        }
    }
}
```

【例 7.19】 插入法排序。

【问题分析】

插入法排序将序列分为有序序列和无序序列,依次从无序序列中取出元素值插入到有序序列的合适位置,继续保持有序排列。

设 n 个元素进行排序,初始是有序序列中只有第一个数,其余 $n-1$ 个数组成无序序列,则 n 个数需进行 $n-1$ 次插入。寻找在有序序列中插入位置可以从有序序列的最后一个数往前找,在未找到插入点之前可以同时向后移动元素,为插入元素准备空间。插入排序法如表 7-4 所示。

表 7-4 插入法排序

次数	3	9	1	6	8	5	7	2
初始状态	**3**	9	1	6	8	5	7	2
插入 9	**3**	**9**	1	6	8	5	7	2
插入 1	**1**	**3**	**9**	6	8	5	7	2
插入 6	**1**	**3**	**6**	**9**	8	5	7	2
插入 8	**1**	**3**	**6**	**8**	**9**	5	7	2

（续表）

次数	3	9	1	6	8	5	7	2
插入 5	**1**	**3**	**5**	**6**	**8**	**9**	7	2
插入 7	**1**	**3**	**5**	**6**	**7**	**8**	**9**	2
插入 2	**1**	**2**	**3**	**5**	**6**	**7**	**8**	**9**

（灰：有序序列　　白：无序序列）

【程序代码】

```
/* 其余代码同选择法排序，故略去 */

/* 函数功能：插入法排序 */
void insertion_sort(int a[],  int n)
{
    int i, j;                                       /* 循环变量 */
    int temp;                                       /* 临时变量 */

    for (i = 1; i < n; i++)
    {
        temp = a[i];                                /* 待插入数暂存到 temp 中 */

        /* 与有序序列的数逐一比较，大于 temp 时，将该数后移 */
        j = i;
        while (j > 0 && a[j - 1] > temp)
        {
            a[j] = a[j-1];
            --j;
        }

        a[j] = temp;                                /* 被排序数放到正确的位置 */
    }
}
```

7.4.2　查找

在一组有序或无序的数据序列中，通过一定的方法找出与给定关键字相同的数据元素的过程叫做查找。查找是程序设计必须掌握的基本技能之一，是数组的一个重要应用。查找的基本方法有顺序查找和二分查找两种。本节分别介绍顺序查找和二分法查找。

【例 7.20】 顺序查找。定义一个一维整型数组并初始化。从键盘输入一个整数，在数组中查找该数。若找到，输出其在数组中的位置（下标），否则显示“没找到”。

【问题分析】

本题的查找方法是顺序查找，顺序查找的基本过程是：利用循环顺序扫描整个数组，依次将数组元素与待查找值比较；若找到，则查找成功，输出其位置；若数组所有元素比较后仍未找到则查找失败，给出提示信息。定义一个函数 search 完成顺序查找功能，函数原型如下：

int search(int a[], int size, int key);

其中，第一个参数为 int 数组，第二个参数为数组大小，第三个参数为待查的数字。若查找到，返回其在数组中的下标，若没找到，返回－1。

【程序代码】

```
#include<stdio.h>
int search (int a[], int size, int key);              /* 函数原型说明 - 顺序查找 */
void print(int a[], int size);                        /* 函数原型说明 - 数组输出 */
int main( )
{
    int a[]={87,65,96,49,38,92,18,25,77,88};         /* 定义数组并初始化 */
    int x;                                            /* 待查找数字 */
    int pos;
    int SIZE = sizeof(a)/sizeof(int);                 /* 数组大小 */

    print(a, SIZE);                                   /* 调用函数,输出数组 a */
    printf("please input x:");
    scanf("%d", &x);                                  /* 输入 x */

    if((pos= search (a, SIZE, x)) != -1)
    {
        printf("index: %d\n", pos);
    }
    else
    {
        printf("not found! \n");
    }

    return 0;
}

/* 顺序查找,在大小为 size 数组 a 中查找关键字 key */
int search (int a[], int size, int key)
{
    int i;
```

```
    /* 遍历数组,查找 key */
    for(i = 0; i < size; i++)
    {
        if(a[i] == key) return i;              /* 如找到,退出循环 */
    }

    return -1;                                 /* 未找到,返回-1 */
}

/* 函数功能:数组输出 */
void print(int a[], int size)
{
    int i;
    for(i = 0; i < size; i++)
    {
        printf("%d ", a[i]);
    }
    printf("\n");
}
```

【运行结果】 (查找成功,找到 x)

```
87  65  96  49  38  92  18  25  77  88
please input x: 49 ↙                           /* 键盘输入 */
index: 3
```

【运行结果】 (查找不成功,没找到 x)

```
87  65  96  49  38  92  18  25  77  88
please input x: 100 ↙                          /* 键盘输入 */
not found!
```

【例 7.21】 二分法查找。

【问题分析】

当数据量很大时,顺序查找的效率非常低,而二分法查找则是一种快速有效的查找方法,但二分法查找要求数据是有序排列的。

二分法查找的基本思想是:假设数据是按升序排序的,对于给定值 x,从序列的中间位置开始比较,若 x 等于该元素,则查找成功;若 x 小于该元素,则应在数列的前半段中查找;若 x 大于该元素则在数列的后半段中继续查找。在每次比较后,查找范围可以缩小一半,所以二分法查找又称折半查找。

【程序代码】

```
#include <stdio.h>
int binary_search(int, int[], int);          /* 函数原型说明——二分法查找 */
```

```
int main(void)
{
    int a[] = {2, 4, 6, 8, 10, 12, 14, 16, 18};     /* 有序数组 */
    int x, i, index;
    int SIZE = sizeof(a)/sizeof(int);

    for(i = 0; i < SIZE; i++)                       /* 输出数组 */
    {
        printf("%3d ", a[i]);
    }

    printf("\nplease input x: ");
    scanf("%d", &x);                                /* 输入待查找数字 */

    index = binary_search(x, a, SIZE);              /* 调用二分法查找函数 */
    if(index >= 0)
    {
        printf(" %d can be found in the array, it is %dth of the array. \n", x, index
            +1);
    }
    else
    {
        printf(" %d can not be found! \n", x);
    }

    return 0;
}

/* 二分法查找。功能:在大小为 n 的数组 a 中查找 x */
/* 若找到,返回数组下标;否则返回-1 */
int binary_search(int x, int a[], int n)
{
    int low, high, mid;
    low = 0;                                        /* low 查找范围下界 */
    high = n-1;                                     /* high 查找范围上界 */

    while(low <= high)                              /* 继续进行查找的条件 */
    {
```

```
        mid = (low + high) / 2;                          /* 计算中间位置 */

        if(x < a[mid])                                   /* 比较 x 和中间位置值 */
            high = mid - 1;
        else if(x > a[mid])
            low = mid + 1;
        else
            return mid;                                  /* 找到 x,返回数组下标 */
    }

    return -1;                                           /* 没找到 x,返回-1 */
}
```

【运行结果】（查找成功,找到 x）

```
2  4  6  8  9  10  12  14  16  18
please input x: 6 ↙                                      /* 键盘输入 */
6 can be found in the array, it is 3th of the array.
```

【运行结果】（查找不成功,没找到 x）

```
2  4  6  8  9  10  12  14  16  18
please input x: 15 ↙                                     /* 键盘输入 */
15 can not be found!
```

7.4.3 其他应用

【例 7.22】 用筛选法求 100 之内的素数。

【问题分析】

筛法求素数的基本思想是:因为最小素数是 2,所以把从 2 开始的、某一范围内的正整数按从小到大顺序排列。比如求 100 以内的素数,可以将 2 到 100 排列如下:

2	3	4	5	6	7	8	9	10	11	12	13	14	15	16	17	18	19	20	21
22	23	24	25	26	27	28	29	30	31	32	33	34	35	36	37	38	39	…	100

从最小的 2 开始,将 2 的倍数筛去(不包括 2 本身,将 2 的倍数数字修改为 0 表示筛去该数)。筛掉 2 的倍数之后,列表变为:

2	3	0	5	0	7	0	9	0	11	0	13	0	15	0	17	0	19	0	21
0	23	0	25	0	27	0	29	0	31	0	33	0	35	0	37	0	39	…	0

继续处理 3 的倍数,筛掉 3 的倍数后,列表变为:

2	3	0	5	0	7	0	0	0	11	0	13	0	0	0	17	0	19	0	0
0	23	0	25	0	0	0	29	0	31	0	0	0	35	0	37	0	0	…	0

接下来应处理 4 的倍数，但 4 已从列表中筛掉，所以接着处理下一个不为 0 的数字，即处理 5 的倍数，从列表中筛去所有 5 的倍数，列表变为：

2	3	0	5	0	7	0	0	0	11	0	13	0	0	0	17	0	19	0	0
0	23	0	0	0	0	0	29	0	31	0	0	0	0	0	37	0	0	…	0

以此类推，直到筛子为空时结束。列表中所有剩下的数，就是 100 以内的所有素数。

在程序中可以定义一个数组 a，a[1]～a[n]分别代表 1～n 这 n 个数，从 a[2]开始依次进行筛选。筛选只需处理到 n 的平方根为止，最后剩下不为 0 的就是素数。

【程序代码】

```
#include <stdio.h>
#include <math.h>
#define N 100                              /*宏定义 N 为 100*/
int main()
{
    int a[N + 1];                          /* 数组大小定义为 N+1 */
    int i, j;
    int counter = 0;                       /* 计数器,统计素数个数 */

    for(i = 1; i <= N; i++)
    {
        a[i] = i;                          /* 数组初始化, a[i]赋值为 i */
    }

    for(i = 2; i <= sqrt(N); i++)          /*筛选时,只需处理到 sqrt(N)*/
    {
        if (a[i]! =0)                      /*如 a[i]不为为 0,准备筛掉 a[i]的倍数*/
        {
            for(j = 2 * i; j <= N; j += i)
            {
                a[j] = 0;                  /* 将 a[i]倍数去掉 */
            }
        }
    }

    /*输出结果,最小素数为 2*/
    for(i = 2; i <= N; i++)
    {
        if(a[i] ! = 0)
        {
```

```
            printf("%5d", a[i]);
            counter++;
            if(counter % 10 == 0)printf("\n");          /* 每行输出 10 个 */
        }

    }
    printf("\n   count = %d\n", counter);                /* 输出素数个数 */

    return 0;
}
```

【运行结果】

```
2    3    5    7    11   13   17   19   23   29
31   37   41   43   47   53   59   61   67   71
73   79   83   89   97
count = 25
```

【例 7.23】 已知矩阵 $a=\begin{pmatrix}1 & 2 & 3\\4 & 5 & 6\end{pmatrix}$，$b=\begin{bmatrix}1 & 4\\2 & 5\\3 & 6\end{bmatrix}$，求两矩阵的积 C=a×b。

【问题分析】 按照矩阵相乘的运算法则，要求 a 矩阵的列数应与 b 矩阵的行数相等，乘积的结果 C 矩阵的行数等于 a 矩阵的行数，列数等于 b 矩阵的列数。

若矩阵 $c_{m\times n}=a_{m\times p}\times b_{p\times n}$，则 c 中的元素 $c_{ij}=\sum_{k=1}^{p}a_{ik}\times b_{kj}(i=1\cdots m,j=1\cdots n)$

这里使用三个二维数组分别表示三个矩阵 a、b、c。

$$\begin{pmatrix}1 & 2 & 3\\4 & 5 & 6\end{pmatrix}\times\begin{bmatrix}1 & 4\\2 & 5\\3 & 6\end{bmatrix}=\begin{pmatrix}1\times1+2\times2+3\times3 & 1\times4+2\times5+3\times6\\4\times1+5\times2+6\times3 & 4\times4+5\times5+6\times6\end{pmatrix}$$

定义一个函数完成矩阵相乘 C=a×b，函数原型为：

void matrixMulitply(int a[][3], int b[][2], int c[][2]);

【程序代码】

```
#include<stdio.h>
void matrixMulitply(int a[][3], int b[][2], int c[][2]);       /*矩阵相乘 原型说明*/

int main(void)
{
    int a[2][3]={{1,2,3},{4,5,6}};
    int b[3][2]={{1,4},{2,5},{3,6}};
    int c[2][2];
    int i, j;
```

```
    matrixMulitply(a, b, c);                          /* 函数调用,注意实参 */

    printf("The result is:\n");
    for(i=0; i<2; i++)
    {
        for(j=0; j<2; j++)
        {
            printf("%5d", c[i][j]);
        }
        printf("\n");
    }
    return 0;
}

/* 函数功能:矩阵相乘 c = a * b */
void matrixMulitply(int a[2][3], int b[][2], int c[][2])
{
    int i,j,k;
    for(i=0; i<2; i++)
    {
        for(j=0; j<2; j++)
        {
            c[i][j] = 0;
            for(k=0; k<3; k++)
                c[i][j] = c[i][j] + a[i][k] * b[k][j];
        }
    }
}
```

【运行结果】

```
The result is:
14   32
32   77
```

【例 7.24】 进制转换。输入一个十进制数,输出其二进制和八进制形式。

【问题分析】

设要将十进制 N 转换为 R 进制(R = 2, 8),进制转换的基本方法是:N 不断除以 R 求余,直到 N 为 0 为止,最后将余数倒序输出。可以定义一个一维数组来存储余数,最后逆序输出数组。

【程序代码】

```
#include<stdio.h>
void change(long n, int base);                /*函数原型说明 - 进制转换*/
int main(void)
{
    long n;

    printf("input a decimal number: ");
    scanf("%ld", &n);                          /*输入十进制数*/

    printf("bin: ");
    change(n, 2);                              /*调用函数 change,转换为2进制*/
    printf("oct: ");
    change(n, 8);                              /*调用函数 change,转换为8进制*/

    return 0;
}
/*函数功能 - 进制转换,将十进制n转换为base进制*/
void change(long n, int base)
{
    int data[64];                              /*进制转换结果最长为64位*/
    int i = 0;

    do
    {
        data[i] = n % base;                    /*余数写入数组*/
        n /= base;
        i++;
    }while(n != 0);                            /*直到n为0为止*/

    for(--i; i >= 0; i--)                      /*倒序输出*/
    {
        printf("%d", data[i]);
    }
    printf("\n");
}
```

【运行结果】

```
input a decimal number: 100 ↙                  /*键盘输入*/
bin: 1100100
```

oct：144

7.5　小结

一、知识点概括

1. 一维数组的定义。推荐使用后者。

```
int a[100];
```

或

```
#define SIZE 100                                  /* 宏定义 SIZE 为 100 */
int a[SIZE];
```

2. 一维数组的定义及初始化。

```
int a[5] = {10, 20, 30, 40, 50};
int a[5] = {10, 20};
int a[ ] = {10, 20, 30, 40, 50};
```

3. 二维数组的定义。

```
int a[3][4];                                      /* 定义 3 行 4 列二维数组 */
```

4. 二维数组的初始化。

```
int a[][4] = {{1, 2}, {3, 4, 5}, {6}};
```

等价于

```
int a[3][4] = {{1, 2}, {3, 4, 5}, {6}};
int b[][3] = {1, 2, 3, 4, 5, 6, 7};               /* 数组 b 是 3 行 3 列数组 */
```

5. 一维数组作为函数的参数。

```
double avg(int a[], int n);                       /* 函数原型 */
```

调用时，如下所示：

```
int data[] = {12, 22, 33, 44 ,55};                /* 数组定义及初始化 */
int size = sizeof(data) / sizeof(int);            /* 求数组大小 */
double average = avg(data, size));                /* 调用函数 avg，注意参数 */
```

6. 二维数组作为函数的参数.

```
void print(int a[][4], int rows, int cols);       /* 原型说明 */
```

调用时，如下所示：

```
int a[3][4] = {1,2,3,4,5,6,7,8,9,10,11,12};       /* 定义数组并初始化 */
print(a, 3, 4);                                   /* 函数调用，注意实参 */
```

7. 排序。常用排序方法有选择法、冒泡法、插入法、合并法等。

8. 查找。常用查找方法有两种，顺序查找和折半查找，其中折半查找要求是有序数列。

9. 其他典型数据处理有求最大最小值、矩阵转换、马鞍点、杨辉三角形、进制转换等。

二、常见错误列表

错误实例	错误分析
int a[5]; a[5] = {10, 20, 30, 40, 50}; /*错误*/	数组定义及初始化语句不能分为两句书写。
int a[5]; a[5] = 100; /*错误*/	下标越界。数组下标从0开始。 注意:上一行的5表示数组大小为5。下一行方括号内的数字表示数组下标。
int n = 5; int a[n]; /*错误*/	数组大小应使用大于0的整型常量来定义大小。
double avg(int a[], int n) ; /*函数原型*/ 调用时: int data[5] = {10, 20, 30, 40 ,50}; double average = avg(data[5], 5)); /*错误*/ double average = avg(data[ ], 5)); /*错误*/	如果形参为数组,实参应为相应数组名。 数组名后不能加方括号。
void print(int a[][], int rows, int cols); /*错误*/	二维数组作为函数形参时,只能省略第一维的大小,第二维大小不能省略。

习　题

1. 编写程序,读入一组整数到一维数组中,然后分别统计其中的偶数个数和奇数个数并输出(若没有偶数或奇数,输出相应提示信息)。

2. 将一个数组中的值按逆序存放。例如,原数组顺序为1、2、3、4、5,逆序后变为5、4、3、2、1。

3. 编写程序,分别求一个4×4矩阵的主对角线元素之和以及副对角线元素之和。

4. 将习题2的数组逆序存放设计为一个函数,其原型为:

void reverse(int a[], int n);

其功能为:将大小为n的数组a进行逆序存放。

编写程序,实现reverse()函数并进行测试。

5. 编写程序,检验一个矩阵是否为对称矩阵。所谓对称矩阵是元素以对角线为对称轴对应相等的矩阵。如果用二维数组a表示矩阵,即对称矩阵满足a[i][j] = a[j][i]。

6. 输入M×N阶矩阵A和B,编写三个函数函数,分别实现矩阵的输入功能、矩阵的输出功能和矩阵的求和功能。

7. 编程模拟骰子的一万次投掷,统计并输出骰子的6个面各自出现的概率。

第八章　指　　针

指针是C语言中广泛使用的一种数据类型，是C语言区别于其他程序设计语言的主要特征之一。正确、灵活地使用指针可以有效地表示和访问复杂的数据结构，直接对内存地址进行操作，从而编出精练而高效的程序。但指针也是初学者较难掌握的内容，使用时很容易出错。

8.1　地址与指针

计算机要执行的程序和数据都是存储在内存中，内存里面有许多大小相同的存储单元，每个单元又按顺序编了号。只要给出了存储单元的编号就能找到所要访问或修改的数据，存储单元的编号就称为内存的地址。

内存中存储单元的大小是系统规定的，每个存储单元只能存储一个字节(Byte)的数据。比如一个字符型变量，就可以将其值存储在一个存储单元里。但有时候，某种类型的变量需要比较大的空间。比如一个双精度型的实数，一个存储单元是放不下的，而是需要8个存储单元的空间才能放得下。于是计算机就把连续的8个存储单元拼起来，每个单元存入这个实数的一部分数据。而这连续的8个字节构成了一个存放双精度型实数的变量。

如果在程序中定义了一个变量，系统在编译时就会根据变量的类型为其分配一定数量的存储单元，并将分配的内存单元首字节的编号称为该变量的地址。在程序中一般是通过变量名来对内存单元进行存取操作的，因此变量名实际上就是给内存单元取的一个容易记忆的名字，访问变量时首先根据变量名与内存单元之间的对应关系找到其内存地址，然后进行数据的读/写。

设有定义“int a;”，编译时系统分配地址为0x0012FF74，0x0012FF75，0x0012FF76，0x0012FF77的4个字节给变量a。如果有语句“a = 10;”，在执行时，根据变量名与地址的对应关系，找到变量a的地址0x0012FF74，将数值10保存在从0x0012FF74开始的4个字节的整型存储单元中。这种按变量名存取变量值的方式称为直接存取方式，或直接访问方式，如图8-1所示。

此外，在C语言中还可以采用另外一种称为间接访问的方式。假设定义了一个变量a_pointer，专门用来存放一个整型变量的地址，那么可以通过下面的语句将a的起始地址(0x0012FF74)存放到a_pointer中。

```
a_pointer = &a;
```

& 是取地址运算符，&a 表示变量 a 的地址。执行此语句后，a_pointer 的值就是0x0012FF74(即变量a所占用单元的起始地址)。若要取变量a的值，可以先找到存放“a的地址”的变量 a_pointer，从中取出 a 的地址（即 0x0012FF74），然后到 0x0012FF74 开始的 4 个字节中取出 a 的值，这种访问方式就称为间接访问方式，如图 8－2 所示。

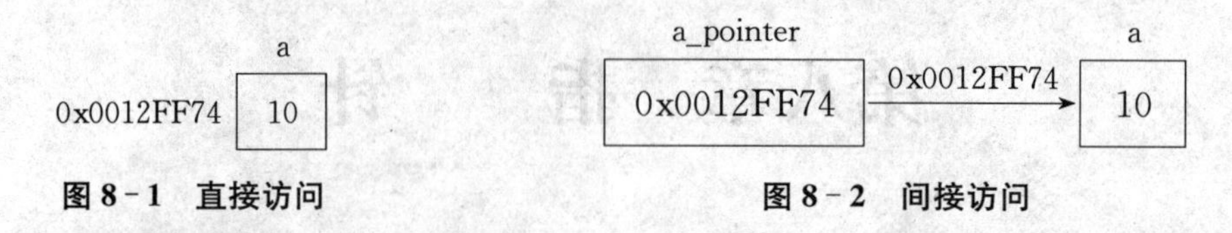

图 8－1 直接访问 **图 8－2 间接访问**

从上面可以看到，通过变量的地址能找到变量在内存中的存储单元，所以变量的地址是指向该变量的存储单元的（这就好比旅馆中的房间号是指向某间客房一样，如：房间号 101 指向 101 房间，通过 101 这个号码就能找到该房间）。因此可以将地址形象化地称为“指针”，意思是通过它能访问以它为地址的内存单元。一个变量的地址就可以称为该变量的指针。例如，整型变量 a 的地址是 0x0012FF74，因此 0x0012FF74 就是整型变量 a 的指针。

8.2 指针变量

8.2.1 保险箱与钥匙

【例 8.1】 有一个保险箱 A，要打开它有两种办法：

(1) 将 A 钥匙带在身上，需要时直接找出该钥匙打开保险箱，取出所需的物品。

(2) 为安全起见，将该 A 钥匙放到另一保险箱 B 中锁起来。如果需要打开保险箱 A，就需要先找到 B 钥匙，打开保险箱 B，取出 A 钥匙，再打开保险箱 A，取出保险箱 A 中之物。

【问题分析】

变量有两种访问方式，一种是通过变量名直接访问，另一种是通过变量的地址间接访问。

如果将变量比做是保险箱，变量 A 在内存中的地址就是 A 保险箱的钥匙 A；将变量 A 的地址存放到另一个变量 B 中，相当于将 A 钥匙放在 B 保险箱里。要取出 A 保险箱中存放的东西，可以先打开 B 保险箱，取出存放在其中的钥匙 A 去打开 A 保险箱。

【关键代码】

取变量 A 的地址可以使用取地址运算符 &，变量 A 的地址需要存放在专门存放地址的变量里，这个变量可以这样定义：

```
int *B;
```

这个存放地址的变量 B 在 C 语言里称为指针变量，如果其中存放的是变量 A 的地址 &A，可以表示为：

```
B = &A;
```

通过指针变量 B 来访问变量 A 的值，可以使用取内容运算符 *，*B 表示取 B 中地址所指向变量的值。

【程序代码】

```
#include<stdio.h>
int main(void)
```

```
{
    int A = 2013;

    int *B;                         /*定义指针变量B*/
    B = &A;                         /*使指针变量B中存放的是变量A的地址*/

    printf("Direct Access  %d\n", A);
    printf("Indirect Access  %d\n", *B);     /*此处*B等价于A*/
    return 0;
}
```

【运行结果】

```
Direct Access   2013
Indirect Access  2013
```

8.2.2　变量的指针和指针变量

指针实际上就是地址,因此变量的指针就是变量的地址。

如果有一个变量是专门用来存放另一变量地址(即指针)的,则它称为指针变量,也可以称为地址变量。为了表示指针变量和它所指向的变量之间的联系,在C语言中用"*"号表示指向。例如,a_pointer是一个指针变量,其中存放的是变量a的地址,而*a_pointer表示a_pointer所指向的变量,即a变量。指针的指向关系如图8-3所示:

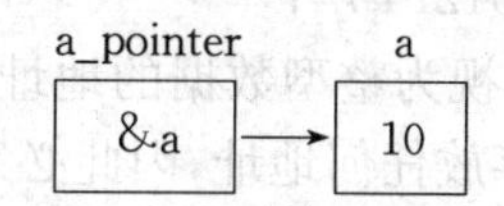

图8-3　指针的指向关系

设有语句"*a_pointer = 10;",它表示是将10赋给指针变量a_pointer所指向的变量(即a),该语句等价于"a = 10;"。

注意区分变量的指针和指针变量这两个概念,变量的指针就是变量的地址,而指针变量是存放地址的变量。

8.2.3　指针变量的定义

指针变量也和普通变量一样,在使用前必须先定义并指明其类型,而后再使用。指针的类型就是它所指向的变量的类型,也称为基类型。之所以指针也会有类型,主要是为了符合它所指向的变量或常量的数据类型。比如,一个字符型数据在内存中占用一个字节,那么读取数据就应以字符型数据读出一个字节;一个整型数据在内存中占用4个字节,那么读取数据时就应以整型数据读取4个字节。如果指针类型与它所指向的数据类型不匹配,就可能对数据作出错误的操作。

定义指针变量的一般形式为:

基类型 *指针变量名

例如：

```
int *i_pointer;                    /*定义整型指针变量*i_pointer*/
```

i_pointer是一个指针变量，它是指向整型数据的指针变量，或者说，i_pointer中只能存放整型数据(如整型变量或整型数组元素)的地址，而不能存放其他类型数据的地址。下面都是合法的指针定义：

```
float *f_pointer;                  /* f_pointer是指向单精度型数据的指针变量*/
char *c_pointer;                   /* c_pointer是指向字符型数据的指针变量*/
```

不管是什么类型的指针变量，因为其中存放的都是的地址，因此系统统一为每个指针变量分配4个字节的存储单元。

指针变量定义之后，怎样才能使一个指针变量指向另一个变量呢？只需要把被指向的变量的地址赋给指针变量即可。例如：

```
int i, *i_pointer;
i_pointer = &i;                    /*将变量i的地址存放到指针变量i_pointer中*/
```

在给指针变量赋值时，因为指针变量中只能存放地址，所以不能将一个整型数赋给一个指针变量。以下就是错误的赋值：

```
int *i_pointer = 0x0012FF74;
```

本语句的原意是想将地址0x0012FF74作为指针变量i_pointer的初值，但编译系统并不把0x0012FF74认为是地址(字节编号)，而认为是整数，两边类型不匹配，所以系统显示为语法错误。如果想将整型变量的地址0x0012FF74赋给整型指针变量，必须进行强制类型转换，如：

```
int *i_pointer = (int *)0x0012FF74;
```

这样，系统就会将0x0012FF74视为整型数据的地址赋给指针变量i_pointer了。需要注意的是，由于指针变量里面可以存放任何地址，因此必须保证它存放的是一个可以安全访问的地址。如果这个地址是操作系统的某个代码段或数据区的地址，并向其中写入数据，必然会造成混乱，轻则运行出错，重则可能造成操作系统崩溃。同样的，如果使用未经初始化的指针变量，也会造成系统混乱，甚至死机。

8.2.4 指针的运算

两个与指针变量有关的运算符：

(1) & :取地址运算符

(2) * :指针运算符(或称间接访问运算符)

这两个运算符优先级相同，按自右向左的方向结合。如&a为变量a的地址，*p为指针变量p所指向的存储单元。

注意：在指针中，“*”有两种含义，一种是定义指针变量的标志，一种是指针运算符。判断的依据是“*”前是否有数据类型，如果有，就表示指针变量的标志；如果没有表示“指向”。如：

```
int *i_pointer;        /*定义指针变量的标志，仅表示i_pointer是指针变量*/
*i_pointer = 10;       /*指针运算符，表示指针变量i_pointer指向的变量*/
```

【例 8.2】 输入 a 和 b 两个整数,通过指针形式输出 a 和 b。

【程序代码】

```
#include<stdio.h>
int main(void)
{
    int *p1, *p2, a, b;
    printf("Please input a and b:");
    scanf("%d%d", &a, &b);

    p1 = &a;                    /*指针变量 p1 指向变量 a*/
    p2 = &b;                    /*指针变量 p2 指向变量 b*/

    printf("a = %d   b = %d\n",a,b);
    printf("a = %d   b = %d\n", *p1, *p2);
    return 0;
}
```

【运行结果】

```
Please input a and b: 5 7↙
a = 5     b = 7
a = 5     b = 7
```

对于指针类型来说,可以进行的运算有算术运算中的加减运算和关系运算。由于指针存储的是一个地址信息,因此指针类型的乘除法都是没有意义的,也是不允许的。

1. 指针的加减运算

指针的加减运算和数值的加减法是不同的。因为内存的存储空间是按数据类型来分配的,不会出现半个数据类型的存储空间。

【例 8.3】 指针的加减。

【程序代码】

```
#include<stdio.h>
int main(void)
{
    int a = 1, b = 2, c = 3, i;     /*注:按自右向左的顺序为变量分配存储空间*/
    int *p = &c;

    for(i = 0;i < 3;i++)
    {
        printf("(%p) = %d\n", p, *p);
        p++;
    }
```

输出指针值时可以使用%p 格式符

```
    return 0;
}
```

【运行结果】

```
(0012FF74) = 3
(0012FF78) = 2
(0012FF7C) = 1
```

从运行结果上看,每次指针变量做了加法运算“p++”以后,地址值不是相差1而是相差了4,所以指针和整数做加法并不是简单地将地址值和整数相加。而且每次指针变量做了自增运算之后,能够指向原先指针所指变量的下一个变量。由于连续定义的变量在内存中是连续存储的,所以不难看出,指针和整数i的加减法是指针向前或向后移动i个对应指针变量类型的存储区域,即:

新地址=旧地址±i*每个对应数据类型在内存中所占的字节数

例如,每个int变量在内存中占4个字节的存储空间,所以在上面的程序中,如果有“p = p+2;”则新地址 = 旧地址+2*4 = 旧地址+8。

2. 指针的关系运算

关系运算包括等于、大于、小于、大于等于、小于等于和不等于6种。对于指针来说,等于和不等于就是判断两个指针的值是否相同或不同,即两个指针是否指向了相同或不同的内存地址。而大于和小于则是判断指针的值哪个大哪个小。一般来说,指针值较小的在内存中的地址位置比较靠前,值较大的在存储器中的位置比较靠后。

C语言中引入一个特殊的地址——NULL,在ASCII码表中,其对应的值为0。它的意思是“空”,即指针不指向任何变量。如果指针和一个特殊的“NULL”值比较,则是判定指针是否未指向任何变量。如

```
if (p == NULL)    ……
```

或

```
if (p == 0)       ……
```

两者等价的。

8.3　指针与一维数组

8.3.1　电梯等待时间计算

【例8.4】 电梯在城市的高层建筑中应用广泛。输入电梯停靠楼层的列表,以0结束输入,计算电梯到达最后楼层需要花费的时间。列表中的数字表示电梯将在哪层停靠,电梯按列表顺序依次停靠。假设电梯每上行一层需要花6秒时间,每下行一层需要花4秒时间,电梯每停一次需要用时5秒。

【问题分析】

计算电梯到达最后楼层所需的时间,只需按照给定的楼层停靠顺序逐一计算即可。电梯停靠楼层的顺序可以保存在一维数组中,计算电梯的等待时间需要顺序访问数组的每个元素,因此可以借助于指针来访问一维数组。

【解题步骤】

(1) 依次输入电梯停靠的楼层号，如不为 0，转第 2 步，否则转第 3 步；

(2) 将楼层号保存在数组的元素中，转第 1 步；

(3) 按照输入的楼层顺序，判断是下行，还是上行，逐个计算时间并累计，直至到达最后的楼层。

【关键代码】

利用指针来访问数组中的每个元素，要先将指针变量指向数组的首元素，设有：

```
int *p, ft[100];
```

将指针 p 指向数组的首元素，可以：

```
p = &ft[0];
```

因为数组名表示的是数组在内存中存放的首地址，所以也可以将数组名赋给指针变量：

```
p = ft;
```

计算停靠下一楼层的时间，要首先判断电梯是上行还是下行。若 *p< *(p+1)则电梯是上行，反之为下行，停靠各楼层的时间累计起来即为电梯等待时间(tm)，如下所示：

```
if( *p < *(p + 1))
   tm = tm + ( *(p + 1) - *p) * 6 + 5;
else
   tm = tm + ( *p - *(p+1)) * 4 + 5;
```

每计算完一次停靠时间，再计算下一次停靠时间时，指针变量要指向数组的下一个元素，即下一次停靠的楼层，可以表示为：

```
p = p + 1;   或者 p++;
```

【程序代码】

```
#include<stdio.h>
int main(void)
{
    int i,number,n = 0,tm;
    int *p, ft[100];
    printf("Please input floors(Ends with 0):\n");
    scanf("%d", &number);

    /*请用户输入楼层号，以0结束*/
    while(number != 0)
    {
        ft[n] = number;
        n++;
        scanf("%d", &number);
    }

    tm = 0;
```

```
    p = ft;

    /*按用户输入的楼层号的顺序,计算电梯等待时间*/
    for(i = 0;i < n-1;i++)
    {
        if( *p < *(p+1))
            tm = tm + ( *(p + 1)- *p) * 6 + 5;
        else
            tm = tm + ( *p - *(p + 1)) * 4 + 5;
        p++;
    }

    printf("The time is :%d\n",tm);
    return 0;
}
```

【运行结果】

```
Please input floors(Ends with 0):
5
8
2
0
The time is :52
```

8.3.2 指向数组元素的指针

在C语言中,指针与数组有着密切的联系。对数组元素的存取,既可以采用下标方式,也可以采用指针方式。使用指针来处理数组具有代码简洁,运行速度快等优点。

数组是由若干个类型相同的数组元素组成的,每个元素都占有同样大小的存储单元。指针变量既然可以指向变量,当然也可以指向数组的元素,指向时只需将某一元素的地址放到指针变量中即可。假设有"int a[5], *p;"可以通过以下赋值语句使整型指针变量p指向一维整型数组a的第3个元素:

```
p = &a[3];                /*将元素a[3]的地址赋给指针变量p,使p指向a[3]*/
```

C语言规定,数组名表示的是数组在内存中存储的首地址,即数组中第0个元素的地址。我们可以用数组名来初始化一个同类型的指针,并用这个经过初始化的指针来代替原来的数组名。下面两条语句等价:

```
p = &a[0];
p = a;                    /*把a数组的首元素的地址赋给指针变量p*/
```

也可以在定义指针变量时给它赋初值:

```
int *p = &a[0];           /*p的初值为a[0]的地址*/
```

或者

```
int *p = a;                    /* 作用与前一行相同 */
```

需要注意的是，在这里仅仅是把 a 数组首元素的地址赋给指针变量 p，而不是把数组 a 各元素的值赋给 p。

指针变量指向数组元素后，可以通过指针引用数组元素。例如：

```
p = &a[3];
*p = 4;                        /* 对 p 当前所指向的数组元素 a[3]赋予数值 4 */
```

如果指针变量 p 已指向数组中的某一个元素，则 p+1 指向的是同一数组中的下一个元素，而不是将 p 中的地址值简单地加 1。p+1 所代表的实际地址是 p+1*d，d 是一个数组元素所占的字节数。

【例 8.5】 利用指针输出数组中各元素的地址和数值。

【程序代码】

```
#include<stdio.h>
int main(void)
{
    int a[6] = {5,3,4,1,2,6},i;
    int *p = a;
    for(i = 0;i < 6;i++)
    {
        printf("(%p)   %d   %d   %d\n", p + i, a[i], p[i], *(p + i));
    }
}
```

【运行结果】

```
(0012FF68)  5  5  5
(0012FF6C)  3  3  3
(0012FF70)  4  4  4
(0012FF74)  1  1  1
(0012FF78)  2  2  2
(0012FF7C)  6  6  6
```

从上面的程序可以看到，a[i]，p[i]，*(p + i)和*(a + i)所访问的都是同一个元素，因此可以说上述 4 种形式都是等价的。图 8-4 所示为一维数组与指针变量的关系：

元素地址	元素指针	元素	使用指针引用元素
a	p=a →	a[0]	*p
a+1	p+1 →	a[1]	*(p+1)
a+2	p+2 →	a[2]	*(p+2)
a+3	p+3 →	a[3]	*(p+3)
a+4	p+4 →	a[4]	*(p+4)

图 8-4 一维数组与指针变量的关系

需要注意的是：虽然数组名也是指针，但它是一个常量。也就是说，不带下标的数组名的值是不能被改变的，即不能被赋值。

从上图可以看到，假设有“int *p=a;”，则一维数组中指针的表示形式如表8-1所示。

表8-1 一维数组中指针的表示形式

表示形式	含 义
a + i, p + i	a[i]元素的地址
*(a + i), *(p + i)	a[i]或p[i]

根据以上分析可知，访问一个数组元素，可以用以下方法：

(1) 下标法，如a[i]形式，用下标法比较直观，能直接知道是第几个元素。

(2) 指针法，如*(a + i)或*(p + i)。其中a是数组名，p是指向数组首元素的指针变量，通过指针也可以找到所需的元素。而且有：

*(a + i) = a[i]; 或者

*(p + i) = p[i];

使用指针法访问数组元素，占用内存少，运行速度快。

8.3.3 指向数组元素指针的运算

使用指向一维数组元素的指针时，经常会使用++和--运算符，这样可以使指针变量向前或向后移动，指向上一个或下一个数组元素。例如，输出数组“int a[100];”的前50个元素，可以用以下语句：

```
p = a;
while(p< a + 50)
{
    printf("%d", *p);
    p++;
}
```

需要注意的是：*,&,++，--都是属于同一优先级的，按自右向左的方向结合。如果有“int *p = &a[0];”，则指针运算的各种表示形式及含义如表8-2所示。

表8-2 指针运算的各种表示形式及含义

表示形式	含义
p++;	使p指向数组的下一个元素，即p指向a[1]。
*p++	等价于*(p++)，先得到p指向的变量的值(即*p)，然后再使p的值加1。输出*(p++)得到的是a[0]的值，且p指向a[1]。
*++p	等价于*(++p)，先使p加1，再取*p。输出*(++p)则得到a[1]的值，p指向a[1]。
(*p)++	表示p所指向的元素值加1，即(a[0])++。注意：是元素值加1，而不是指针值加1。

在用指针变量指向数组元素时，指针变量p可以指向有效的数组元素，实际上也可以指向数组以后的内存单元。如果有：

int a[10], *p = a;　　　　/*指针变量p的初值为&a[0]*/

```
printf("%d", *(p + 10));                /*要输出a[10]的值*/
```

数组 a 最后一个有效元素是 a[9],现在要求输出 a[10],但 C 语言编译系统并不把它认作非法。系统按 p + 10 * d 计算出要访问单元的地址,这显然是 a[9]后面一个单元的地址,然后输出这个单元中的内容。如果写成"printf("%d",a[10]);"或"printf("%d", *(a + 10));"情况也一样。这样做虽然在编译时不会出错,但应避免出现这样的情况,这会使程序得不到预期的结果,更有可能导致严重的后果。且这种错误比较隐蔽,初学者往往难以发现。在使用指针变量指向数组元素时,应切实保证指向数组中的有效元素。

8.3.4　应用举例

【例 8.6】 利用指针实现一维数组元素的输入与输出。

【解题步骤】

(1) 指针变量指向数组的首地址;

(2) 从键盘输入数据,存入指针所指向的数组元素中,而后指针变量指向下一个元素继续输入,直至数组的最后一个元素;

(3) 指针变量重新指向数组的首地址;

(4) 输出指针所指向的数组元素,指针变量指向下一个元素继续输出,直至数组的最后一个元素。

【程序代码】

```
#include<stdio.h>
int main(void)
{
    int a[6], i, *p;
    p = a;

    /*输入6个数值到一维数组中*/
    printf("Please input 6 numbers:\n");
    for(i = 0;i < 6;i++)
    {
        scanf("%d",p);
        p++;
    }
    p = a;                          /*指针变量指向数组的首地址*/

/*输出数组中各元素的值*/
for(i = 0;i < 6;i++)
  printf("%d\t", *p++);
printf("\n");
return 0;
}
```

【运行结果】

Please input 6 numbers：

0 1 2 3 4 5↙

0 1 2 3 4 5

【例 8.7】 将字符数组中的字符反序输出。

【问题分析】

利用指针实现字符数组中字符的反序输出，可以先使指针变量指向字符数组的最后一个字符并输出，而后通过 p-- 使指针变量依次指向字符数组中的前一个字符，直至指针变量指向字符数组的首字符。

【解题步骤】

(1) 指针变量指向字符数组的最后一个字符；

(2) 输出该字符；

(3) p = p-1，若 p 的值 >= 数组首地址，转第(2)步，否则结束程序。

【程序代码】

```
#include<stdio.h>
int main(void)
{
    char str[6]= { 'a', 'b', 'c', 'd', 'e', 'f' };
    char *p=&str[5];
    printf("The string is: ");

    /* 反序输出字符数组中的字符 */
    while(p >= str)
    {
        printf("%c", *p);
        p--;
    }
    printf("\n");

    return 0;
}
```

【运行结果】

The string is：fedcba

【例 8.8】 使用指针编写对整型数列进行冒泡法排序(升序)的函数。

【问题分析】

冒泡法排序的基本思路是整型数列中相邻的两个数依次比较，若 a(i)>a(i+1)，则a(i)与 a(i+1)互换，否则 a(i)，a(i+1)不变。如图 8-5 所示，在第一轮比较中可以看到 a[0]<a[1]不交换，a[1]>a[2]交换，a[2]>a[3]交换，a[3]>a[4]交换，a[4]>a[5]交换，完成第一轮比较后，整数序列中最大的数沉到了最下方，小数不断往上浮，犹如水中气泡往上冒，这就是该方法名称的由来。

第二轮则比较的是 a[0]～a[4]。a[0]＜a[1]不交换，a[1]＞a[2]交换，a[2]＜a[3]不交换，a[3]＞a[4]交换，完成第二轮比较后，整数序列中次大的数沉到了下方，按此规律完成第三轮、第四轮、第五轮比较后，整个整数序列便按升序排好序了。

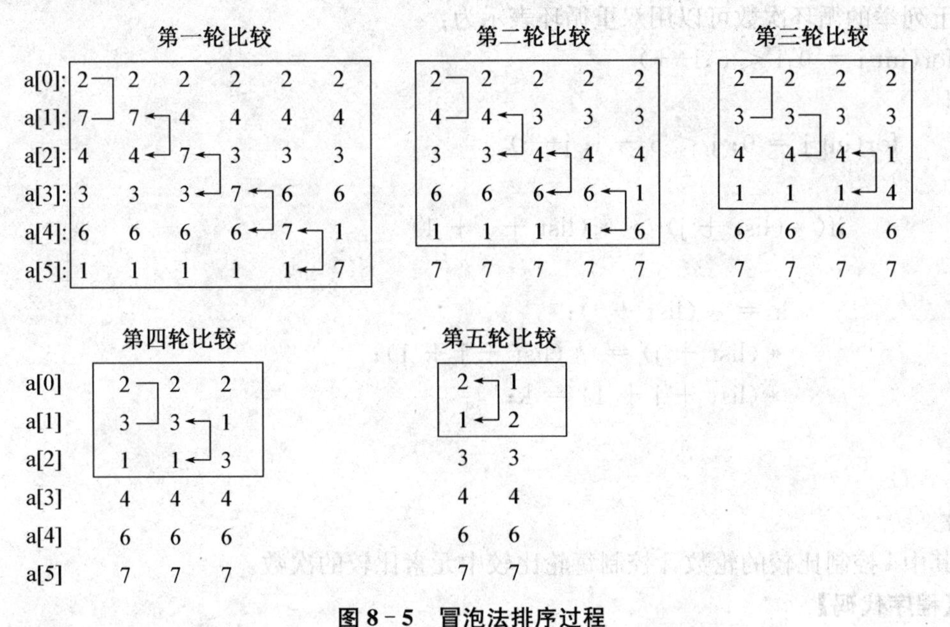

图 8－5　冒泡法排序过程

【关键代码】

在此例中，对 6 个整数的冒泡法排序共需要进行五轮的比较，因为要求使用指针对数组进行操作，所以设数组的起始地址保存在指针 list 中。数组的第 i 个元素可以表示为 *(list+i)，第一轮比较可以表示为：

```
for(j = 0; j < 5; i++)
    if( *(list + j) > *(list + j + 1)
    {
        k = *(list + j);
        *(list + j) = *(list + j + 1);
        *(list + j + 1) = k;
    }
```

第二轮比较可以表示为：

```
for(j = 0; j < 4; i++)
    if( *(list + j) > *(list + j + 1)
    {
        k = *(list + j);
        *(list + j) = *(list + j + 1);
        *(list + j + 1) = k;
    }
```

从这两轮比较中可以看出该循环的循环体是完全一样，所不同的是循环体执行的次数是不一样的。在冒泡法的第一轮比较中循环体执行了5次，第二轮比较循环体执行了4次，依次类推，第三轮比较循环体执行了3次，第四轮比较循环体执行了2次，第五轮比较只需执行一次。所以我们可以在这个循环外面再套一重循环，来控制每轮比较中循环的次数，根据以上列举的循环次数可以用双重循环表示为：

```
for(int i = 0;i < 5;i++)
{
    for(int j = 0; j < 5 - i; j++)
    {
        if( *(list + j) > *(list + j + 1)
        {
            k = *(list + j);
            *(list + j) = *(list + j + 1);
            *(list + j + 1) = k;
        }
    }
}
```

其中i控制比较的轮数，j控制每轮比较中元素比较的次数。

【程序代码】

```
#include<stdio.h>
void sort(int *list, int count)                    /*冒泡法排序函数*/
{
    int i, j, k;
    for(i = 0; i < count - 1; i++)                 /*外层循环*/
    {
        for(j = 0; j < count - 1; j++)             /*内层循环*/
        {
            if( *(list + j)> *(list + j + 1))
            {
                k = *(list + j);
                *(list + j) = *(list + j + 1);
                *(list + j + 1) = k;
            }
        }
    }
}
int main(void)
{
    int a[6] = {2,7,4,3,6,1},i;
```

```
    sort(a, 6);                          /* 冒泡函数调用 */

    printf("The result is :\n");
    for(i = 0; i < 6; i++)
        printf("%d\t", a[i]);
    printf("\n");

    return 0;
}
```

【运行结果】

The result is:

1　2　3　4　6　7

8.4　小结

一、知识点概括

1. 指针变量的定义和初始化

int a;

int *p = &a ;

2. 取地址运算符 &:用于获取变量的地址

&a 表示取变量 a 的地址

3. 指针运算符 *:用于访问变量的内容

*p 表示指针变量 p 所指向的变量。

注意:"*p=a+1"和"int *p"中"*"的区别!

4. 指针与一维数组

若有 int a[10], *p = a;

(1) 不带下标的数组名 a 是一个常量指针,它代表数组元素的首地址。

(2) p+i 为 a[i]元素的地址,*(p+i)就是 a[i]元素。

二、常见错误列表

错误实例	错误分析
int *p; scanf("%d",p); 或 *p = 1;	在没有对指针变量初始化(即指针变量未指向内存中某一确定的存储单元)前,利用该指针变量访问它所指向的存储单元,会造成非法内存访问。
int a, *p = a;	在定义指针变量时,"int *p"中的"*"仅表示 p 为指针变量,不是指针运算符*,因此定义指针变量时初始化,应将地址值赋予指针变量,如"int a, *p=&a;"。

int a, *pa = &a;
float b, *pb = &b;
pa = pb;
	不同基类型的指针变量之间不允许相互赋值。

（续表）

错误实例	错误分析
int * p; p = 1000;	用非地址值为指针变量赋值。应先对整型数值进行强制类型转换后再赋值，如"p = (int *) 1000;"。
int i; float * p; p=&i;	将指针变量指向了与其类型不同的变量。

int a[10], * p=a, i;
for(i=0; i<=10; i++)
    printf("%d\t", *(p+i));
	当循环变量 i=10 时，指针对数组元素访问越界。

习　题

1. 定义指针 pa 和 pb，使它们分别指向整型变量 a 和 b。通过指针 pa 和 pb 完成下列操作：

(1) 输入变量 a 和 b 的值。

(2) 输出这两个变量的和、差、积、商（包括整数商和实数商，且要判断除数是否为 0）。

(3) 调整指针的指向关系，使 pa 总是指向值较大的变量，而 pb 指向较小的变量。

2. 按以下要求编写程序：定义 3 个变量用于存放输入的 3 个整数，另定义 3 个指向整型变量的指针变量，并利用它们实现将输入的 3 个整数按由小到大的顺序输出。

3. 编写程序，使用指针实现对整型数列进行选择法排序（升序）。

4. 有 n 个人围成一圈，按顺序从 1 到 n 编好号。从第一个人开始报数，报到 m($m<n$) 的人退出圈子，下一个人从 1 开始报数，报到 m 的人退出圈子。如此下去，直到留下最后一个人。编写程序，输入整数 n 和 m，并按退出顺序输出退出圈子的人的编号。

第九章　字 符 串

9.1　字符串常量

字符串常量是一个用双引号括起来的以 '\0' 结束的字符序列。如"China","123"都是字符串常量。其中的字符可以包含字母、数字、其他字符、转义字符、汉字(一个汉字占 2 个字节)。

字符串在内存存放时自动在最后加上一个 ASCII 码值为 0 的 null 字符作为字符串结束标志。null 字符用八进制转义字符表示就是 '\0'。所以字符串"XYZ"实际上占用了 4 个字节的内存空间,如图 9－1 所示。

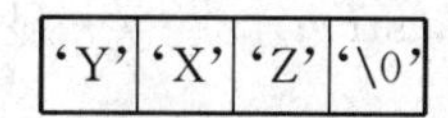

图 9－1　字符串常量的内部表示

如果要在字符串常量中表示双引号本身,就需要使用转义字符 '\'。例如要表示 X"Y"Z,就需要写成"X\"Y\"Z"。再比如字符串常量"XY\tZ",其中的 '\t' 表面看起来像是两个字符,但实际是表示水平制表的转义字符,是一个字符。

【例 9.1】　显示字符串常量占用的内存空间。

```
#include<stdio.h>
int main(void)
{
    printf("sizeof(\"123\") = %u\n", sizeof("123"));
    printf("sizeof(\"XY\tZ\") = %u\n", sizeof("XY\tZ"));
    printf("sizeof(\"abc\0def\") = %u\n", sizeof("abc\0def"));
    return 0;
}
```

【运行结果】

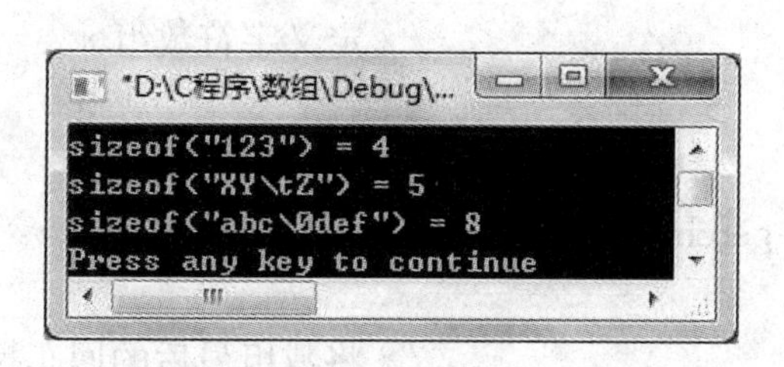

C语言中利用字符数组来表示字符串，在字符串处理时不以字符数组的长度为准，而是检测字符 '\0' 来判别字符串是否处理完毕。

C语言没有字符串数据类型，C语言中的字符串是以字符数组的形式来实现的。例如，要表示字符串"XYZ"，必须将字符 'X'，'Y'，'Z'，'\0' 按顺序依次保存在数组中。如图 9－1 所示。

【例 9.2】 保存字符串的数组。

【程序代码】

```
#include<stdio.h>
int main(void)
{
    char str[4];                              /*定义保存字符串的数组*/

    str[0] = 'X';
    str[1] = 'Y';
    str[2] = 'Z';
    str[3] = '\0';

    printf("字符串 str：%s\n", str);          /*显示字符串*/
    return 0;
}
```

【运行结果】

字符串 str：XYZ

9.2 字符数组和字符串

9.2.1 字符转换

【例 9.3】 输入一行字符，将其中的小写字母转换成大写字母，大写字母转换为小写字母，其余字符统一变为星号 '*'。

【程序代码】

```
#include <stdio.h>
int main(void)
{
    char str[81];                             /*定义字符数组*/
    int i = 0;

    while((str[i]=getchar())! ='\n')
        i++;
    str[i] = '\0';                            /*将数组最后的回车换行符改为结束标志*/
```

```
    for(i=0; str[i]!='\0'; i++)        /*逐个处理、输出字符*/
    {
        if(str[i]>='a' && str[i]<='z')
            str[i] -= 32;
        else if(str[i]>='A' && str[i]<='Z')
            str[i] += 32;
        else
            str[i] = '*';
        printf("%c", str[i]);
    }
    printf("\n");

    return 0;
}
```

【运行结果】

9.2.2 字符数组的定义和初始化

字符数组是元素类型为字符的数组，字符数组的每一个数组元素可以存放一个字符。有一维字符数组、二维字符数组等。字符数组的定义、初始化和引用方法同前面介绍的其他类型的数组是类似的。例如：

```
char a[10];
a[0] = 'X';
a[1] = 'Y';
a[2] = 'Z';
a[3] = '\0';
```

定义了长度为 10 的字符数组，并对前 4 个元素进行了赋值。

此时数组 a 的内存形式如图 9－2 所示，未被赋值的数组元素值不确定。

'X'	'Y'	'Z'	'\0'						
a[0]	a[1]	a[2]	a[3]	a[4]	a[5]	a[6]	a[7]	a[8]	a[9]

图 9－2 数组内存示意图

字符数组在定义的同时也可以初始化数组元素，例如：

```
char a[10] = {'C', 'H', 'I', 'N', 'A'};
```

前 5 个元素被依次初始化为:'C'、'H'、'I'、'N' 和 'A',后 5 个元素都被初始化为 '\0' 。数组 a 的内存形式如图 9-3 所示。

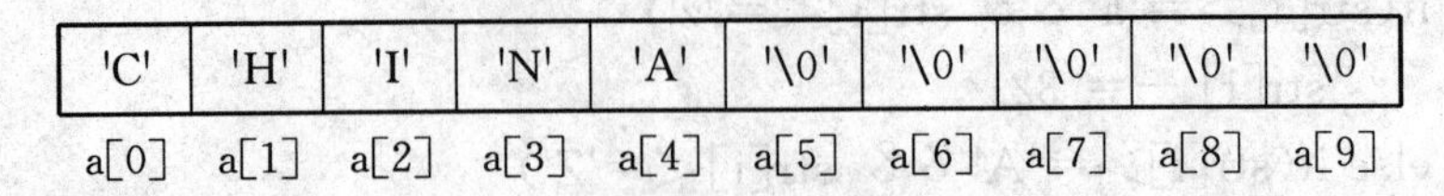

'C'	'H'	'I'	'N'	'A'	'\0'	'\0'	'\0'	'\0'	'\0'
a[0]	a[1]	a[2]	a[3]	a[4]	a[5]	a[6]	a[7]	a[8]	a[9]

图 9-3 数组内存示意图

当然,字符数组并不要求它的最后一个字符一定为 '\0',甚至可以不包含 '\0'。例如:

char str[5] = {'C', 'H', 'I', 'N', 'A'};

但需要注意的是,如果字符数组没有 '\0',则数组就不能当作字符串来处理。

还可以使用字符串常量来初始化字符数组,例如:

char str[ ] = {"CHINA"};

或省略花括号,直接写成

char str[ ] = "CHINA";

用字符串初始化字符数组时最后自动添加字符串结束标志 '\0',上面的两种定义和初始化方式等价于:

char str[ ] = {'C', 'H', 'I', 'N', 'A', '\0'};

注意:数组 str 所占内存空间是 6 字节,因为字符串常量的最后由系统自动加上一个 '\0',因此数组的大小为字符串中实际字符的个数加 1。

如字符数组定义及初始化语句改为:

char a[10] = "China";

则数组 a 的前 5 个元素分别为 'C', 'h', 'i', 'n', 'a',第 6 个元素为 '\0',后 4 个元素都被初始化为 '\0'。如图 9-4 所示。

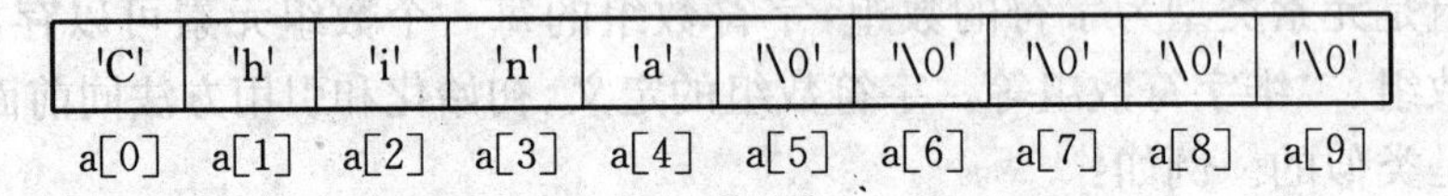

'C'	'h'	'i'	'n'	'a'	'\0'	'\0'	'\0'	'\0'	'\0'
a[0]	a[1]	a[2]	a[3]	a[4]	a[5]	a[6]	a[7]	a[8]	a[9]

图 9-4 字符数组 a 的存储结构

几点注意事项:

(1) 数组的长度必须比字符串的元素个数多 1,用以存放字符串结束标志 '\0'。例如:

char c[5] = "CHINA"; /* 错误 */

(2) 用字符串初始化字符数组时,可以默认数组长度的定义,例如:

char c[ ] = "CHINA"; /* 数组大小默认为 6 */

(3) 数组名是地址常量(它表示 C 语言编译系统分配给该数组连续存储空间的首地址),不能将字符串直接赋给数组名。例如:

char c[6];

c = "CHINA"; /* 错误 */

(4) 字符串到第一个 '\0' 结束。例如:

char c[ ] = "abc\0xyz";

则数组 c 的长度为 8,而其中存放的字符串为"abc"。

前面介绍的一维字符数组中可以存放一个字符串，如有若干个字符串则可以用多个一维字符数组或一个二维字符数组来存放。一个 m×n 的二维字符数组可以理解为由 m 个一维数组所组成，可以存放 m 个字符串，每个字符串的最多字符个数为 n−1，因为最后还要存放字符串的结束标志 '\0'。例如：

char str[3][9] = {"Nanjing", "Shanghai", "Beijing"};

定义了一个二维字符数组 str，在内存中的存放形式如图 9-5 所示。

str[0] →	'N'	'a'	'n'	'j'	'i'	'n'	'g'	'\0'	'\0'
str[1] →	'S'	'h'	'a'	'n'	'g'	'h'	'a'	'i'	'\0'
str[2] →	'B'	'e'	'i'	'j'	'i'	'n'	'g'	'\0'	'\0'

图 9-5 二维数组内存示意图

数组 str 可以理解为由 3 个一维字符数组 str[0]、str[1]、str[2]组成，它们分别相当于一个一维字符数组名，各是 3 个字符串的起始地址。所以，在引用二维字符数组 str 时，既可以与其他二维数组一样引用它的每一个元素 str[i][j]，也可以用 str[0]、str[1]、str[2]作为参数使用字符串处理函数对其中的每一个字符串进行处理。

9.2.3 字符数组的输入输出

字符数组的输入/输出有两种方法。

(1) 单个字符的输入、输出

用字符输入函数 getchar( )、字符输出函数 putchar( )、格式化输入/输出函数 scanf( )/printf( )的格式符"%c"逐个字符的输入、输出。

(2) 字符串的整体输入、输出

在 scanf( )函数和 printf( )函数中用格式符"%s"输入输出字符串，对应的参数应该是数组名即数组的起始地址，不能是数组元素。如下所示：

```
char str[81];                    /* 定义字符数组 */
scanf("%s", str);                /* 输入字符数组 */
```

注意：scanf( )函数用格式符"%s"输入时，遇空格、Tab、回车符终止，并写入字符串结束标志 '\0'，如下例所示。

【例 9.4】 从键盘输入一个人名，并将名字显示在屏幕上。

【程序代码】

```
#include <stdio.h>
int main(void)
{
    char name[10];                      /* 定义字符数组 */
    printf("Enter your name:");
    scanf("%s", name);                  /* 输入 */
    printf("Hello %s! \n", name);       /* 输出 */
    return 0;
```

}

【运行结果】

Enter your name: Zhang san ↙ /＊键盘输入＊/

Hello Zhang!

从运行结果可以看出，当用户输入"Zhang san"时，通过 scanf( )函数接收到字符数组 name 的字符串是"Zhang"，而不是"Zhang san"。

scanf( )函数不能读入空格、回车符和 Tab 字符，遇到这些字符时，系统认为字符串输入结束。为了输入带空格的字符串，可以使用后面将要介绍的字符串处理函数 gets( )或 fgets( )。

前面已经介绍过，一维字符数组中可以存放一个字符串，如有若干个字符串则可以用多个一维字符数组或一个二维字符数组来存放。

【例 9.5】 读取并显示字符串数组。

【程序代码】

```
#include<stdio.h>
int main(void)
{
    char str[3][100];                       /*定义二维字符数组*/
    int i;

    for(i = 0; i < 3; i++)                  /*循环输入字符串*/
    {
        printf("input str[%d]:", i);
        scanf("%s", str[i]);
    }

    for(i = 0; i < 3; i++)                  /*循环输出字符串*/
    {
        printf("str[%d] = \"%s\"\n", i, str[i]);
    }

    return 0;
}
```

【运行结果】

```
"D:\C程序\字符串\Debug\demo.exe"
input str[0]:Hello
input str[1]:China
input str[2]:Nanjing
str[0] = "Hello"
str[1] = "China"
str[2] = "Nanjing"
Press any key to continue
```

9.2.4　应用举例

【例 9.6】 有一行文字，要求分别统计出其中英文大写字母、小写字母、数字、空格以及其他字符的个数。

```
#include<stdio.h>
int main(void)
{
    char text[80] = "I have 31 BOOKS.";
    int i;
    int upper=0,lower=0,digit=0,space=0,other=0;

    printf("string: \"%s\"\n", text);

    for(i=0; text[i]! ='\0' && text[i]! ='\n'; i++)   /*逐个字符进行判断*/
    {
        if(text[i]>='A' && text[i]<='Z')              /*判断是否为大写字母*/
            upper++;
        else  if(text[i]>='a' && text[i]<='z')        /*判断是否为小写字母*/
            lower++;
        else  if(text[i]>='0' && text[i]<='9')        /*判断是否为数字字符*/
            digit++;
        else if(text[i]==' ')                         /*判断是否为空格字符*/
            space++;
        else
            other++;
    }
    printf("upper case: %d\n", upper);
    printf("lower case: %d\n", lower);
    printf("digit      : %d\n", digit);
    printf("space      : %d\n", space);
    printf("other      : %d\n", other);
    return 0;
}
```

【运行结果】

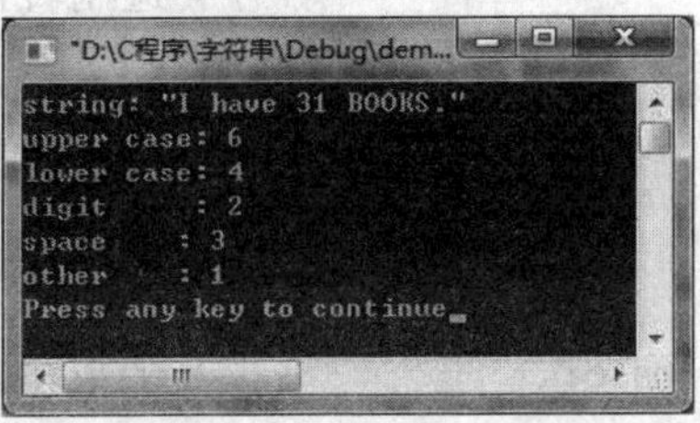

【例 9.7】 进制转换。从键盘输入一个十进制整数，将其分别转换为二进制、八进制和十六进制形式输出。

【问题分析】

设将十进制 N 转换为 R 进制（R = 2，8，16）。

进制转换的基本方法是：N 不断除以 R 求余，直到 N 为 0 为止，最后将余数倒序输出。本题关键是转换为十六进制时的处理方法，比如当余数为 10 时应输出字符 'A'。可以定义一个字符数组存放字符串"0123456789ABCDEF"，如图 9－6 所示。然后可以根据字符数组的下标，取出字符数组中的相应字符。比如余数为 10，则从字符数组中取出下标为 10 的字符 'A' 输出。

'0'	'1'	'2'	'3'	'4'	'5'	'6'	'7'	'8'	'9'	'A'	'B'	'C'	'D'	'E'	'F'	'\0'
0	1	1	2	4	5	6	7	8	9	10	11	12	13	14	15	16

图 9－6　字符数组示意图

【程序代码】

```
#include<stdio.h>
void change(long n, int base);                      /*函数原型说明*/
int main(void)
{
    long n;

    printf("input a number: ");
    scanf("%ld", &n);

    change(n, 2);                                   /*调用函数 change,转换为 2 进制*/
    change(n, 8);                                   /*调用函数 change,转换为 8 进制*/
    change(n, 16);                                  /*调用函数 change,转换为 16 进制*/

    return 0;
}

void change(long n, int base)
{
    char bit[] = "0123456789ABCDEF";                /*初始化字符数组*/
    int data[64];                                   /*进制转换结果最长为 64 位*/
    int i = 0;

    do
    {
        data[i] = n % base;                         /*余数写入数组*/
```

```
        n /= base;
        i++;
    }while(n != 0);                          /* 直到 n 为 0 为止 */

    if(base == 8)
        printf("0");
    else if(base == 16)
        printf("0x");

    for(--i; i >= 0; i--)                    /* 倒序输出 */
    {
        printf("%c", bit[data[i]]);
    }
    printf("\n");
}
```

【运行结果】

```
Input a number : 90 ↙                        /* 键盘输入 */
1011010
0132
0x5A
```

【例 9.8】 有一个英语句子,句中单词以空格分隔。编写程序,求句子中单词个数及最长单词的长度。

【问题分析】

首先将英语句子以字符串形式存放在字符数组中,然后依次扫描字符数组中的字符。在分析每一个单词的时候,如果当前字符不是空格,则当前单词长度加 1;如果当前字符是空格,则当前单词统计结束,字符标志设为 0,准备统计下一单词。若字符标志位为 0 且当前字符非空格,则单词个数加 1。

【解题步骤】

(1) 定义字符数组并初始化。

(2) 设置变量初值。

(3) 使用循环语句依次处理字符数组。

(4) 若当前字符是空格,当前单词统计结束。设置字符标志 flag 为 0,若当前单词长度 curlen 大于 maxlen,记录 curlen 到 maxlen 并重置 curlen 为 0。

(5) 若当前字符非空格,当前单词长度 curlen 加 1。若字符标志 flag 为 0,则单词个数加 1 并设置字符标志 flag 为 1。

(6) 循环结束后,还要判断最后一个单词是否为最长。

【程序代码】

```
#include<stdio.h>
int main(void)
```

```
{
    char str[80] = "The C Programming Language"; /*定义字符数组并初始化*/
    int curlen=0;                                  /*当前处理单词的长度*/
    intmaxlen=0;                                   /*最长单词的长度*/
    int num=0;                                     /*单词个数*/
    int flag=0;                                    /*单词统计状态*/
    char c;
    int i = 0;

    while((c=str[i]) != '\0')        /*依次处理字符,遇到字符结束标志结束*/
    {
        if(c == ' ')                 /*若当前字符是空格,当前单词统计结束*/
        {
            flag = 0;
            if(curlen > maxlen) maxlen = curlen; /*记录最大长度到maxlen*/
            curlen = 0;                     /*准备统计下一单词,curlen设为0*/
        }
        else
        {
            curlen++;                       /*非空格字符,当前单词长度自增*/
            if(flag == 0)                   /*前一字符为0,新单词开始*/
            {
                flag = 1;
                num++;                      /*单词个数自增*/
            }
        }

        i++;
    }
    if(curlen > maxlen) maxlen = curlen;   /*判断最后一个单词是否为最长单词*/

    printf("words number: %d \nthe longest word length: %d\n", num, maxlen);
    return 0;
}
```

【运行结果】

words number: 4
the longest word length:11

9.3　字符串函数

C语言提供了一系列字符串函数，包括字符串的输入输出、连接、拷贝、比较、转换等运算。使用这些函数需要在程序中包含相应的头文件。

9.3.1　字符串输入输出函数

C语言的字符串输入函数除了熟悉的 scanf()函数，还有 gets()函数和 fgets()函数。

1. 字符串输入 gets()函数

gets()函数原型为：

char * gets(char * str);

功能：读入一串以回车结束的字符，顺序存入到以 str 为首地址的内存单元，最后写入字符串结束标志 '\0'。

【例 9.9】 从键盘输入一个人名，并将名字显示在屏幕上。

【程序代码】

```
#include <stdio.h>
int main(void)
{
    char name[10];                         /* 定义字符数组 */
    printf("Enter your name:");
    gets(name);                            /* 使用 gets 函数输入字符串 */
    printf("Hello %s! \n", name);          /* 输出 */

    return 0;
}
```

【运行结果】

```
Enter your name: Zhang San ↙           /* 键盘输入 */
Hello Zhang San!
```

gets()函数和 scanf()函数一样，存在一种潜在的安全隐患，即 gets()函数和 scanf()函数不限制输入字符串的长度。当输入的字符数超过了接受的字符数组大小时，多出来的字符就可能会修改字符数组外的内存空间，而这是一种很危险的操作。所以使用 gets()函数和 scanf()函数输入字符串时，一定要确保输入字符串的长度不超过字符数组的大小。

如果希望安全地输入字符串，推荐使用 fgets()函数，fgets()函数可以限制读入字符的个数。

2. 字符串输入 fgets()函数

函数原型为：

char * fgets(char * buf, int bufsize, FILE * stream);

函数参数说明：

(1) buf：字符型指针，指向用来存储所输入数据的地址。

(2) bufsize：整型数据，指明 buf 指向的字符数组的大小。函数会读取最多 bufsize - 1 个字符或者读入 '\n' 为止。

(3) stream：文件结构体指针，指向将要读取的文件流。标准键盘输入流为 stdin。

函数功能：从 stream 流读取以 '\n' 结尾的一行字符（包括 '\n' 在内）存到缓冲区 buf 中，读取字符的个数最多为 bufsize - 1。在读取字符的末尾添加一个 '\0' 组成完整的字符串。

【例 9.10】 从键盘输入一个人名，并将名字显示在屏幕上。

【程序代码】

```
#include <stdio.h>
int main(void)
{
    char name[10];                          /* 定义字符数组 */
    printf("Enter your name:");
    fgets(name, sizeof(name), stdin);       /* A 使用 fgets 函数输入字符串 */
    printf("Hello %s! \n", name);           /* 输出 */
    return 0;
}
```

【运行结果】

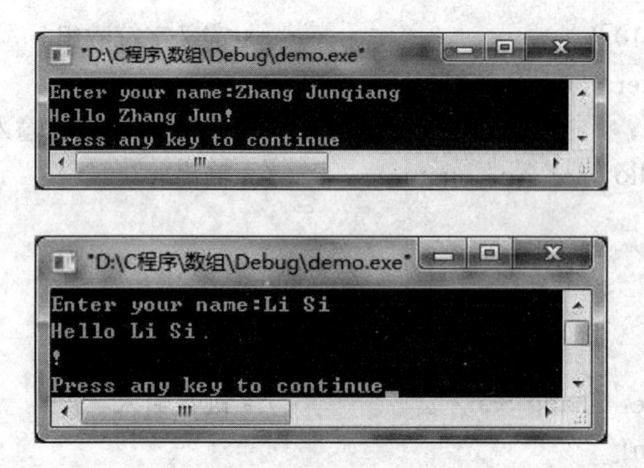

程序中 A 行语句

fgets(name, sizeof(name), stdin);

其作用是从标准输入 stdin 中读取最大长度为 sizeof(name)的字符串到 name 为首地址的缓冲区中。其中的第二个参数 sizeof(name)限制了输入字符串的长度。注意，由于 fgets()函数会自动在读入字符的末尾添加一个 '\0' 组成完整的字符串。所以读取的有效字符个数为 sizeof(name)- 1。

从运行结果可以看出，当用户输入"Zhang Junqiang"，字符超过限制大小时，最多只接受 sizeof(name)- 1 个字符到字符数组 name，再自动添加 '\0' 组成完整的字符串。所以输出结果为"Zhang Jun"。

当用户输入"Li Si"，fgets()函数会将包括最后回车符在内的所有字符读入到字符数组 name，最后自动添加 '\0' 组成完整的字符串。所以输出结果中的感叹号已经输出到下一行。

字符串输入时，应尽量使用 fgets()函数，避免使用 gets()函数。

C 语言的字符串输出函数除了熟悉的 printf()函数，还有 puts()函数和 fputs()函数。

3. 字符串输出 puts()函数

puts()函数原型为：

int puts(char * str)；

功能：输出内存中从地址 str 起的若干字符，直到遇到 '\0' 为止，最后输出一个换行符。

【例 9.11】

【程序代码】

```
#include <stdio.h>
int main(void)
{
    char str[20] = "Nanjing China";
    puts(str);
    return 0;
}
```

【运行结果】

Nanjing China

puts()函数与 printf()函数以格式符%s 输出字符串的区别：前者逐个输出字符到 '\0' 结束时自动输出一个换行符，后者逐个输出字符到 '\0' 结束，不会自动输出换行符。

4. 字符串输出 fputs()函数

fputs ()函数的功能是：向指定的文件写入一个字符串（不自动写入字符串结束标记符 '\0'）。成功写入一个字符串后，文件的位置指针会自动后移，函数返回为一个非负整数；否则返回 EOF（符号常量，其值为−1）。

fputs ()函数原型为：

int fputs(char * str, FILE * fp)；

其中，参数 str 是字符型指针，可以是字符串常量，或者存放字符串的数组首地址；参数 fp 是文件型指针，通过打开文件函数 fopen()获得。

9.3.3　字符串处理函数

使用字符串处理函数，应包括头文件<string.h>。

1. 字符串长度函数

函数原型为：

int strlen(char * str) ;

strlen 是 string length（字符串长度）的缩写，它是统计字符串长度的函数。strlen 函数的返回值为字符串中的实际包含字符的个数，不包括 '\0' 在内。

例如：strlen("China")的返回值为 5。

注意 strlen 函数与求字节数运算符 sizeof 的区别。

【例 9.12】　定义一个函数实现与函数 strlen( )相同的功能。

```
int stringlength(char s[ ])
{
    int len = 0;
    while(s[len] ! = '\0')
        len++;

    return len;
}
```

2. 字符串拷贝函数

函数原型：

strcpy(char s1[ ], char s2[ ]);

strncpy(char s1[ ], char s2[ ], int n)

strcpy是string copy(字符串复制)的缩写。它的作用是将以s2为首地址的字符串复制到以s1为首地址的字符数组中。strncpy函数将s2为首地址的字符串中前n个字符复制到以s1为首地址的字符数组中。例如：

char str1[10] = "Beijing", str2[ ] = "China";

strcpy(str1, str2);

执行后，str2中的5个字符"China"和'\0'(共6个字符)复制到数组str1中。复制后，str1中原有字符串的相应字符被覆盖，str1中的存储状态如图9-7所示：

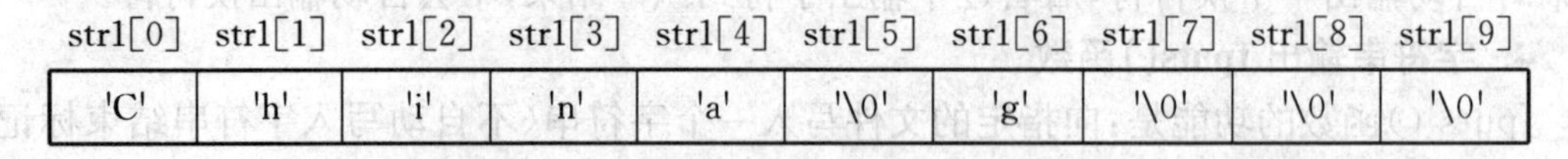

图9-7 字符数组str1的存储结构

说明：

(1) 在定义时要保证字符数组s1足够大，以便容纳被复制的字符串。

(2) 在调用strcpy函数时，第一个参数必须是数组名(如str1)，第二个参数可以是字符数组名，也可以是一个字符串常量。例如：

strcpy(str1, "China");

复制字符串时连同字符串尾部的结束符'\0'也一并复制到str1中。

(3) 在实现字符串赋值时，只能通过调用strcpy函数来实现将一个字符串赋给一个字符数组，而不能使用赋值语句将一个字符串常量或字符数组直接赋给予一个字符数组。如下面的写法是不合法的：

```
str1= "China";          /* 不能将一个字符串常量赋给一个字符数组 */
str1=str2;              /* 不能将一个字符数组的内容赋给另一个字符数组 */
```

str1代表数组地址，是地址常量，不能被赋值。

3. 字符串连接函数

格式：strcat(char s1[ ], char s2[ ]);

strcat是string catenate(字符串连接)的缩写。函数将以s2为首地址的字符串连接到

s1 字符数组中的字符串后面。连接后的字符串存放在 s1 字符数组中,返回的是字符数组 s1 的首地址。例如:

```
char str1[15] = "I love ";
char str2[ ] = "China";
printf("%s\n", strcat(str1, str2));
```

输出:

```
I love China
```

字符数组连接前后的存储结构如图 9-8 所示。

连接前:str1

'I'	' '	'l'	'o'	'v'	'e'	' '	'\0'						

str2

'C'	'h'	'i'	'n'	'a'	'\0'

连接后:str1

'I'	' '	'l'	'o'	'v'	'e'	' '	'C'	'h'	'i'	'n'	'a'	'\0'	

str2

'C'	'h'	'i'	'n'	'a'	'\0'

图 9-8 字符数组连接前后的存储结构

注意:

(1) s1 字符数组必须足够大,以便容纳连接后的新字符串,防止因长度不够而越界。

(2) 连接前两个字符串后都有 '\0',连接时会将 s1 后的 '\0' 覆盖,只在连接后的新字符串的最后保留一个 '\0'。

(3) 调用该函数时,s1 一般为字符数组,s2 可以是字符数组,也可以是字符串常量,以下格式都是合法的:

```
strcat(str1, str2);
strcat(str1, "China");
```

4. 字符串比较函数

函数原型:int strcmp(char *str1, char *str2)

该函数被用来比较字符串 str1 和字符串 str2 的大小。

(1) 当 str1 大于 str2 时,函数返回值为正值;

(2) 当 str1 等于 str2 时,函数返回值等于 0;

(3) 当 str1 小于 str2 时,函数返回值为负值。

比较方法为:依次对 str1 和 str2 对应位置上的字符按 ASCII 码值的大小进行比较,直到出现不同字符或遇到字符串结束标志 '\0'。

C 语言中,两个字符串不能进行关系运算,例如:

```
if (str1 == str2) printf("yes!");
```

是错误的,应该写作:

```
if (strcmp(str1, str2) == 0) printf("yes!");
```

【例 9.13】 strcmp 函数示例

【程序代码】

```
#include <stdio.h>
#include <string.h>
int main(void)
{
    printf("%d\n", strcmp("abc", "abcd"));
    printf("%d\n", strcmp("x", "abcd"));
    printf("%d\n", strcmp("abcd", "abcd"));
    return 0;
}
```

【运行结果】

```
-1
1
0
```

9.3.4 字符串转换函数

有时需要将"123"、"56.7"这样的字符序列从数字字符串转换为整数 123 及实数 56.7。为此,C 语言标准函数库提供了字符串转换函数。字符串转换函数如表 9-1 所示。

表 9-1 字符串转换函数

函数原型	函数说明
int atoi(const char * nptr);	将 nptr 指向的字符串转换为 int 类型
long atol(const char * nptr);	将 nptr 指向的字符串转换为 long 类型
double atof(const char * nptr);	将 nptr 指向的字符串转换为 double 类型

使用 atoi()函数、atol()函数和 atof()函数,需要包含头文件<stdlib.h>

【例 9.14】 字符串转换函数示例

【程序代码】

```
#include <stdio.h>
#include <stdlib.h>
int main(void)
{
    char str1[] = "123";
    char str2[] = "56.7";

    printf("str: \"%s\"    after change: %d\n", str1, atoi(str1));
    printf("str: \"%s\"    after change: %f\n", str2, atof(str2));
```

```
    return 0;
}
```

【运行结果】

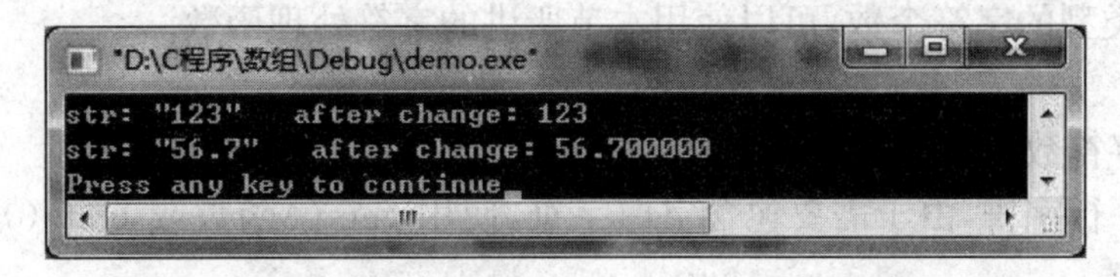

9.3.5　字符处理函数

字符处理函数库包含了用于对字符数据进行处理的标准库函数,如表 9-2 所示。使用这些函数时,需要包含头文件<ctype.h>。

表 9-2　常用字符处理函数

函数原型	功能描述
int isdigit(int c);	检查参数 c 是否为阿拉伯数字 0 到 9。 若参数 c 为阿拉伯数字,则返回 TRUE,否则返回 NULL(0)。
int islower(int c);	检查参数 c 是否为小写英文字母。 若参数 c 为小写英文字母,则返回 TRUE,否则返回 NULL(0)。
int isupper(int c);	检查参数 c 是否为大写英文字母。 若参数 c 为大写英文字母,则返回 TRUE,否则返回 NULL(0)。
int isalpha(int c);	检查参数 c 是否为英文字母。 若参数 c 为英文字母,则返回 TRUE,否则返回 NULL(0)。 在标准 c 中相当于使用"isupper(c) || islower(c)"做测试。
int isalnum(int c);	检查参数 c 是否为英文字母或阿拉伯数字。 若参数 c 为字母或数字,则返回 TRUE,否则返回 NULL(0)。 在标准 c 中相当于使用"isalpha(c) || isdigit(c)"做测试。
int tolower(int c);	如果 c 是大写字符,则将 c 转换为对应的小写字母后返回。否则返回未改变的 c。
int toupper(int c);	如果 c 是小写字符,则将 c 转换为对应的大写字母后返回。否则返回未改变的 c。
int isspace(int c);	检查参数 c 是否为空白字符,也就是判断是否为空格(' ')、换行符('\n')、回车符('\r')、水平制表符('\t')、垂直制表符('\v')或换页符('\f')。 若参数 c 为空白字符,则返回 TRUE,否则返回 NULL(0)。
int iscntrl(int c);	检查参数 c 是否为 ASCII 控制码,也就是判断 c 的范围是否在 0 到 30 之间。 若参数 c 为 ASCII 控制码,则返回 TRUE,否则返回 NULL(0)。
int isprint(int c);	检查参数 c 是否为可打印字符。 若参数 c 为包括空格在内的可打印字符(Printing Characters),则返回 TRUE,否则返回 NULL(0)。
int isgraph(int c);	检查参数 c 是否为可打印字符。 若 c 是除空格外的所有可打印字符,则返回 TRUE,否则返回 NULL(0)。

【例 9.15】 输入一行字符,统计其中的数字字符、小写字母、大写字母、空白字符和其他字符个数。

【问题分析】

统计不同类型的字符个数,可以使用本节所讲的字符处理函数。

【步骤】

(1) 定义字符数组及其他统计变量并初始化。

(2) 输入一行字符,由于需要包含空白字符,使用 gets()函数或 fgets()函数完成字符串输入。

(3) 循环判断每个字符。fgets()函数读取以 '\n' 结尾的一行字符(包括 '\n' 在内),所以循环条件中也需要对换行符 '\n' 进行判断。

(4) 最后,输出统计结果。

【程序代码】

```
#include <stdio.h>
#include <ctype.h>                                  /* 头文件包含 */

int main()
{
    char str[80];                                   /* 定义字符数组 */
    int i;
    int digit = 0, lower = 0, upper = 0, space = 0, other = 0;

    fgets(str, sizeof(str), stdin);                 /* 输入一行字符 */

    i = 0;
    while(str[i]! ='\0' && str[i]! ='\n')           /* 注意循环条件 */
    {
        if(isdigit(str[i]))
            digit++;                                /* 统计数字字符个数 */
        else if(islower(str[i]))
            lower++;                                /* 统计小写字母个数 */
        else if(isupper(str[i]))
            upper++;                                /* 统计大写字母个数 */
        else if(isspace(str[i]))
            space++;                                /* 统计空白字符个数 */
        else
            other++;                                /* 统计其他字符个数 */

        i++;                                        /* 准备处理下一个字符 */
    }
```

```
    printf("digit characters: %d\n", digit);
    printf("Lower case letters: %d\n", lower);
    printf("Upper case letters: %d\n", upper);
    printf("space : %d\n", space);
    printf("others: %d\n", other);
}
```

【运行结果】

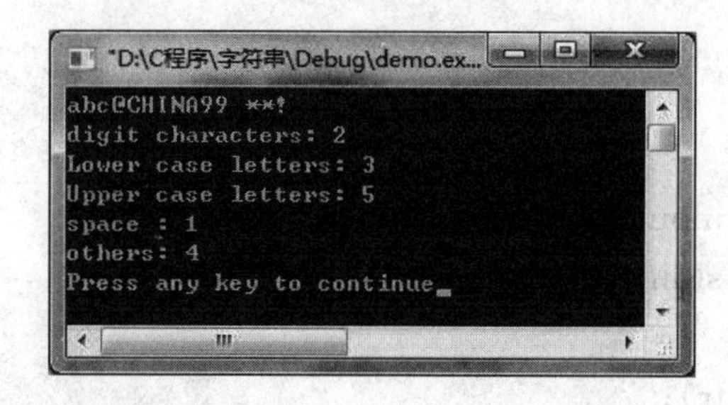

【例 9.16】 字符转换函数示例。

【程序代码】

```
#include<stdio.h>
#include<string.h>
#include<ctype.h>
int main(void)
{
    int length, i;
    char s[] = "i love china!";
    length = strlen(s);

    for(i=0; i<length; i++)
        s[i] = toupper(s[i]);

    printf("%s\n", s);

    return 0;
}
```

【运行结果】

I LOVE CHINA!

9.3.6 应用举例

【例 9.17】 编写程序求一个字符串的逆序。例如,字符串"abcdefg"的逆序为"gfedcba"。

【问题分析】

定义字符数组来存放字符串,由于字符串的长度不一定就刚好是字符数组的长度,所以要求字符串的逆序首先要确定字符串的实际长度，然后利用循环结构将字符串中的字符首尾依次交换。

【程序代码】

```
#include <stdio.h>
#include <string.h>
int main(void)
{
    char str[50];
    int i, j, len;
    char ch;
    printf("Please input the string:\n");
    fgets(str, 50, stdin);

    len = strlen(str);
    i = 0; j = len - 1;
    while(i < j)
    {
        ch = str[i];
        str[i] = str[j];
        str[j] = ch;

        i++;
        j--;
    }

    printf("Reversed string:%s\n", str);

    return 0;
}
```

【运行结果】

```
"D:\C程序\数组\Debug\demo.e...
Please input the string:
I am a student
Reversed string:
tneduts a ma I
Press any key to continue
```

9.4 指针与字符串

9.4.1 简单的加密器

【9.18】为了保证通信的安全，通常会在信息传输前进行加密。最简单的加密器是将英文字符串按照一定的规律进行转换，规则如下：将字符替换成 ASCII 码表中该字符后面的第二个字符。比如 'a' 替换成 'c'，'C' 替换成 'E'，'z' 替换成 '|'，"Panda"替换成"Rcpfc"。

【问题分析】

将字符替换成 ASCII 码表中该字符后面的第二个字符，实际上就是将该字符的 ASCII 码值加上 2。依次对字符串中的每个字符进行变换，就可以得到加密后的字符串。

【解题步骤】

(1) 读入待加密的字符串；
(2) 利用指针 p 指向待加密字符串的首字母；
(3) 若该字母不是字符串的结束标记，转第 4 步，否则转第 6 步；
(4) 将该字符的 ASCII 码值加 2 进行字符加密；
(5) 指针 p 指向该字符串的下一个字母，转第 3 步；
(6) 输出加密后的字符串，结束。

【核心算法】

从解题步骤中可以看出，第 3、4、5 步构成了一个循环，进入循环的条件就是字符指针 s 没有指向待加密字符串的结束标记，所以设置循环的条件为：

```
while ( *p ! = '\0')
```

进行字符加密可以将该字符的 ASCII 码值加 2，表示为：

```
*p += 2;
```

【程序代码】

```
#include <stdio.h>
#include <string.h>
#define MAXLINE 80
int main()
{
    char str[MAXLINE];
    char *p;
    printf("Input the string: ");
    gets(str);

    p = str;
    while ( *p != '\0')
    {
        *p += 2;
```

```
        p++;
    }
    printf("After being encrypted: %s\n", str);
    return 0;
}
```

【运行结果】

Input the string: Panda

After being encrypted: Rcpfc

9.4.2 字符指针

在C语言中通常可以使用两种方法对字符串进行操作。

(1) 使用字符数组存储。例如:

```
char str[ ] = {"Welcome!"};
printf("%s", str );                  /* 整体引用,输出字符串"Welcome!" */
printf("%s", str+3);                 /* 整体引用,输出字符串 "come!" */
printf("%c", str[1]);                /* 逐个引用,输出字符"e" */
```

调用printf()函数,以%s的格式输出字符串时,数组名str或者str+3作为输出参数,其值都是一个地址值,表示从该地址所指定的存储单元开始连续输出字符,直至遇到结束标记'\0'为止。

(2) 使用字符型指针变量。

字符指针是指向字符型数据的指针变量。字符串常量是用一对双引号括起来的字符序列,在内存中占用一段连续的存储空间。字符串常量首字符所占存储单元的地址,被称为字符串常量的值。因此,只要将字符串常量赋值给字符指针,即可让字符指针指向一个字符串。例如:

```
char *s = "Welcome!";
```

这里虽然没有定义字符数组,但系统在内存中仍开辟了一段连续存储空间来存放字符串常量,同时字符串的最后被自动加了一个"\0",从而在输出时能确定字符串的终止位置。以上的定义语句等价于:

```
char *s;
s = "Welcome!";
```

从这里我们可以清楚的看到,s被定义为指针变量,它指向字符型数据。要注意的是,在这里并不是把"Welcome!"字符串存放在s中,只是将"Welcome to C"首地址赋给指针变量s(不是赋给*s)。字符指针s和字符数组str的区别如图9-9所示。

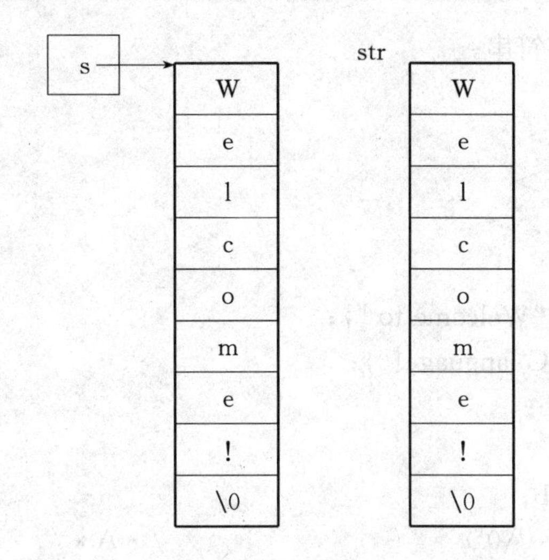

图 9-9 字符指针 s 和字符数组 str 的区别

可以对字符指针赋值，使它指向其他的字符串，但是却不能对字符数组赋值，例如：

```
char *s, str[80];
s = "Hello";              /* 正确,将字符指针指向字符串"Hello"的首地址 */
str = "Hello";            /* 错误,字符数组名为常量,不能对它赋值 */
```

在输出时，通过"printf("%s", s)"就可以输出一个字符串。系统先输出它所指向的第一个字符数据，然后自动使 s 加 1，使之指向下一个字符，如果不是 '\0'，则输该字符，反之则结束输出。

注意：定义字符指针后，如果没有对其赋值，指针值是不确定的，即不能明确它指向的内存单元。因此，如果引用未赋值的指针，可能会出现难以预料的结果，例如：

```
char *s;
scanf("%s", s);           /* 错误,导致难以预料的结果 */
```

9.4.3 应用举例

【例 9.19】 将字符串"C language!"拼接在字符串"Welcome to"的后面。

【问题分析】

将字符串"C language!"拼接在字符串"Welcome to "的后面，首先要找到字符串"Welcome to"的结束标记，而后将字符串"C language!"中的字符依次赋到从"Welcome to "的结束标志开始的存储单元中。

【解题步骤】

(1) 将指针变量 pa 指向字符串"Welcome to "的首地址；

(2) 将指针变量 pb 指向字符串"C language!"的首地址；

(3) 使指针变量 pa 指向字符串"Welcome to "的结束标记；

(4) 若 pb 未指向结束标志，转第(5)步；否则转第(6)步；

(5) *pa = *pb，且 pa 和 pb 同时指向下一存储单元，转第(4)步；

(6) 为拼接后的新字符串加上结束标记；

(7) 输出拼接后的字符串。

【程序代码】

```
#include <stdio.h>
#include <string.h>
int main(void)
{
    char a[50] = {"Welcome to "};
    char b[ ] = {"C language!"};
    char *pa, *pb;

    pa = a; pb = b;
    while(*pa != '\0')                    /*A*/
    {
        pa++;
    }

    while(*pb != '\0')                /*B*/
    {
        *pa = *pb;  pa++;  pb++;
    }
    *pa = '\0';                           /*C*/

    pa = a;
    printf("The result is:\n");
    printf("%s\n", a);
    printf("%s\n", pa);
    return 0;
}
```

【运行结果】

```
The result is:
Welcome to C language!
Welcome to C language!
```

pa、pb 是分别指向了字符串 a 和字符串 b，A 行的循环表示当 pa 指针所指向的字符不是字符串 a 的结束标志 '\0' 时，pa 指针指向该字符串的下一个字符，直到遇到结束标志时结束循环。B 行的循环是将 pb 指向的字符赋给 pa 指向的存储单元，以实现字符串的拼接。每完成一次赋值，pa 指针和 pb 指针同时向后移动一个单元，完成下一次赋值，直至遇到字符串 b 的结束标志时停止。最后在 C 行不要忘了为拼接后的字符串加上结束标志。

【例 9.20】 分类统计。输入一串字符，统计各字母出现的次数（不区分大小写字母），并对出现的字母显示出其出现的个数和总字母数。

【问题分析】 为了统计各字母的次数,必须要声明一个具有 26 个元素的数组,每个元素对应一个字母,元素的值表示对应字母出现的次数,如图 9－10 所示。

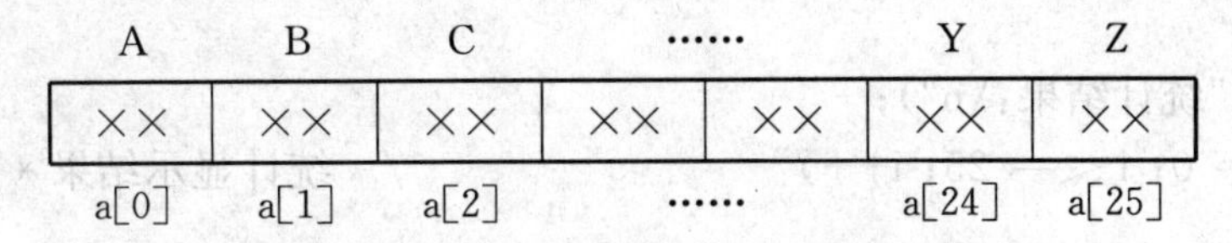

图 9－10　统计字母出现次数的数组

统计字母出现的次数时,逐一从字符串中取出字符进行判断。为了使取出的字母与数组元素的下标关联,可以将大写字母减去 'A ',小写字母减去 'a ',得到的数值即为对应数组元素的下标。若取出的字母为 'C ','C '－'A '＝2,所以将 a[2]元素的值增 1。

【解题步骤】

(1) 定义长度为 26 的一维整型数组 a,并初始化为 0;

(2) 从键盘读入字符串;

(3) 将指针变量 p 指向字符串的首字符;

(4) 循环处理每个字符,直到字符串结束。

(5) 判断 ∗p 是否为字母,若是,则 a[∗p－ 'A ']++或 a[∗p－ 'a ']++;

(6) p 指向字符串的下一个字符,继续判断;

(7) 显示统计结果。

【程序代码】

```
#include<stdio.h>
#include<ctype.h>
int main()
{
    char s[256];
    char *p;
    int a[26] = {0};
    int sumc = 0, i;

    printf("请输入字符串:");
    gets(s);

    p = s;                              /*字符指针 p 指向字符数组 s*/
    while(*p != '\0')                   /*循环条件*/
    {
        if(isupper(*p))
            a[*p-'A']++;                /*将字母对应数组元素加 1*/
        else if(islower(*p))
            a[*p-'a']++;                /*将字母对应数组元素加 1*/
```

```
        p++;                                    /* 指向下一个字符 */
    }

    printf("统计结果:\n");
    for(i = 0; i <= 25; i++)                    /* 统计显示结果 */
    {
        if(a[i])                                /* if(a[i] != 0) */
        {
            sumc += a[i];                       /* 统计总字母数 */
            printf("%c=%d\n", 'A'+i, a[i]);     /* 输出字母及其出现的次数 */
        }
    }
    printf("共有%d个字母\n", sumc);              /* 输出字母总数 */

    return 0;
}
```

【运行结果】

```
请输入字符串:Welcome to C language ↙             /* 键盘输入 */
统计结果:
A=2
C=2
E=3
G=2
L=2
M=1
N=1
O=2
T=1
U=1
W=1
共有18个字母
```

9.5 小结

一、知识点概括

1. 字符常量和字符串常量。

字符常量由一对单引号括起来;字符串常量由一对双引号括起来。

字符串在内存存放时自动在最后加上一个字符 '\0' 作为字符串结束标志。

2. 字符数组定义及初始化。

字符数组有两种方式进行初始化，一是用字符数据进行初始化，二是使用字符串常量对字符数组进行初始化。如：

char str[5] = {'C', 'H', 'I', 'N', 'A'};

char str [ ] = "CHINA";

3. 字符指针。

char *p = "CHINA";

4. 字符串的输入输出函数。

5. 常用字符串处理函数。

6. 常用字符处理函数。

7. 字符指针作为函数的参数。

8. 函数的返回值为字符指针。

二、常见错误列表

错误实例	错误分析
char str[5] = "HELLO";	字符串有一个字符结束标志，所以存储字符串“HELLO”至少需要大小为6的字符数组。
char str[5]; str++;	数组名代表数组的首地址，是一个常量指针，不能进行自增自减运算。
if(str1 == str2)	字符串比较应使用字符串处理函数 strcmp()。
str = "xyz";	字符串赋值应使用字符串处理函数 strcpy()。

习　题

1. 输入一个字符串，输出其逆序字符串。

2. 输入一行字符，输出其中最长的单词。单词间以空格隔开

3. 任意输入5个国家的英文名字，然后按字典顺序输出5个国家的名字。

4. 输入一行字符，再输入一个字符 ch。在这一行字符中删除掉所有的字符 ch 后再输出这个字符串。

5. 编写程序实现一个简单的加密器，实现英文字符串的加密。加密规则如下：将所有字符替换成它后面的第2个字符。比如，将 'a' 替换成 'c'，'X' 替换成 'Z'，如果超出字母范围，则再减去26，即将字母表看成是首尾相接的，比如将 'Z' 替换成 'B'。

第十章　指针的高级应用

C语言之所以成为目前执行效率最高的高级语言，主要得益于它指针功能的强大。使用指针可以方便地操作数组和字符串，在调用函数时能得到更多的值，并能像汇编语言一样处理内存地址。在程序中使用指针可使代码更紧凑、灵活，但使用不当会增加程序的不安全性。

10.1　指针与二维数组

10.1.1　计算学生成绩

【例 10.1】　有 3 位学生语文、数学、英语、计算机四门课的成绩：

姓　名	语文	数 学	英 语	计算机
陈萧	88	90	76	89
王巧玲	75	86	67	78
李承一	95	89	93	91

利用指针分别计算这 3 位学生的平均成绩。

【问题分析】

3 位学生的四门课成绩可以存储在三行四列的二维数组中，二维数组的物理结构（在内存中的存储结构）是一维的，因为内存的编址是一维的。C 语言中，二维数组是以行序来进行存储的，如有“int a[3][4]”，数组元素 a[i][j]相对于数组起始位置的位移量是 i＊4＋j，其中 4 是二维数组的列数。

【解题步骤】

(1) 定义二维数组存放学生成绩；

(2) 定义指针变量指向二维数组的首元素；

(3) 利用指针依次访问二维数组每行的各个元素，计算每位学生的平均成绩。

【关键代码】

定义指向数组元素的指针变量，并指向二维数组的首元素，可以写为：

```
int *p = &a[0][0];
```

此时，p 指针加 1，则 p 将指向同一行的下一列元素（a[0][1]），当 p 指向这一行的最后一列元素 a[0][3]时（p=p+3），再将 p 加 1，它将指向下一行的第 0 个元素（a[1][0]）。因此,a[i][j]元素的地址为 p + i * 4 + j,那么*(p + i * 4 + j)就表示数组第 i 行第 j 列元素的值,即 a[i][j]的值。

所以计算学生的平均成绩可以写成:

```
for(i = 0; i < 3; i++)
{
    s = 0;
    for(j = 0; j < 4; j++)
    {
        s = s + *(p + i * 4 + j);
    }
    printf("The %dth student's average score is :%d\n", i + 1, s / 4);
}
```

【程序代码】

```
#include<stdio.h>
#define M 3
#define N 4
int main(void)
{
    int a[M][N]={{88,90,76,89},{75,86,67,78},{95,89,93,91}};
    int i, j, *p = &a[0][0], s;                   /*定义指针变量 p*/

    for(i = 0; i < M; i++)                        /*计算平均成绩*/
    {
        s = 0;
        for(j = 0; j < N; j++)
        {
            s = s + *(p + i * N + j);
        }
        printf("The %dth student's average score is : %.2f\n", i + 1, s / 4.0);
    }

    return 0;
}
```

【运行结果】

```
The 1th student's average score is : 85.75
The 2th student's average score is : 76.50
The 3th student's average score is : 92.00
```

10.1.2　指针与二维数组

二维数组可以看成是一个特殊的一维数组，这个特殊一维数组的每个元素又是一个一维数组，所以二维数组可以说是“数组的数组”。

设有一个二维数组 a，它有 3 行 4 列，其定义为：

int a[3][4]={{2,4,6,8},{10,12,14,16},{18,20,22,24}};

a 是二维数组名。根据二维数组在内存中存放的顺序，可以这样理解：a 数组包含 3 行，将每行视为一个元素，则该数组包含 3 个元素，分别是 a[0]，a[1]，a[2]。每一元素又是一个一维数组，它包含 4 个元素(即 4 个列元素)。例如，a[0]所代表的一维数组又包含 4 个元素：a[0][0]，a[0][1]，a[0][2]，a[0][3]，如图 10－1 所示，因此我们可以将 a[0]视为这个一维数组的数组名。

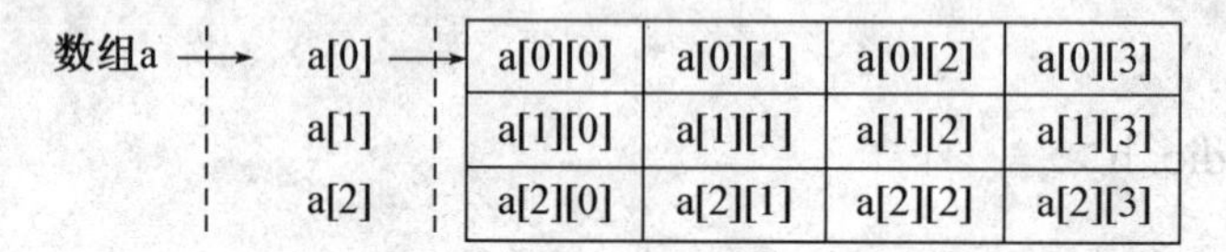

图 10－1　二维数组与一维数组的关系

当把二维数组视为了特殊的一维数组后，数组名 a 代表的仍然是数组的首地址，但现在的首元素已不再是一个普通的整型变量，而是由 4 个整型元素所组成的一维数组，因此 a 代表的是首行的起始地址(即第 0 行的起始地址，&a[0])，a+1 代表 a[1]行的首地址，即 &a[1]。

由于 a[0]，a[1]，a[2]分别代表的是一行元素，所以可以将它们视为该行的一维数组名。在 C 语言中规定了一维数组名代表的是数组首元素地址，因此 a[0]代表一维数组 a[0]中的首元素的地址，即 &a[0][0]。a[1]的值是 &a[1][0]，a[2]的值是 &a[2][0]。二维数组中行地址和元素地址的对应关系如图 10－2 所示。

行地址	元素地址	元素			
a+0	a[0]	a[0][0]	a[0][1]	a[0][2]	a[0][3]
a+1	a[1]	a[1][0]	a[1][1]	a[1][2]	a[1][3]
a+2	a[2]	a[2][0]	a[2][1]	a[2][2]	a[2][3]

图 10－2　二维数组中行地址和元素地址的对应关系

二维数组在内存中是按行序来存放的，首先存放的是第 0 行的元素，而后存放的是第 1 行的元素。那么第 0 行 1 列元素 a[0][1]的地址怎么表示？除了可以直接表示为 &a[0][1]，也可以用指针法表示。a[0]为一维数组名，该一维数组中序号为 1 的元素的地址显然可以用 a[0]+1 来表示，假设二维数组 a 的起始地址从 10 000 开始，则各元素在内存中实际存放的地址如图 10－3 所示。

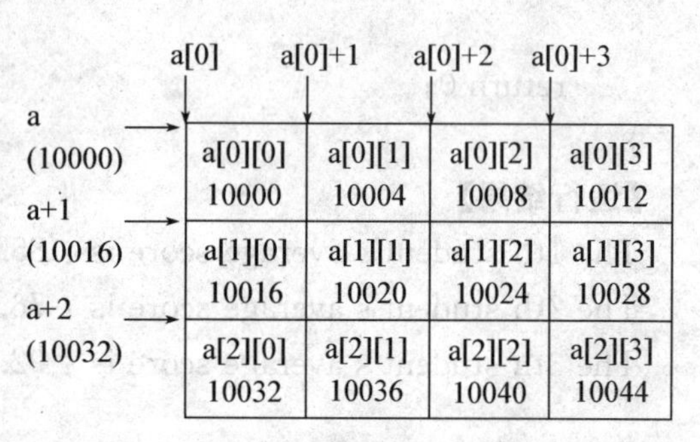

图 10－3　二维数组元素在内存中实际存放的地址

此时“a[0] + 1”中的“1”代表1个列元素的字节数，即4个字节。这里a[0]的值是10 000，a[0]+1的值是10 004。因为在这里我们所看到的a[0]是个一维数组，其每个元素是个具体的数值。

而“a+1”所代表的地址为10 016，这里的“1”代表的是一行元素的字节数，即16个字节。因为a是由a[0]，a[1]和a[2]共3个行元素组成，每个行元素都是一维数组，要占据4×4个内存单元来存储，所以a+1就应该是10 000+4×4=10 016，而a + 2代表的是a[2]的起始地址，它的值应为10 032。

这个问题可以用一个例子来说明。假设有一个班级，这个班级分为了3个小组，每个小组有4名同学。在收作业时，班长只负责收每组的作业，而组长负责收同学的作业。在班长眼里只有第0,1,2,共3个小组，班长不能直接收同学的作业。当班长收到第0组作业时，它虽然只收了一次，但是拿到的是4本作业，相当于上例中的a+1。而对于第0个小组而言，组长收第一位同学的作业，却只能收到1本作业，相当于上例中的a[0]+1。

既然a[0] + 1是a[0][1]元素的地址，那么a[0][1]元素就可以用*(a[0] + 1)来表示。而a[0]又是和*(a + 0)无条件等价的，因此也可以用*(*(a + 0) + 1)表示a[0][1]元素。依此类推，*(a[i] + j)或*(*(a + i) + j)就是a[i][j]。

二维数组中各元素及地址的表示如表10-1所示。

表10-1　二维数组中各元素及地址的表示

地址类型	表示形式	含　义
行地址	a	二维数组名，数组首地址
	a + 1，&a[1]	第1行首地址
元素地址	a[1]，*(a + 1)	第1行第0列元素地址
	a[1] + 2，*(a+1) + 2，&a[1][2]	第1行第2列元素地址
元素	*(a[1]+2)，*(*(a+1)+2)，a[1][2]	第1行第2列元素

从上表可以看出，对二维数组元素进行取地址运算可以得到元素的地址，对元素地址再取地址就可以得到行地址，行地址、元素地址、元素的转换关系如图10-4所示。

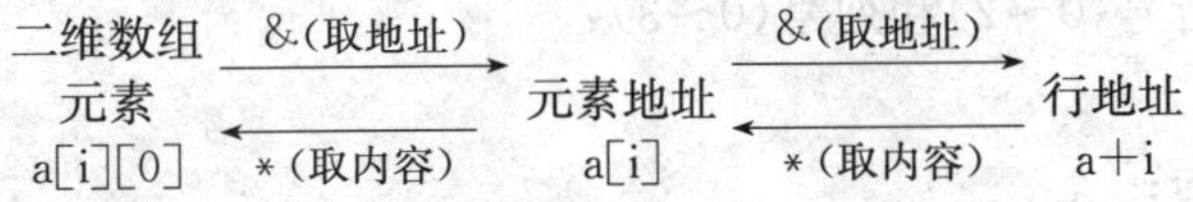

二维数组元素 a[i][0] —&(取地址)→ 元素地址 a[i] —&(取地址)→ 行地址 a+i
行地址 a+i —*(取内容)→ 元素地址 a[i] —*(取内容)→ 二维数组元素 a[i][0]

图10-4　行地址、元素地址、元素的值的转换关系

10.1.3　指向一维数组的指针变量

对于指向二维数组的指针变量有两种，一种是指向数组元素的，另一种则是指向行的。对于第二种情况，p不是指向一个具体的数组元素，而是指向一个包含若干个元素的一维数组。在这种情况下，p+1将指向下一行，p的增值是以一个一维数组的长度(二维数组的列数)为单位的。这种指向一个包含若干个元素的一维数组的指针变量，称为指向一维数组的指针变量，亦可称为行指针。其定义格式为：

类型　(*指针名)[数组长度]；

其中类型为指向数组的指针变量所指向数组的元素类型，例如：

int (*p)[4]；

由于括号的作用，指针运算符“*”先与p结合，表明p为一个指针变量，然后再与数组下标运算符“[ ]”结合，表示指针变量p所指向的是长度为4的一维整型数组，如图10-5所示。

p→

(*p)[0]	(*p)[1]	(*p)[2]	(*p)[3]

图10-5 指向一维数组的指针变量

因为指针变量p只能指向一个具有4个整型元素的一维数组，不能指向这个一维数组中的某一个元素，所以p是一个行指针，也可以称为行地址。

【例10.2】 输出二维数组中任一行任一列元素的值。

【程序代码】

```
#include<stdio.h>
int main(void)
{
    int a[3][4]= {{2,4,6,8},{10,12,14,16},{18,20,22,24}};
    int (*p)[4], i, j;              /*定义p指向具有4个整型元素的一维数组*/
    printf("请输入元素的行号(0~2)和列号(0~3):\n");
    scanf("%d%d", &i, &j);

    p = a;                     /*p指向二维数组的首地址*/

    printf("对应的元素值为:\n");
    printf("%d\n", *(*(p + i) + j));
    return 0;
}
```

【运行结果】

```
请输入元素的行号(0~2)和列号(0~3):
2  1 ↙
对应的元素值为:
20
```

在以上程序中p的值是二维数组a的首地址，也就是指向了a[0](即p = &a[0])。因为p是行指针，只能一行一行的移动，其增值是以一维数组的长度为单位的，而a[0]在二维数组中是代表具有4个元素的一维数组，所以p + i的值是二维数组a中第i行的起始地址(&a[i])。*(p + i)等价于a[i]，是第i行0列元素的地址，*(p + i)+ j是a数组第i行第j列的元素地址，所以*(*(p + i) + j)

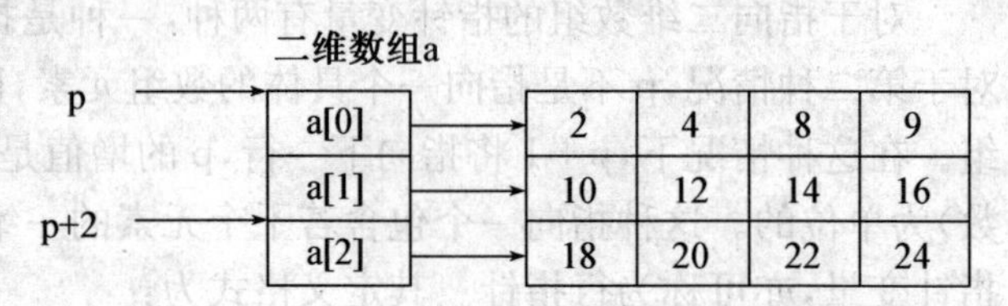

图10-6 指针p与二维数组a的指向关系

是 a[i][j]的值。指针 p 与二维数组 a 的指向关系如图 10－6 所示。

10.1.4　应用举例

【例 10.3】 使用指向一维数组的指针变量实现例 10.1。

【问题分析】

在例 10.1 中使用指向整型元素的指针实现了二维数组元素的引用，在本例中则是使用行指针来引用二维数组的元素，注意两者的区别。

【程序代码】

```
#include<stdio.h>
#define M 3
#define N 4
int main(void)
{
    int a[M][N]={{88,90,76,89},{75,86,67,78},{95,89,93,91}};
    int i, j, s ;
    int (*p)[N] = a;                /*定义指向一维数组的指针变量 p*/

    for(i = 0; i < M; i++)          /*计算平均成绩*/
    {
        s = 0;
        for(j = 0; j < N; j++)
        {
            s = s + p[i][j];        /*使用 p 引用二维数组中的元素*/
        }
        printf("The %dth student's average score is : %.2f\n", i + 1, s / 4.0);
    }

    return 0;
}
```

【运行结果】

```
The 1th student's average score is : 85.75
The 2th student's average score is : 76.50
The 3th student's average score is : 92.00
```

【例 10.4】 输入若干个字符串，将第一个字母为“A”或“a”的字符串输出。

【问题分析】

定义两个二维数组，一个用来存放所有读入的字符串，另一个存放第一个字母为“A”或“a”的字符串，因为输入字符串的个数不确定，所以可以将数组设置得稍大些。

【解题步骤】

(1) 从键盘读入字符串的个数；

(2) 依次读入每个字符串到二维数组 str1 中,取出字符串的首字母与“A”或“a”比较,若相同,复制到二维数组 str2 中;

(3) 输出二维数组 str2 中的所有字符串。

【程序代码】

```
#include<stdio.h>
#include<string.h>
int main(void)
{
    char (*p1)[20], str1[20][20], (*p2)[20], str2[20][20];
                                             /*假设最多可输入20个字符串*/
    int i, n, j = 0;
    printf("Please input the number of string(<20):\n");
    scanf("%d", &n);                         /*n为要求输入字符串的个数*/
    getchar();                               /*接收一个回车符*/

    for(i = 0, p1 = str1, p2= str2; i < n ; i++)
    {
        gets(*p1);                           /*读入一个字符串*/
        if(*(*p1) == 'A' || *(*p1)== 'a')
                                   /*如果字符串第一个字母为'A'或'a'*/
        {
            strcpy(*p2, *p1);                /*则将该字符串复制*/
            p2++;
            j++;                             /*统计符合要求的字符串个数*/
        }
        p1++;
    }

    printf("The result is:\n");
    for(i = 0,p2 = str2; i < j; i++)         /*输出符合要求的字符串*/
    {
        puts(*p2);
        p2++;
    }

    return 0;
}
```

【运行结果】

Please input the number of string:

4
Beer Cheng
Aha Da
Denny LI
Agoda
The result is：
Aha Da
Agoda

10.2　指针数组与二级指针

10.2.1　乘客名单排序

【例 10.5】 航空公司在旅客登机后需要对乘机旅客的姓名进行排序，设有如下旅客登机：

Juliet Partiridge
Kate Ruttle
Richard Brown
Danny Lee
Bill Gillham

请按字母顺序对这些乘机旅客姓名排序。

【问题分析】

乘机旅客的姓名长度不一，将这些字符串存储在内存中后，可以将每个字符串的首地址存储在一个指针数组中，并利用选择法对这些字符串进行排序。

【关键代码】

将字符串的首地址保存在指针数组中，可以使用：

char * p[]={"Juliet Partiridge","Kate Ruttle","Richard Brown","Danny Lee","Bill Gillham"};

其中“char * p[]”表示定义一个指针数组 p，各字符串的首地址就保存在这个指针数组的各个元素中，如图 10-7 所示。

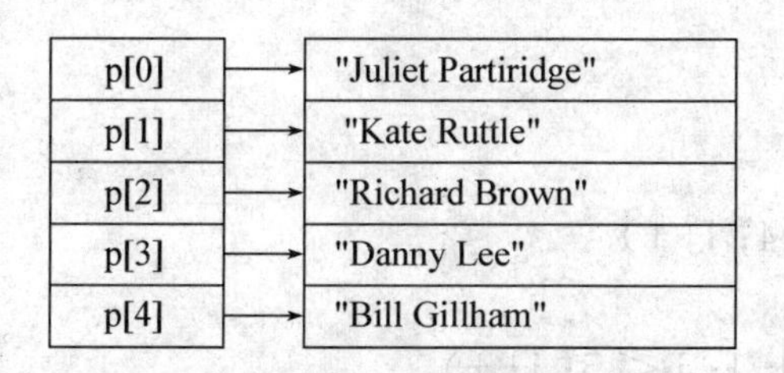

图 10-7　排序前指针数组的指向

选择法排序采用一个嵌套循环语句实现（从小到大排序）：第一步将 p[0]指向的字符串分别与 p[1]～p[4]所指向的字符串逐个比较，比较时采用字符串比较函数 strcmp。因为

p[j]中记录的是各个字符串的首地址，所以如果 strcmp(p[0],p[j])>0，表明其后的第 j 个字符串小于第 0 个字符串，则进行交换。要注意的是，交换是对指针数组中元素的值(字符串的首地址)进行交换，而不是对字符串进行交换。这样在第一步完成之后 p[0]指向的就是最小的字符串；第二步从 p[1]指向的字符串开始，按与上述相同的方法进行，……。以上过程可以用如下语句实现：

```
for(int i = 0; i < 4; i++)
{
    for(int j = i + 1; j < 5; j++)
    {
        if(strcmp(p[i], p[j]) > 0)
        {
            t = p[i], p[i] = p[j], p[j] = t;
        }
    }
}
```

排序成功后的指针数组各个元素的指向如图 10-8 所示。

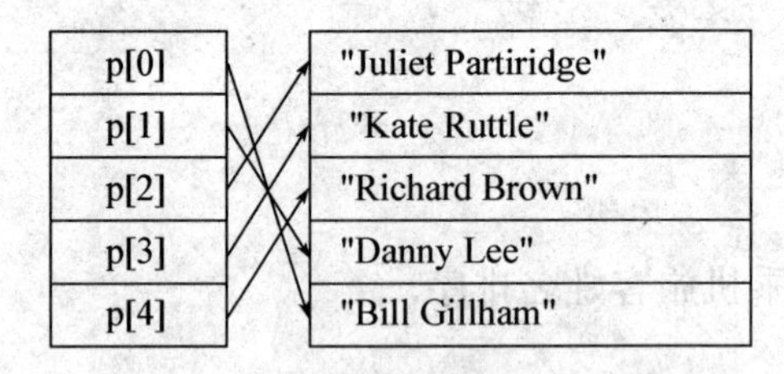

图 10-8　排序后指针数组的指向

【程序代码】

```
#include <stdio.h>
#include <string.h>
int main(void)
{
    char * p[]={"Juliet Partiridge","Kate Ruttle","Richard Brown","Danny
                    Lee","Bill Gillham"};
    char *t;
    int i, j;

    for(i = 0; i < 4; i++)
    {
        for(j = i + 1; j < 5; j++)
        {
            if(strcmp(p[i], p[j]) > 0)
            {
```

```
                t = p[i], p[i] = p[j], p[j] = t;
            }
        }
    }

    for(i = 0; i < 5; i++)
    {
        printf("%s\n",p[i]);
    }
    printf("\n");
    return 0;
}
```

【运行结果】

Bill Gillham
Danny Lee
Juliet Partiridge
Kate Ruttle
Richard Brown

10.2.2　指针数组

我们都知道,整型数组是每个元素都是整型数据的数组,实型数组是每个元素都是实型数据的数组。同样的,指针数组首先也是一个数组,它的每个元素均为指针类型数据。也就是说,指针数组中的每一个元素都是一个指针变量,它的值是一个地址。一维指针数组的定义形式为:

类型名 *数组名[数组长度];

例如

int *p[4];

因为[ ]比*优先级高,所以p可以视为数组名,该数组有4个元素,每个元素都是"int *"类型的,表示此数组的每个元素都是指向整型数据的指针变量。

注意:不要写成"int (*p)[4];"这是指向一维数组的指针变量的定义形式。

引入指针数组的主要目的是便于统一管理同类型的指针,它比较适合用于指向多个字符串,使字符串的处理更加灵活、方便。

采用指针数组来处理字符串有以下好处:首先,如果将若干个字符串存放在一个二维数组中,必须按字符串中最长串的字符数来定义列数,而实际上各个字符串是不等长的,这样就造成了空间的浪费。如果采用指针数组可以指向长度不同的字符串,从而克服存储空间浪费的问题。其次,指针(一个整数地址)需要的存储空间比完全复制字符串要少,在只复制指针而不是整个字符数组时程序能执行得更快;最后,由于字符串自身只被存储一次,在原始列表中做出的拼写更正也会自动反映到其他顺序中。

10.3.3 指向指针的指针变量

前面我们讲到了指针变量，其中存放的是变量的地址，这种指针变量也称为一级指针变量。设有定义“int a, *p;”，如果将变量a的地址存放在整型指针变量p中，则指针变量根据这个地址就能找到变量a，所以可以表示为p指向a，如图10-9所示。

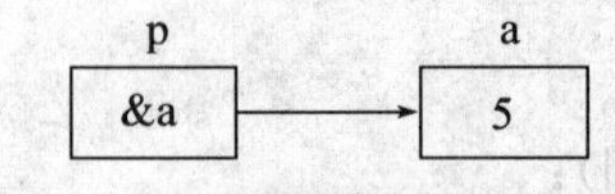

图10-9 指向变量的指针变量

因为指针变量p中保存的是变量a的地址，因此它也要占用存储空间。系统为指针类型的变量分配4个字节的存储空间，我们可以将指针变量p在内存中所占存储空间的首地址存放到另一个变量pp中，根据这个地址就能找到指针变量p。那么这个pp就称为指向指针的指针变量，或者二级指针变量。指针的指向关系如图10-10所示。

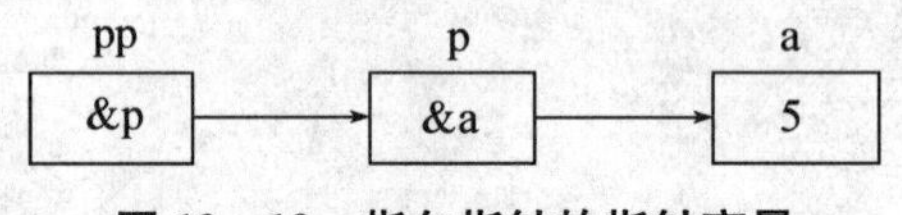

图10-10 指向指针的指针变量

要定义指向指针的指针变量pp，可以采用如下语句：

int **pp;

pp的前面有两个“*”号，而“*”的结合方向是自右向左的，因此“int **pp”等价于“int *(*pp)”。“int *pp”是整型指针变量的定义形式，pp如果再加一个“*”号，表示指针变量pp是指向整型指针变量的。

【例10.6】 二级指针变量的使用。

【程序代码】

```
#include<stdio.h>
int main(void)
{
    int a, b = 400, *p, **pp;
    a = 200;
    p = &a;

    pp = &p;                                /*对二级指针变量赋值*/

    printf("a = %d    *p = %d    **pp = %d\n",a, *p, **pp);
    p = &b;
    printf("b = %d    *p = %d    **pp = %d\n",b, *p, **pp);
    return 0;
}
```

【运行结果】

a = 200 *p = 200 **pp = 200

b = 400 *p = 400 **pp = 400

程序中定义了一个指向指针的指针变量pp,它被用来存放指针变量p的地址。而p是指向整型变量a的,其指向关系如图10-11所示。

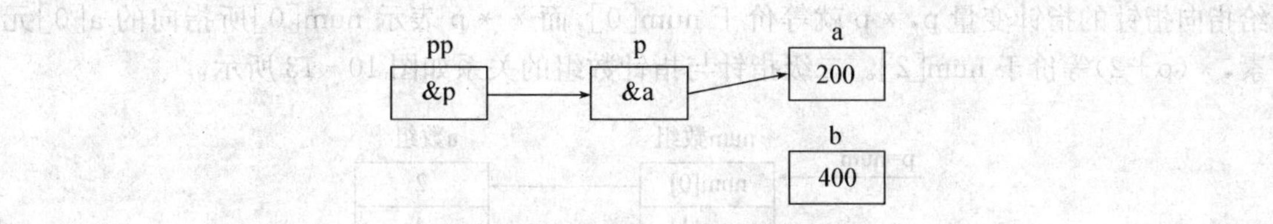

图10-11　pp、p与变量的关系

从图上可以看出*pp等价于p,*p就是a。当p指向整型变量b之后,* pp仍然等价于p,而*p此时为b。其指向关系如图10-12所示。

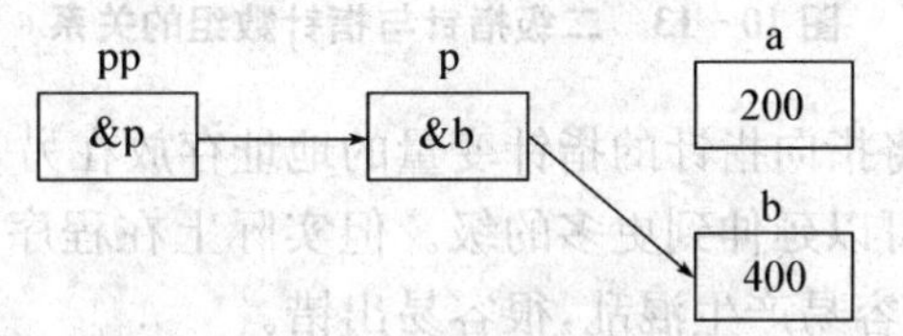

图10-12　pp、p与变量的关系

【例10.7】　指针数组与二级指针的使用。

【程序代码】

```
#include<stdio.h>
int main(void)
{
    int a[5] = {2,4,3,9,7};
    int *num[5] = {&a[0],&a[1],&a[2],&a[3],&a[4]};
    int **p, i;

    p = num;                        /*p指向指针数组的首元素*/

    for(i = 0; i < 5; i++)
    {
        printf("%d\t", **p);
        p++;                        /*p指向指针数组的下一元素*/
    }

    printf("\n");
    return 0;
}
```

【运行结果】

2　4　3　9　7

从以上程序可以看到，num是一个指针数组，它的每一个元素都是一个整型指针变量，其值为地址。数组名num代表该指针数组的首地址，num＋i就是num[i]的地址，所以数组名num也可以理解为地址的地址，即指向指针数据的指针。我们可以将数组名num赋给指向指针的指针变量p，＊p就等价于num[0]，而＊＊p表示num[0]所指向的a[0]元素，＊(p＋2)等价于num[2]。二级指针与指针数组的关系如图10-13所示。

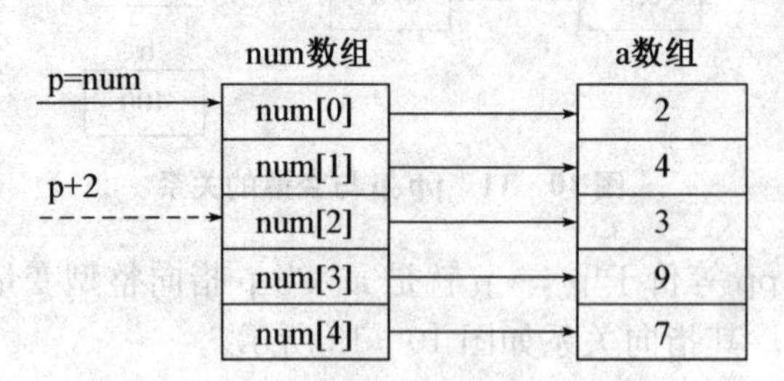

图10-13　二级指针与指针数组的关系

从理论上讲，还可以将指向指针的指针变量的地址存放在另一个变量里，这个变量就称为三级指针，指针的级数可以延伸到更多的级。但实际上在程序中使用时很少有超过二级指针的，因为级数越多，越容易产生混乱，很容易出错。

10.3.4　命令行参数

C语言的源程序要经过编译和连接处理，生成了可执行程序之后，才能运行。设有源程序test.c经编译和连接后，生成可执行程序test.exe，它可以直接在操作系统环境下以命令方式运行。例如，在DOS环境的命令窗口中，输入可执行文件名(假设test.exe存储在D盘的根目录下)：

d:\>test　　　　　　　　/＊test为键盘输入，"＞"为DOS的命令提示符＊/

test可称之为命令名，这种运行方式就称为以命令方式运行程序。输入命令时，在可执行文件(命令)名的后面可以跟一些参数，也就是说，在一个命令中可以包括命令名和参数，这些参数称为命令行参数。例如，输入：

d:\>test world

运行程序。其中test是命令名，而world就是命令行参数。

命令行的一般形式为：

命令名 参数1 参数2 …… 参数n

命令名和各个参数之间用空格分隔，也可以没有参数。使用命令行的程序，需要将源程序经编译、连接为相应的命令文件(一般以exe为后缀)，然后回到命令行状态，在该文件所在的路径下直接输入命令文件名。

在以往的C语言程序中，main( )函数的第一行一般写成以下形式：

int main(void)

实际上主函数main( )可以有两个参数，用于接收命令行参数。带有参数的函数main( )习惯上书写为：

```
int main(int argc,char *argv[])
{
    ......
}
```

argc 和 argv 就是函数 main( )的形参(argc 和 argv 分别是 argument count 和 argument vector 的缩写)。用命令行的方式运行程序时,函数 main( )被调用,系统根据输入的命令行参数的数量和长度,自动分配存储空间存放这些参数(包括命令),并将参数(包括命令)的数量和首地址传递给函数 main( )中定义的形参 argc 和 argv。

第一个参数 argc 接收命令行参数(包括命令)的个数;第二个参数 argv 接收以字符串常量形式存放的命令行参数(包括命令本身也作为一个参数)。字符指针数组 argv[ ]指向各个命令行参数(包括命令),其中 argv[0]指向命令,argv[1]指向第 1 个命令行参数,argv[2]指向第 2 个命令行参数……argv[argc-1]指向最后一个命令行参数。

【例 10.8】 编写 C 程序 echo.c,它的功能是将所有命令行参数在同一行上输出。

【程序代码】

```
#include<stdio.h>
int main(int argc, char *argv[])
{
    int k;
    for(k = 1; k < argc; k++)
        printf("%s",argv[k]);
    printf("\n");
    return 0;
}
```

【运行结果】

在命令行状态下输入:

echo China Nanjing

输出:

ChinaNanjing

命令行参数中,argc 的值是 3,argv 的内容如图 10-14 所示。

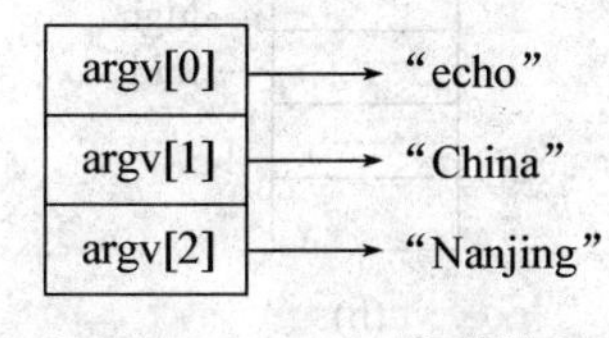

图 10-14　argv 指针数组

因为程序要求的是显示所有的命令行参数,并不包括命令,所以回显从第一个命令行参数 argv[1]开始到最后一个命令行参数 argv[argc-1]结束。源程序保存在 echo.c 中,经编译、连接生成可执行文件 echo.exe,再在 DOS 命令行方式下运行,运行时注意文件路径。

10.2.5　应用举例

【例 10.9】　编写查字典的函数，字典以词条为单位，词条的格式如下：

know：v.知道、了解、认识.

每个词条是一个字符串，整个词典使用一个指向字符类型的指针数组表示，其中指针数组的每个元素指向一个词条。其结构如图 10-15 所示。

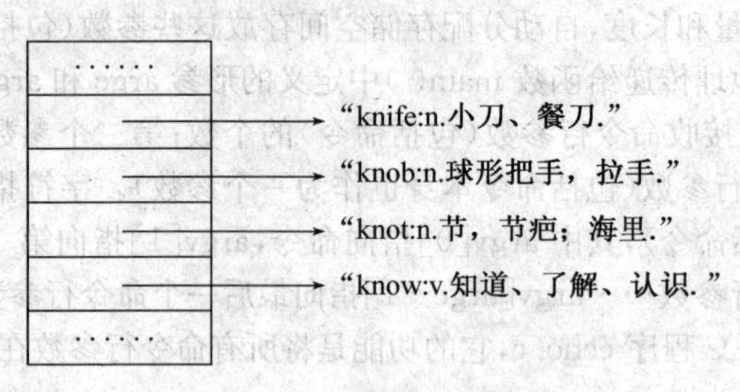

图 10-15　词典的存储结构

【问题分析】

查字典可以使用两种查找方法，一种是顺序查找法，速度慢，效率低，针对于查找的列表未排序的情况；还有一种方法是二分法查找，速度快，但只能对已经排好序的列表进行查找。由于字典中词条数目较多，且字典的排列是有序的，所以采用二分法效率更高。

设字典存放在长度为 n 的一维指针数组 dict 中，设置查找范围为 low 和 high，计算 mid＝(low ＋ high) / 2，如图 10-16(a)所示；若要查找的词 word ＜ dict(mid)，则查找范围可以缩小一半，使 high ＝ mid － 1，如图 10-16(b)所示；若要查找的词 word ＞ dict(mid)，则查找范围也可以缩小一半，使 low ＝ mid ＋ 1，如图 10-16(c)所示。如此不断缩小查找范围，直至查找到目标单词。

因为查字典要进行字符串的比较，所以在语法上不可使用"＞"、"＝＝"或"＜"运算符来进行比较，但可以使用 C 语言的库函数 strncmp 来比较查找的单词和字典上词条的字符串，strncmp(str1，str2，n)表示仅比较字符串 str1 和 str2 的前 n 个字符。使用 strncmp 函数要将头文件 string.h 包含到本程序中。

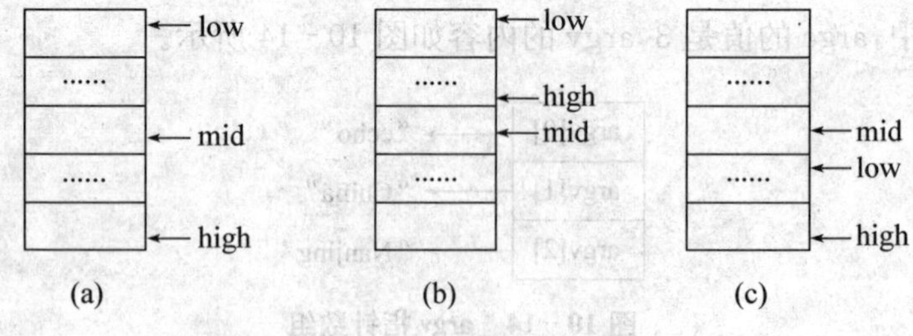

图 10-16　二分法查找

【程序代码】

```
#include<stdio.h>
#include<string.h>
/*函数功能:二分法查找*/
```

```
int search_word(char *word, char *d[], int n)
{
    int low = 0,high = n - 1, mid, search, wordlength = strlen(word);

    do
    {
        mid = (low + high) / 2;                      /*计算中点元素的下标*/
        search = strncmp(word, d[mid], wordlength);  /*字符串比较函数*/
        if(search == 0)                              /*查找成功*/
            return mid;
        else if(search < 0)                          /*缩小查找范围为原表前一半*/
                high = mid - 1;
            else
                low = mid + 1;                       /*缩小查找范围为原表后一半*/
    }while(high >= low);

    return -1;                                       /*查找失败*/
}

int main(void)
{
    char w[30];
    char *dict[5] = { "kite: n. 风筝.",
                      "knife: n. 小刀、餐刀.",
                      "knob: n. 球形把手,拉手.",
                      "knot: n. 节,节疤;海里.",
                      "know: v. 知道、了解、认识."};
    int i;
    printf("please input the word:\n");
    scanf("%s", w);                                  /*输入要查找的单词*/

    i = search_word(w, dict, 5);                     /*调用二分法查字典函数*/

    if( i == -1)                    /*若函数返回值为-1,则表示词典中无此词*/
        printf("NOT FOUND! \n");
    else                            /*若函数返回值不为-1,表示在词典中查到此词*/
        printf("%s \n",dict[i]);                     /*输出该词条*/
}
```

【运行结果 1】

please input the word：

knob↙

knob：n. 球形把手,拉手.

【运行结果 2】

please input the word：

knee↙

NOT FOUND!

10.3　指针与函数

10.3.1　查找与替换字符

【例 10.10】 在字符串中查找指定字符,并进行替换。例如,输入字符串"prcgram"和字符"c"、"o"后,在字符串"prcgram"中查找字符"c",并将其替换为字母"o",输出替换后的字符串"program",查找和替换功能要求使用函数实现。

【问题分析】

在字符串中查找指定字符,可以使指针指向该字符串的首字符,而后将指针指向的字符与指定字符进行比较,如果相同则用新字符替换原字符,否则不予替换。每比较完一个字符,指针指向该字符串的下一个字符,直至遇到字符串的结束标志'\0'为止。

【解题步骤】

(1) 输入待查找的字符串;

(2) 输入需查找的字符和替换的字符;

(3) 调用函数实现字符串中指定字符的查找和替换;

(4) 输出完成查找和替换后的字符串。

【关键代码】

因为在字符串中查找指定字符并替换的功能要求在函数中实现,所以函数的形式参数必须有三个,一个为字符串,一个为要查找的字符,还有一个为替换为的字符。函数的返回值为完成查找和替换操作后的字符串,若字符串中无要查找的字符,则返回空字符串。根据函数的功能,可以设计函数首部为:

```
char *replace(char *s, char ch, char rh);
```

其中 s 为字符型的指针变量,存放的是字符串的首地址,ch 中存放的是待查找的字符,rh 中存放的是替换的字符,该函数返回的是一个字符型的指针。

为了在函数中区分是否进行了字符替换,可以设置一个标志位 flag,设其初值为 0。一旦在字符串中查找到了指定的字符,除了完成字符替换外,可以将标志位 flag 的值设置为 1。当查找过程结束之后,可以根据标志位的值来判断是否完成了字符的查找与替换。函数体内查找和替换的过程可以设计为:

```
int flag = 0;
while(*s != '\0')
```

```
{
    if( *s == ch)
    {
        *s = rh;
        flag = 1;
    }
    else
        s++;
}
```

【程序代码】

```
#include<stdio.h>
char *replace(char *s, char ch, char rh);                 /*函数原型声明*/
int main(void)
{
    char ch, rh, str[80], *p=NULL;
    printf("Please Input the string:\n");
    scanf("%s", str);                                      /*输入字符串*/
    printf("Please Input the char(search):\n");
    getchar();                                             /*读入一个回车符*/
    ch = getchar();                                        /*输入要查找的字符*/
    printf("Please Input the char(replace):\n");
    getchar();                                             /*读入一个回车符*/
    rh = getchar();                                        /*输入要替换的字符*/

    if((p = replace(str,ch,rh)) != NULL)                   /*调用函数 replace*/
        printf("%s\n", p);
    else
        printf("Not Replace\n");
    return 0;
}

/*函数功能:在 s 指向的字符串中查找 ch 字符,
若找到,用 rh 替换该字符,否则返回错误信息*/
char *replace(char *s, char ch, char rh)
{
    int flag = 0;                                          /*标志位*/
    char *n = s;                                           /*保存字符串的首地址*/
```

```
    while( *s ! = '\0')
    {
        if( *s == ch)                                /* 查找 ch 字符 */
        {
            *s = rh;                                 /* 找到后用 rh 替换该字符 */
            flag = 1;                    /* 若查找到字符并进行替换了,修改标志位 */
        }
            s++;
    }

    if(flag == 1)
        return(n);
    else
        return(NULL);
}
```

【运行结果】

```
Please Input the string:
prcgram
Please Input the char(search) :
c↙
Please Input the char(replace) :
o↙
program
```

10.3.2 指针变量作函数参数

函数的参数不仅可以是整型、实型、字符型,还可以是指针类型。当函数的实参是指针类型时,相应的形参应为同一类型的指针。

1. 指针变量作函数参数接收变量地址

函数调用时,将一个变量的地址(即指针)传送给被调用函数的形参,就可以在被调用函数中通过该指针间接访问主调函数中的变量值了。

【例 10.11】 对输入的的两个整数按大小顺序输出。

【程序代码】

```
#include<stdio.h>
void swap(int *p1, int *p2)                /* 函数的形参为整型指针变量 */
{
    int temp;
    if( *p1 < *p2)
    {
        temp = *p1;
```

```
        *p1 = *p2;
        *p2 = temp;
    }
}

int main(void)
{
    int a, b;
    printf("please input a and b:\n");
    scanf("%d%d", &a, &b);

    swap(&a, &b);                    /*调用函数时实参应为整型地址或整型指针*/

    printf("max=%d   min=%d\n",a, b);
    return 0;
    }
```

【运行结果】

```
please input a and b:
5  9↙
max=9  min=5
```

swap( )函数的作用是比较两个变量的值(a 和 b)并进行交换,函数中两个形参 p1,p2 都是整型指针变量。程序开始执行时,先输入 a 和 b 的值,而后调用函数 swap( ),实参将它的值给形参变量,也就是将 &a 赋给形参 p1,&b 赋给形参 p2。这样 p1 就指向了变量 a,而 p2 指向了变量 b,如图 10-17 所示。

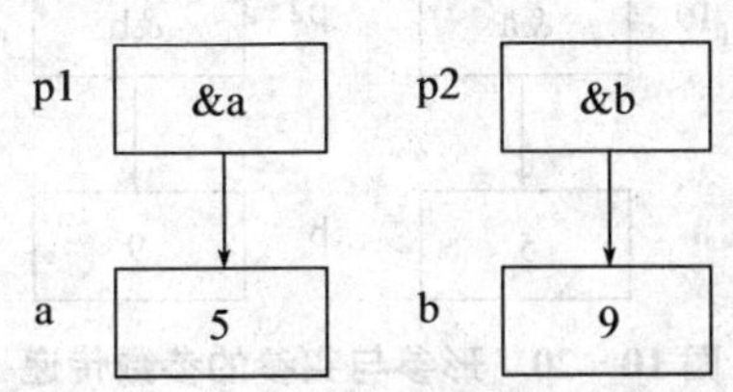

图 10-17　形参与实参的参数传递

在 swap( )函数中首先对 *p1 和 *p2 进行了比较,按照指针的指向运算,*p1 实际上就是变量 a,*p2 就是变量 b。显然 *p1 是小于 *p2 的,满足 if 语句的条件,交换 *p1 和 *p2 的值,即交换变量 a 和 b 的值。交换之后的结果如图 10-18 所示。

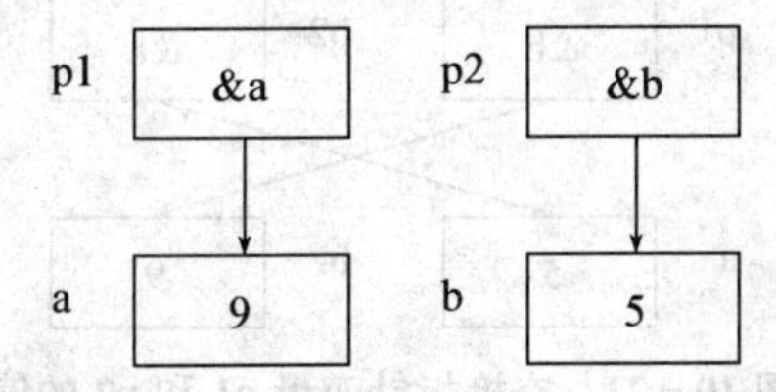

图 10-18　通过指针交换 a 和 b 的值

当函数 swap( )执行完毕后回到主函数，p1 和 p2 因为作用域结束了，所占用的存储空间被释放，即 p1 和 p2 不存在了。此时只有变量 a 和 b 存在，如图 10－19 所示。

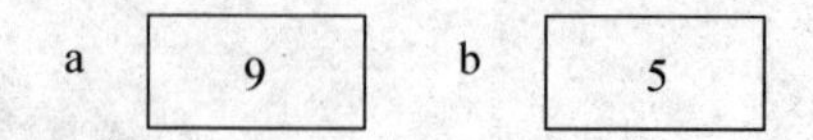

图 10－19　函数调用结束后变量 a 和 b 的值

使用指针变量作为函数的参数，在函数执行过程中使指针变量所指向的变量值发生改变，函数调用结束后，这些变量值的变化被保留下来。通过这种方式可以从函数中带出多个数值，而在通常情况下，函数的调用最多仅可以得到一个返回值(即函数值)。

如果将 swap( )函数作如下修改，是否会有不同的结果呢?

```
void swap(int *p1, int *p2)
{
  int *temp;
  if(*p1 < *p2)
  {
    temp = p1;
     p1 = p2;
     p2 = temp;
  }
}
```

在该函数中，通过比较 * p1 和 * p2 来交换指针变量 p1 和 p2 的值，能否最终使 a 和 b 的值按从大到小的顺序来排列呢? 调用 swap( )函数后，通过实参向形参的传递，可以得到如图 10－20 的结果。

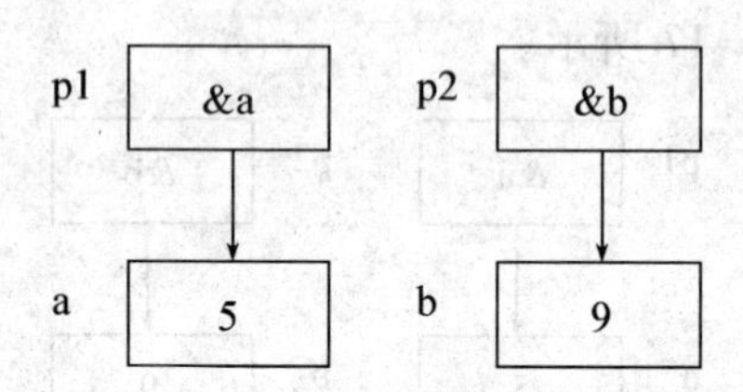

图 10－20　形参与实参的参数传递

因为在 swap( )函数中交换的是指针变量 p1 和 p2 的值，所以经过交换后 p1 中存放的是变量 b 的地址，而在 p2 中存放的是变量 a 的地址。即 p1 指向变量 b，而 p2 指向变量 a，结果如图 10－21 所示。

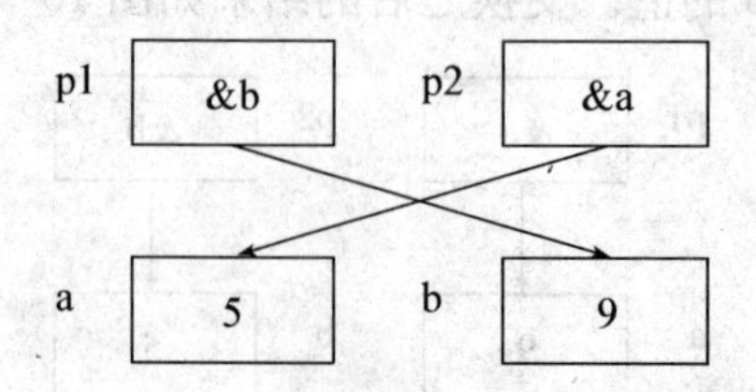

图 10－21　交换指针变量 p1 和 p2 的值

当函数 swap( )执行完毕后回到主函数，p1 和 p2 因为作用域结束了，所占用的存储空间被释放，即 p1 和 p2 不存在了。此时只有变量 a 和 b 存在，我们发现 a 和 b 中的值在调用函数后并未发生任何改变，结果如图 10－22 所示。

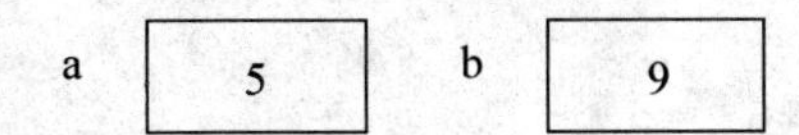

图 10－22　函数调用结束后变量 a 和 b 的值

2. 指针变量作函数参数接收一维数组地址

前面我们介绍了向函数传递数组的实质就是向函数传递数组首元素的地址，而且数组名是一个指向数组首元素的指针，所以可以将函数的形式参数定义为指针变量来接收数组地址。

【例 10.12】　使用函数完成数组的拷贝。

【程序代码】

```
#include<stdio.h>
void arraycopy(int *s, int *d, int size)          /*数组复制函数*/
{
    int i = 0;
    for(i = 0; i<size; i++)
    {
        d[i] = s[i];
    }
}

void out(int *p, int size)
{
    int i = 0;
    for(i = 0; i < size; i++)
        printf("%d  ", *(p+i));
    printf("\n");
}

int main(void)
{
    int a[ ]={3,5,1,7,0,5,8,6};
    int b[8];

    arraycopy(a, b, sizeof(a)/sizeof(int));          /*调用数组复制函数*/

    printf("The data of array a is:");
```

```
    out(a, sizeof(a)/sizeof(int));
    printf("The data of array b is:");
    out(b, sizeof(b)/sizeof(int));
    return 0;
}
```

【运行结果】

```
The data of array a is: 3  5  1  7  0  5  8  6
The data of array b is: 3  5  1  7  0  5  8  6
```

根据 arraycopy( )函数,可以看到向函数传递数组和传递指针是完全相同的,通过指针的间接引用或数组操作,就可以在函数内实现对实参数组元素的修改。编译时,系统对函数的形参数组仍然按指针变量来处理,arraycopy( )函数的首部等价于:

void arraycopy(int s[ ], int d[ ], int size)

当调用此函数时,将数组 a 的首元素地址传递给指针变量 s,数组 b 的首元素的地址传递给指针变量 d,使 s 指向的是数组 a 的首元素,d 指向的是数组 b 的首元素。*(s + i)等价于 a[i],也可以写成 s[i]的形式,同样 *(d + i)等价于 b[i],也可以表示成 d[i]。将 s[i]赋给 d[i],实际上就是将 a[i]赋给 b[i]。虽然这个函数没有返回值,但数组赋值的结果仍然在主函数中反映出来了,这就是因为通过函数参数传递的是地址而不是数值。

形参与实参的结合,通常可以有以下 4 种形式,如表 10-1 所示:

表 10-1 形参与实参的结合的形式

形 参	实 参
数组	数组名
数组	指针变量
指针变量	数组名
指针变量	指针变量

3. 行指针作为函数参数

指向二维数组的指针有两种形式,分别是元素指针和行指针。如果函数的参数为行指针,则实参与形参之间传递的就是行地址。

【例 10.13】 已知某小组有 3 位同学 4 门课的成绩,计算每位学生的总成绩,并输出。

【程序代码】

```
#include<stdio.h>
void sum(int (*p)[5])                    /*计算每位学生的总成绩*/
{
    int i, j;
    for(i = 0; i < 3; i++)
    {
        for(j = 0; j < 4; j++)
        {
```

```
            *(*(p+i)+4) = *(*(p+i)+4) + *(*(p+i)+j);
                                        /*数组的最后一列用来存放总成绩*/
        }
    }
}

void out(int a[3][5])
{
    int i, j;
    for(i = 0; i < 3; i++)
    {
        for(j = 0; j < 5; j++)
        {
            printf("%d\t", a[i][j]);
        }
        printf("\n");
    }
}
int main(void)
{
    int s[3][5]={{78,86,71,90},{85,91,76,77},{65,71,73,68}};
                            /*每位同学对应数组的一行,其中最后一列存放总成绩*/
    sum(s);                             /*调用求和函数*/
    printf("The score is:\n");
    out(s);                             /*调用输出函数*/
    return 0;
}
```

【运行结果】

```
The score is:
78  86  71  90  325
85  91  76  77  329
65  71  73  68  277
```

在函数 sum( )中,形参 p 被定义为指向一维数组的指针变量,指向的是具有 5 个整型元素的一维数组。因为 p 是一个行指针,所以要求实参也必须是行指针,在二维数组 s 中,s+i是二维数组第 i 行的首地址。当 sum( )函数开始调用时,传给 p 的是该数组第 0 行的首地址 s,p+i 等价于 s+i,*(p+i)+j 是 s[i][j]的地址,*(*(p+i)+j)就是 s[i][j]。注意在这里不能将 p 声明为指向整型数据的指针变量,如:

```
void sum(int *p);
```

该声明是不正确的,因为 p 的类型与实参 s 的类型是不匹配的。

10.3.3 指向函数的指针变量

指针变量可以指向整型变量、字符串和数组，当然也可以指向一个函数。C语言中的每一个函数在系统编译后，其目标代码连续存放在一段内存单元中。函数被调用时，就是从这段内存单元的起始地址开始执行目标代码的，该起始地址就是函数的入口地址，也称为函数的指针。我们可以定义一个指针变量来指向函数，然后通过该指针变量调用此函数。

指向函数的指针变量的一般定义形式为：

函数类型（*指针变量名)(函数形参表)

【例10.14】 使用指向函数的指针变量来调用函数。

【程序代码】

```
#include<stdio.h>
int sum(int x, int y)
{
    int s = x + y;
    return s;
}

int main(void)
{
    int (*p)(int , int );                    /*定义指向函数的指针变量p*/
    int c, d, t;
    printf("Please input a and b :\n");
    scanf("%d%d", &c, &d);

    p = sum;                                 /*p指向sum函数*/
    t = (*p)(c, d);                          /*调用函数sum*/

    printf("The Sum is: %d\n", t);
    return 0;
}
```

【运行结果】

```
Please input a and b :
5  8↙
The Sum is  13
```

在上面的程序中，主函数定义了一个指向函数的指针变量p,并使它指向了sum( )函数，然后通过该指针变量调用此函数。定义指向sum( )函数的指针变量的方法是：

int (*p)(int , int);

将它和函数sum的原型作比较：

int sum(int , int);

可以看出：只是用(＊p)取代了 sum，而其他都是一样的。这就说明定义的指针变量 p 只能指向两个形参均为整型，并且返回值也为整型的函数，参数的个数和类型不同或者返回值类型不相符的函数是不能被指向的。

注意在定义指向函数的指针变量 p 时，(＊p)两侧的括号不可省略，表示 p 先与＊结合，它是一个指针变量，然后再与后面的"()"结合，表示该指针变量是指向函数的，该函数的返回值是整型，且有两个整型形参。如果表示成：

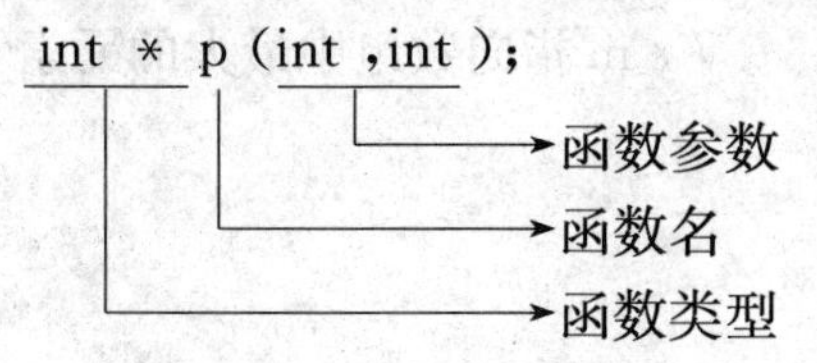

由于()优先级高于＊，它就成了声明一个函数了，并且该函数的返回值是指向整型变量的指针。

int (＊p)(int, int)定义了指向函数的指针变量，但它并不是固定指向某一个函数，而只是表示了这样一种类型的变量，它是专门用来存放返回值为整型，有两个整型参数的函数入口地址。在程序中把哪一个符合此条件的函数的地址赋给它，它就指向哪一个函数。

和数组名代表数组的起始地址一样，函数名代表该函数的入口地址，也就是该函数在内存中存放的首地址。赋值语句"p = sum"的作用是将函数 sum( )的入口地址赋给指针变量 p。这样 p 和 sum 都指向了函数的第一条指令，如图 10－23 所示。

请注意：将函数名 max 赋给 p，不能写成"p = max(a, b);"的形式。因为函数名代表函数入口地址，而 max(a, b)则是函数调用了，其含义是将调用函数得到的返回值赋给 p。

在例 10.14 中，如果要调用指针变量指向的函数，通过语句：

t = (＊p)(c,d);

或者

t = p(c,d);

即可，两者和 t = sum(c,d)是等价的，所得的结果也是一致的。

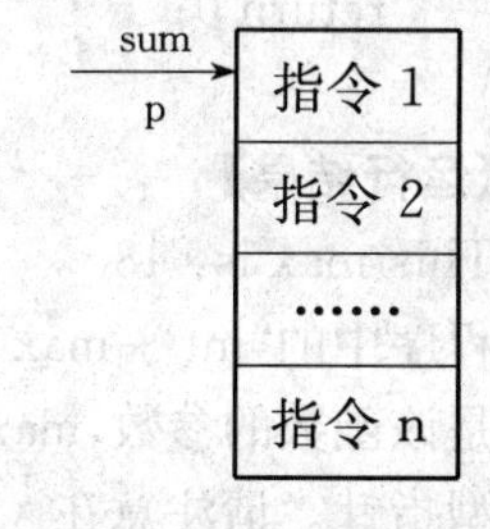

图 10－23　指向函数的指针变量

10.3.4　返回值为指针型的函数

一个函数的返回值可以是整型、字符型或者实型等，也可以是指针类型，即指针能够作为函数的一种返回值的类型。返回指针值的函数简称为指针函数。

定义指针函数的一般形式为：

类型名 ＊函数名(参数列表)；

【例 10.15】　求一维数组中的最大值

【程序代码】

```
#include<stdio.h>
int *max(int array[ ], int size)                /*求一维数组的最大值*/
{
```

```
    int *m = array, i;

    for(i = 0; i < size; i++)
    {
        if(array[i] > *m)
        {
            m = &array[i];                    /*m 指向数组中最大的元素*/
        }
    }
    return m;
}

int main(void)
{
    int a[]={6,4,2,1,7,9,18,5,0,8};

    printf("This max is: %d\n", *max(a,sizeof(a)/sizeof(int)));    /*调用函数*/

    return 0;
}
```

【运行结果】

This max is: 18

程序中的"int *max(int array[ ], int size)"是函数首部，max 是该函数的函数名，括号中的是该函数的参数，max 前面的就是函数返回值的类型，"int *"表明该函数返回的是一个整型指针。请注意在 *max 两侧没有括号，在 max 的两侧分别为 * 运算符和()运算符。而()优先级高于 *，因此 max 先与()结合，很显然这是函数的形式。

要注意的是，返回的指针所指向的数据不能够是函数内声明的变量。因为一个函数一旦运行结束，在函数内声明的变量就会消失。这就好像下课同学们都走了，教室里某个座位到底有没有人坐着，我们是无法确定的。所以指针函数必须返回一个函数结束运行后仍然有效的地址值。

10.3.5 应用举例

【例 10.16】 编写一个函数，用于去掉字符串前面的空格，其函数原型如下：

char *mytrim(char *s);

其中，参数 s 为字符串，返回值为指向 s 的指针。

【问题分析】

定义一个字符指针指向字符串的首字符，判断字符串前面是否有空格，如果有，继续向后判断直到第一个非空格的字符出现，将从该指针开始的字符串复制到原字符串中即可，复制结束后不要忘了在字符串的尾部加上结束标记'\0'。

【解题步骤】

(1) 指针 p,q 分别指向字符串的首地址；

(2) 指针 p 对指向的字符进行判断，若为空格，指向下一个字符，直至指向非空格字符；

(3) 将指针 p 指向的字符赋值给指针 q 所指向的存储单元，p、q 依次后移，直至 p 指针指向的字符为结束标记；

(4) 将结束标记'\0'赋值给 q 所指向的存储单元；

(5) 将字符串的首地址作为函数的返回值。

【程序代码】

```
#include<stdio.h>
char *mytrim(char *s)                  /*函数功能:删去字符串前面的空格*/
{
    char *p = s, *q = s;
    while(*p == ' ')                   /*找到第一个不为空格的字符*/
    {
        p++;
    }
    while(*p != '\0')                  /*非空格字符顺序前移*/
    {
        *q = *p;
        p++;
        q++;
    }
    *q = '\0';
    return s;
}
int main(void)
{
    char str[] = "        The art of computer programming";
    printf("截取空格前的原始字符串是:[%s]\n", str);
    printf("截取空格后的字符串是:[%s]\n", mytrim(str));        /*函数调用*/
    return 0;
}
```

【运行结果】

```
截取空格前的原始字符串是:[        The art of computer programming]
截取空格后的字符串是:[The art of computer programming]
```

10.4 小结

一、知识点概括

各种指针数据类型定义如表 10－2 所示。

表 10－2 指针数据类型

定　义	含义
int * p;	p 为指向整型数据的指针变量
int * p[10];	定义指针数组 p,它由 10 个指向整型数据的指针元素组成
int (* p)[10];	p 为指向含 10 个整型元素的一维数组的指针变量
int * p( );	p 为带回一个指针的函数,即该函数返回的是指向整型数据的指针
int (* p)( );	p 为指向函数的指针,该函数返回一个整型值
int * * p;	p 是一个指向指针的指针变量,它指向一个整型数据的指针变量

指针是 C 语言中重要的概念,使用指针的优点有很多:① 提高程序运行效率,可以对内存直接操作;② 在调用函数时,可以改变被调用函数中某些变量的值,使这些值能为主调函数使用,即可以通过函数的调用,得到多个可改变的值;③ 可以实现动态存储分配(第 12 章中介绍)。

但是同时应该看到,指针也是一把双刃剑。因为它的使用实在太灵活了,对熟练的程序人员来说,可以利用它编写出运行速度快、质量优良的程序,实现许多用其他高级语言难以实现的功能。但也十分容易出错,而且这种错误往往难以发现,由于指针运用的错误甚至会导致整个程序遭受破坏。比如未对指针变量 p 赋值就向 * p 赋值,或者赋予指针变量一个错误的值时,就可能破坏了有用存储单元的内容,会成为一个极其隐蔽的、难以发现的故障。因此,使用指针时最好通过画图将指针的指向关系表示出来,多上机调试程序,弄清一些细节,并积累使用经验。

二、常见错误列表

错误实例	错误分析
int a[3][4], * p; p = a;	二维数组的数组名 a 为行指针,指针变量 p 为元素指针,类型不符,不能赋值。
void swap(int * p1, int * p2) {...} int main(void) { int a, b; ... swap(a, b); }	函数参数传递类型不符,函数的形式参数为指针,实际参数应为变量的地址,函数调用语句应改为: swap(&a, &b);
int a[3][4], (* p)[3]; p = a;	p 为指向有 3 个整型元素的一维数组的行指针变量,但二维数组 a 中一行有 4 个整型元素,类型不符,p 不能指向 a 的一行元素。

习　题

1. 编写程序，输入月份号，可以输出该月的英文月名。例如，输入“3”，则输出“March”，要求用指针数组来处理。

2. 编写一个函数 int index(char *s, char *t)，返回一个子串 t 在另一个字符串 s 中出现的次数，如果该子串不出现，则返回 0。

3. 设计一个函数，将一个字符串拷贝到另一个参数所指向的字符数组中。在主函数中完成输入一个字符串、输出拷贝后的字符串的功能。

4. 定义一个整型的二维数组 s[5][5] 并输入数值。设计一个函数，用指向一维数组的指针变量和二维数组的行数作为函数的参数，求出平均值、最大元素值和最小元素值，并输出。

5. 输入一个字符串，内有数字和非数字字符，如：

a123x456　1832!　406tbs9876

将其中连续的数字作为一个整数，依次存放到一数组中。例如，123 放在 a[0]，456 放在 a[1]，……。统计共有多少个整数，并输出这些数。

6. 设计一个程序，用指向函数的指针完成下述功能：

编写两个对一维数组(int a[N])排序的函数，其中一个按升序排列，另一个按降序排列。主函数中定义一个指向函数的指针，根据需要调用上面两个函数之一，将实参排序。

第十一章　结构体和共用体

我们已经知道，一批相同类型的相关数据的存储与处理在C语言中可以使用数组来解决。但是在实际程序设计中，经常会要求对某一客观事物及其属性进行描述，例如一个学生的基本属性包括：学号、姓名、性别、年龄、各门课程的成绩等。为了描述这样的数据，C语言中给出了另一种构造数据类型——结构体（Structure），将一组不同类型的相关信息组织在一起，以便统一管理。前面学习的整型、实型、字符型等数据类型，是C编译系统内置的基本数据类型，而结构体类型是由用户根据需要自己构造的数据类型。

11.1　结构体的定义和初始化

通常，新生入学时，学校会组织学生进行体检，假设张三同学的体检单如表11-1所示。

表11-1　张三同学体检单

姓 名	张三
性 别	男
年龄	18
身高(cm)	180
体重(kg)	65.5
…	…

从表11-1可以看出，一个学生的体检单包括：姓名、性别、年龄、身高、体重等。在这一组相关信息中，姓名应使用字符数组类型，性别应为字符型，年龄应为整型，身高体重可为浮点型，这些信息的数据类型多种多样。怎样对这些相关数据进行管理呢？C语言使用结构体将这些不同类型的相关数据项组织在一起，以便统一存储和处理。

构造数据类型（也称为复合数据类型）允许用户根据实际需要利用已有的基本数据类型来构造自己所需的数据类型，结构体就是C语言中构造数据类型的典型代表。

使用结构体前，首先要定义结构体类型，结构体类型定义之后，才可进行结构体类型的变量、常量或数组的声明和定义等。

11.1.1　张三的体检单

张三同学的体检单如表11-1所示，现假设张三同学拿着已填好姓名、性别和年龄的体检单到医院进行体检。现在大部分医院已经实现信息化管理，医生只需扫描或输入一下体检卡上的编码，电脑上便会显示体检人的相关信息，检查结束后，医生需要将检查结果录入电脑，体检结果便可以打印或网络查询。

【例 11.1】 编程模拟体检信息录入和显示的过程。

【问题分析】 体检卡上包括姓名、性别、年龄、身高、体重等信息，应使用结构体来存储和处理这组相关信息。结构体体检单定义如下所示：

```
/*定义结构体 － 体检单*/
struct stuPE
{
    char name[20];                  /*姓名*/
    char sex;                       /*性别,'M'表示男性,'F'表示女性*/
    int age;                        /*年龄*/
    float height;                   /*身高*/
    float weight;                   /*体重*/
};
```

张三同学体检单已填好姓名、性别和年龄，所以定义结构体变量 stu 时同时对其成员姓名、性别和年龄进行初始化，如下所示：

```
struct stuPE stu = {"张三", 'M', 18};/    *结构体变量的定义及部分初始化*/
```

【程序代码】

```
#include <stdio.h>
/*定义结构体 － 体检单*/
struct stuPE
{
    char name[20];                          /*姓名*/
    char sex;                               /*性别,'M'表示男性,'F'表示女性*/
    int age;                                /*年龄*/
    float height;                           /*身高*/
    float weight;                           /*体重*/
};

int main(void)
{
    struct stuPE stu = {"张三", 'M', 18};/*结构体变量的定义及部分初始化*/

    printf("请输入%s的体检结果:\n身高(cm):", stu.name);
    scanf("%f", &stu.height);               /*输入身高*/
    printf("体重(kg):");
    scanf("%f", &stu.weight);               /*输入体重*/

    /*输出体检单*/
```

```
    printf(" \n ----- 体检单 -----\n");
    printf("    姓名:       %s\n", stu.name);
    printf("    性别:       %s\n", stu.sex == 'M' ? "男" : "女");
    printf("    身高(cm): %.1f\n", stu.height);
    printf("    体重(kg): %.1f\n", stu.weight);
    printf(" ---------------------------\n");

    return 0;
}
```

【运行结果】

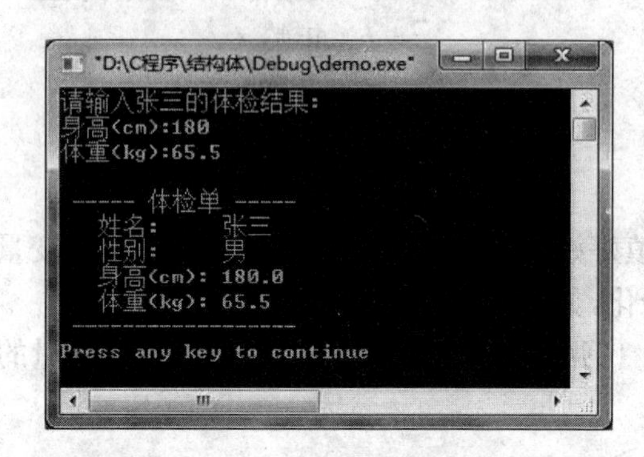

11.1.2　结构体的定义

结构体类型定义的一般形式为:

```
struct 结构体标识符
{
    数据类型　成员名1;
    数据类型　成员名2;
    ……
    数据类型　成员名n;
};
```

其中,struct是C语言的关键字,表示定义结构体类型。结构体标识符为结构体类型的标记,是一个合法的C语言标识符,对它的命名要尽量做到“见名知意”。结构体数据类型由若干个数据成员组成,对每个成员也必须作类型说明。最后的分号表示结构体类型定义的结束,不可缺少。例如,表示学生基本信息的结构体数据类型可以定义如下:

```
struct student
{
    char number[20];                /*学号*/
    char name[20];                  /*姓名*/
    char sex;                       /*性别,'M'表示男性,'F'表示女性*/
    int age;                        /*年龄*/
```

```
};
```

以上定义了一个结构体类型，类型名称为 student。该结构体数据类型由 4 个成员组成，number 和 name 是字符数组，分别存放学号和姓名，sex 表示性别（通常 'M' 表示男性，'F' 表示女性），最后是 age 存放年龄。应注意在括号后的分号是不可少的。结构体类型定义之后，即可进行变量说明，凡声明数据类型为结构体 student 的变量都由上述 4 个成员组成。

定义结构体数据类型时要注意以下几点：

(1) 结构体类型定义只是声明了一种数据类型（与 int、float、char 内置数据类型相同），并未声明结构体类型的变量，编译器此时不为其分配内存单元。

(2) 结构体成员可以是任何基本数据类型，也可以是数组、指针等构造数据类型。例如，学生信息中要增加三门课程成绩，结构体 student 可修改如下：

```
struct student
{
    char number[20];            /*学号*/
    char name[20];              /*姓名*/
    char sex;                   /*性别*/
    int age;                    /*年龄*/
    float score[3];             /*成绩,数组,存放3门课程成绩*/
};
```

11.1.3　结构体变量的定义和初始化

1. 结构体变量的定义

结构体类型的定义只是由用户构造了一个新的结构体数据类型，此时系统不会为其分配内存空间。结构体类型定义好后，可以像 C 语言中的基本数据类型一样使用，即可以用它来定义变量、数组等，系统会为该变量或数组分配相应的存储空间。

定义结构体类型变量的方法有以下 3 种。

(1) 先定义结构体类型，再定义该结构体类型变量，推荐使用这种方法。例如：

```
struct student              /*定义结构体类型 student*/
{
    char number[20];        /*学号*/
    char name[20];          /*姓名*/
    char sex;               /*性别*/
    int age;                /*年龄*/
};
struct student stu;         /*定义结构体类型变量 stu*/
```

(2) 在定义结构体类型的同时定义该类型变量。其语法形式为：

```
struct 结构体标识符
{
    数据类型　成员名1;
```

数据类型　成员名 2;

……

数据类型　成员名 n;

} 变量 1，变量 2…，变量 n;

其中变量 1，变量 2…，变量 n 为变量列表，遵循变量的定义规则，多个变量之间用逗号隔开。例如，以下语句除定义结构体类型 student 外，还同时定义了两个 student 类型的变量 stu1 和 stu2。

```
struct student
{
    char number[20];              /*学号*/
    char name[20];                /*姓名*/
    char sex;                     /*性别*/
    int age;                      /*年龄*/
} stu1, stu2;
```

(3) 不定义结构体类型标识符，直接定义结构体变量。

struct

{

数据类型　成员名 1;

数据类型　成员名 2;

……

数据类型　成员名 n;

} 变量 1，变量 2…，变量 n;

例如，以下语句定义了一个具有相同成员的结构体变量，但未指定结构体名称。

```
struct
{
    char number[20];              /*学号*/
    char name[20];                /*姓名*/
    char sex;                     /*性别*/
    int age;                      /*年龄*/
} stu1;
```

采用这种定义方式，不能在程序的其他地方定义该类型结构体变量，因此不常用。

定义结构体变量后，系统为其分配内存空间，结构体变量各成员按顺序存储，每个成员分别占有自己的内存单元。例如，以上结构体变量 stu1 的内存空间分配如图 11－1 所示。

图 11－1　结构体变量 stu 的内存空间分配

可以用 sizeof 运算符计算该变量或该变量类型所占存储空间的字节数。例如：

sizeof(变量名)

sizeof(类型标识符)

例如，定义结构体 student，并声明 student 类型变量 stu1。

```
struct student
{
    char number[20];            /*学号*/
    char name[20];              /*姓名*/
    char sex;                   /*性别*/
    int age;                    /*年龄*/
};
struct student stu1;
```

则 sizeof(struct student) 和 sizeof(stu1)的值为 48。

注意，一个结构体变量所占内存空间一般大于等于该结构体变量各成员所占字节数之和。按常理来说，一个结构体变量所占内存空间应当等于其各成员所占字节数之和。但使用 sizeof 运算符计算 stu1 的长度，得到的是 48(在 VC6 环境下，下同)。为什么"sizeof(stu1)"的值不是 45 而是 48 呢？

我们知道，计算机内存空间是按照字节来划分的，从理论上说对内存空间的访问可以从任何地址开始，但实际上不同架构的 CPU 为了提高访问内存的速度，规定了对于某些类型的数据只能从特定的起始位置开始访问。这样就决定了各种数据类型只能按照相应的规则在内存空间中存放，而不能一个接一个的顺序排列。一般的计算机系统要求数据必须从某个数(通常是 2、4 或者 8)的整数倍的地址开始存放。这种对数据对象存储位置的特殊要求称为"对齐"(alignment)。结构体的长度必须为结构体的自身对齐值的整数倍，不够就补空字节。

以 32 位系统为例，数据的对齐规则如下：

(1) char 类型数据对齐值为 1 字节。

(2) short 类型为 2 字节。

(3) int、long(32 位)对齐值为 4 字节。

(4) float 类型的对齐值为 4 字节。

(5) double 类型的对齐值为 8 字节。

结构体的对齐值取其成员最大的对齐值。所以，结构体 student 的对齐值为 4，结构体变量 stu1 所占内存空间应当为 4 的整数倍，即 48 字节。在 sex 成员和 age 成员间有 3 个字节的空字节。注意，对齐规则在不同的计算机系统和编译环境下可能会有所不同。

2. 结构体变量的初始化

定义结构体变量时，对其成员赋初值，就是结构体变量的初始化。与数组初始化类似，将结构体变量各成员初始化值按顺序用一对花括号括起来，数据间以逗号分隔，称为初始值表。结构体变量初始化的一般形式为：

结构体类型　结构体变量名={初始值表}；

例如：

```
struct student
{
    char number[20];                /*学号*/
    char name[20];                  /*姓名*/
    char sex;                       /*性别*/
    int age;                        /*年龄*/
};

struct student stu1 = {"10010101", "张三", 'M', 20};
```

这样,结构体变量 stu1 各成员依次被赋予初值:number 初始化为"10010101", name 初始化为"张三"、sex 初始化为 'M',age 初始化为 20,如图 11-2 所示。初始值表中各表达式之间用逗号隔开,其类型必须与各对应成员的类型相同。

10010101	张三	'M'	20

图 11-2 结构体变量 stu1 的初始化内容

对学生信息进行修改,增加三门课程成绩,代码如下:

```
struct student
{
    char number[20];                /*学号*/
    char name[20];                  /*姓名*/
    char sex;                       /*性别*/
    int age;                        /*年龄*/
    float score[3];                 /*成绩数组*/
};
```

则结构体变量初始化语句如下:

```
struct student stu1 = {"10010101", "张三", 'M', 20, {80, 90, 88}};
```

11.1.4 结构体的嵌套

嵌套的结构体(Nested Structure)就是在一个结构体内包含了另一个结构体作为其成员。例如:以下结构体类型 date 用来存放一个日期数据。

```
struct date                 /*定义日期结构体类型*/
{
    int year;               /*年*/
    int month;              /*月*/
    int day;                /*日*/
};
```

学生信息可以将年龄修改为更具体的出生日期,结构体 student 可以修改为:

```
struct student
{
    char number[20];          /* 学号 */
    char name[20];            /* 姓名 */
    char sex;                 /* 性别 */
    struct date birthday;     /* 出生日期 */
};
```

这里，在结构体的定义中出现了“嵌套”，结构体 student 中的成员 birthday 为结构体 date 类型。

定义结构体 student 的结构体变量 stu1 并进行初始化，如图 11-3 所示。

```
struct student stu1 = {"10010101", "张三", 'M', {2014, 1, 1}};
```

<table>
<tr><td rowspan="2">10010101</td><td rowspan="2">张三</td><td rowspan="2">M</td><td colspan="3">struct date</td></tr>
<tr><td>2014</td><td>1</td><td>1</td></tr>
</table>

图 11-3　嵌套结构体变量 stu1 的初始化内容

如果要修改 stu1 的出生年份，应当以下列形式进行访问：

```
stu1.birthday.year = 1999;
```

11.1.5　结构体变量的引用

定义了结构体变量后，如何来使用它呢？

结构体变量的引用分为结构体成员变量的引用和结构体变量整体引用两种。

1. 结构体变量成员的引用

结构体变量包括一个或多个成员变量，C 语言规定，结构体变量不能作为整体进行输入输出操作，只能对它的各个具体成员进行输入输出操作。

引用其成员变量的语法格式如下：

结构体变量名.成员名；

其中，运算符“.”为成员运算符，表示引用结构体变量的某个成员。在所有运算符中，成员运算符“.”的优先级是最高的，与“( )”、“[ ]”同级。

例如，stu1.age 表示结构体变量 stu1 的成员 age，是一个 int 类型的变量，stu1.name 表示结构体变量 stu1 的成员 name，是一个字符数组。与普通的 int 类型变量和 char 类型数组性质相同，可以进行相应的运算。例如：

```
stu1.age=20;
strcpy(stu1.name,"张三");
```

注意：如果结构体变量的成员是字符数组，不能直接使用赋值运算符对成员进行赋值。例如，下面写法是错误的：

```
stu1.name = "张三";              /* 错误，应使用 strcpy(stu1.name, "张三"); */
```

下面程序演示结构体变量的赋值和引用方法。

【例 11.2】　学生的信息包括学号，姓名，性别，年龄以及 3 门课程成绩。编写程序，初始化学生信息并输出。

【程序代码】

```
#include <stdio.h>
struct student
{
    char number[20];                    /*学号*/
    char name[20];                      /*姓名*/
    char sex;                           /*性别*/
    int age;                            /*年龄*/
    float score[3];                     /*成绩数组*/
};

int main(void)
{
    int i;
    struct student stu1 = {"10010101", "张三", 'M', 20, {80, 90, 88}};
    printf("stu1 学生信息:\n");
    printf("学号: %s\t", stu1.number);
    printf("姓名: %s\t", stu1.name);
    printf("性别: %s\t", stu1.sex == 'M' ? "男" : "女");
    printf("年龄: %d\n", stu1.age);
    printf("成绩: ");
    for(i = 0; i < 3; i++)
    {
        printf("%.1f  ", stu1.score[i]);
    }
    return 0;
}
```

【运行结果】

```
stu1 学生信息:
学号: 10010101    姓名: 张三    性别: 男    年龄: 20
成绩: 80.0  90.0  88.0
```

注意:C语言规定,不允许将一个结构体变量作为整体进行输入输出操作,所以以下语句是错误的:

```
scanf("%s, %s, %c, %d, %f, %f, %f", &stu1);
printf("%s, %s, %c, %d, %f, %f, %f", stu1);
```

2. 结构体变量整体引用

结构体变量可以作为整体赋值给同类型的结构体变量,即把一个变量的各成员值分别赋值给另一同类型变量的相应成员。

例如：

```
struct student stu1 = {"10010101", "张三", 'M', 20, {80, 90, 88}};
struct student stu2;
stu2 = stu1;              /* 将结构体变量 stu1 的各数据成员值对应赋值给 stu2 */
```

结构体嵌套，即一个结构体变量的某个成员也是结构体变量。其成员的引用方法为通过成员运算符“.”一级一级运算，直到找到最低一级成员。

例如，学生信息包括出生日期。可先定义一个表示日期的结构体类型 date，再定义学生信息结构体 student。

```
struct date                              /* 定义结构体 date */
{
    int year;                            /* 年 */
    int month;                           /* 月 */
    int day;                             /* 日 */
};
struct student                           /* 定义结构体 struct */
{
    char number[20];                     /* 学号 */
    char name[20];                       /* 姓名 */
    char sex;                            /* 性别 */
    struct date birthday;                /* 出生日期 */
    float score[3];                      /* 成绩数组 */
};
struct student stu1;
stu1.birthday.year = 1990;
```

则 stu1.birthday.year 表示学生 stu1 的出生年份，根据运算符“.”的左结合性，上述表达式先通过运算符“.”找到变量 stu1 的成员 birthday，它是结构体 date 的变量，再一次通过运算符“.”找到 birthday 的成员 year。所以，学生 stu1 的出生年份为 1990 年。

【例 11.3】 结构体变量的赋值和嵌套结构体成员的引用方法。

【程序代码】

```
#include <stdio.h>
struct date                              /* 定义结构体 date */
{
    int year;                            /* 年 */
    int month;                           /* 月 */
    int day;                             /* 日 */
};

struct student                           /* 定义结构体 student */
```

```
{
    char number[20];                    /*学号*/
    char name[20];                      /*姓名*/
    char sex;                           /*性别*/
    struct date birthday;               /*出生日期*/
    float score[3];                     /*成绩数组*/
};

int main(void)
{
    int i;
    struct student stu1;
    struct student stu2;
    printf("请输入学生信息(学号  姓名  性别  出生日期  三门成绩):\n");
    scanf("%s", stu1.number);                /*字符数组,无须加取地址符&*/
    scanf("%s", stu1.name);                  /*字符数组*/
    scanf(" %c", &stu1.sex);
    scanf("%d", &stu1.birthday.year);        /*结构体嵌套*/
    scanf("%d", &stu1.birthday.month);       /*结构体嵌套*/
    scanf("%d", &stu1.birthday.day);         /*结构体嵌套*/

    for(i = 0; i < 3; i++)
    {
        scanf("%f", &stu1.score[i]);
    }

    /*同类型结构体变量进行赋值*/
    stu2 = stu1;

    /*输出学生信息*/
    printf("学号:%s\t", stu2.number);
    printf("姓名:%s\t", stu2.name);
    printf("性别:%s\t", stu2.sex == 'M' ? "男" : "女");
    printf("出生日期:%d-%d-%d\n",
    stu2.birthday.year,stu2.birthday.month,stu2.birthday.day);
    printf("成绩:");
    for(i = 0; i < 3; i++)
    {
        printf("%.1f ", stu2.score[i]);
```

```
    }

    return 0;
}
```

【运行结果】

请输入学生信息(学号 姓名 性别 出生日期 三门成绩)：
10010101　David　M　1990　10　20　80　90　88 ↙
学号：10010101　姓名：David　性别：男　　出生日期：1990-10-20
成绩：80.0　90.0　88.0

11.1.6　用 typedef 定义数据类型

为了增强程序的可读性，可以使用关键字 typedef 声明一个新的类型名，也就是说允许用户为已有的数据类型起"别名"，从而使数据类型的属性更加直观。例如：

```
typedef  int   INTEGER;
typedef  float  REAL;
```

这样，就可以使用 INTEGER 和 REAL 定义变量了，如：

```
INTEGER n;                  /* n 为 int 类型 */
REAL x;                     /* x 为 float 类型 */
```

也就是说，INTEGER 是 int 的别名，REAL 是 float 的别名。

也可以用 typedef 来定义数组、指针等类型。例如：

```
typedef int ARR[20];
```

表示 ARR 为整型数组类型，数组的长度为 20。然后就可以用 ARR 来说明变量，例如：

```
ARR a, b;
```

等价于：

```
int a[20], b[20];
```

声明 ARR 的过程可以分解如下：

(1) 先按定义变量的方法写出定义语句：

```
int a[20];
```

(2) 将变量名换成新类型名：

```
int ARR[20];
```

(3) 在最前面加上关键字 typedef：

```
typedef int ARR[20];
```

(4) 然后可以用新类型名去定义变量了。

```
ARR a;
```

当然，还可以使用 typedef 为结构体定义一个别名。例如，使用 typedef 重新定义 student 结构体类型的新类型名，可以写成：

```
typedef struct student STUDENT;
```

或

```
typedef struct student
```

```
    {
        char number[20];                    /*学号*/
        char name[20];                      /*姓名*/
        char sex;                           /*性别*/
        int age;                            /*年龄*/
    } STUDENT;
```

其中,STUDENT 表示 struct student 类型。定义结构体变量时,可以直接使用 STUDENT,例如:

```
STUDENT stu1;
```

其等价于:

```
struct student stu1;
```

使用 typedef 定义新的类型名可以增强程序的可读性,便于书写与阅读。通常把用 typedef 声明的类型名用大写字母表示,以便与系统提供的标准类型标识符相区别。需要注意的是,用 typedef 只能为已经存在的数据类型标识符另取一个新名,而不能创造一种新类型。

11.2 结构体数组

前面定义的结构体 student 类型变量,如 stu1,只能存放一个学生的信息,假如要对全班同学的信息进行处理,则要用结构体数组。

数组是一组具有相同数据类型的数据的集合,可以通过下标访问每一个数组元素。结构体数组与基本类型数组的定义与引用规则是相同的,区别在于结构体数组的类型为已定义过的结构体类型,每一元素都是结构体变量,包含相应的成员。

11.2.1 同学通讯录

【例 11.4】 为了联系方便,某个班级需要建立一个同学通讯录。通讯录的结构如表 11-2所示。现需要根据通讯录统计 1993 年后(包括 1993 年)出生的男生人数,请编程实现。

表 11-2 通讯录

姓名	性别	出生日期	QQ 号码
张三	男	1995 年 11 月 14 日	234234
李思	女	1994 年 8 月 28 日	321123
王五	男	1992 年 2 月 28 日	518518
…	…	…	…

【问题分析】

每个同学信息有姓名、性别等内容。所以,首先需要建立一个结构体类型 addrList,该结构体成员包括姓名、性别、出生日期、QQ 号码。其中的出生日期也应定义为结构体类型。

其次,通讯录有若干条记录组成,因而需要应定义 addrList 类型的结构体数组来存放和处理数据。

【解题步骤】

(1) 定义结构体类型 date,其成员有年、月、日。

(2) 定义结构体类型 addrList,其成员有姓名、性别、出生日期、QQ 号码。其中姓名、QQ 号码数据类型应定义为字符数组,性别定义为字符型,出生日期定义为 date 结构体类型。

(3) 定义 addrList 类型的结构体数组,假设一个班不超过 30 个人,数组大小 N 设为 30。

(4) 使用循环语句输入通讯录,当用户给姓名项输入“000”时表示输入结束。

(5) 使用循环语句统计 1993 年后(包括 1993 年)出生的男生人数。

(6) 输出统计结果。

【程序代码】

```
#include <stdio.h>
#include <string.h>
#define N 30                          /* 学生人数不超过 30 人 */

typedef struct Date                   /* 定义结构体类型 DATE */
{
    int year;
    int month;
    int day;
}DATE;

typedef struct addrList               /* 定义结构体类型 ADDRLIST */
{
    char name[15];                    /* 姓名 */
    char sex;                         /* 性别 */
    DATE birthday;                    /* 出生日期 */
    char qq[20];                      /* QQ 号码 */
}ADDRLIST;

int main(void)
{
    ADDRLIST addr[N];                 /* 定义结构体数组 */
    int i = 0, j;
    int count = 0;                    /* 计数器,统计满足条件人数 */

    printf("请输入通讯录信息(姓名输入 000 结束):");
```

```
while(1)
{
    printf("\n姓名:");
    scanf("%s", addr[i].name);
    if(! strcmp(addr[i].name, "000")) break;
    printf("性别(M—男 F—女):");
    scanf(" %c", &addr[i].sex);
    printf("出生日期(年 月 日):");
    scanf("%d %d %d", &addr[i].birthday.year, &addr[i].birthday.month,
          &addr[i].birthday.day);
    printf("QQ:");
    scanf("%s", addr[i].qq);
    i++;
}

system("cls");          /*清屏*/
printf("          姓名   性别   出生日期      QQ\n");
for(j = 0; j < i; j++)
{
    printf("%15s", addr[j].name);
    printf("%5s    ", addr[j].sex == 'M' ? "男" : "女");
    printf("%d-%2d-%2d    ",
           addr[j].birthday.year, addr[j].birthday.month, addr[j].birthday.
           day);
    printf("%s", addr[j].qq);
    printf("\n");

    if(addr[j].sex == 'M' && addr[j].birthday.year >= 1993)
        count++;          /*统计1993年后出生的男生人数*/
}
printf("1993年后出生的男生人数为:%d\n", count);

return 0;
}
```

【运行结果】

```
"D:\C程序\结构体\Debug\demo.exe"
请输入通讯录信息<姓名输入000结束>:
姓名:zhangsan
性别<M-男 F-女>:M
出生日期<年 月 日>:1995 11 14
QQ:234234

姓名:lisi
性别<M-男 F-女>:F
出生日期<年 月 日>:1994 8 28
QQ:321123

姓名:wangwu
性别<M-男 F-女>:M
出生日期<年 月 日>:1992 2 28
QQ:518518

姓名:000
```

```
"D:\C程序\结构体\Debug\demo.exe"
          姓名   性别   出生日期     QQ
      zhangsan   男    1995-11-14   234234
          lisi   女    1994- 8-28   321123
        wangwu   男    1992- 2-28   518518
1993年后出生的男生人数为: 1
Press any key to continue
```

11.2.2　结构体数组的定义

结构体数组的定义与结构体变量的定义一样。例如，先定义结构体类型如下：

```
struct student
{
    char number[20];
    char name[20];
    char sex;
    int age;
    float score[3];
};
```

则可以定义 student 结构体类型的数组：

```
struct student stu[30];
```

stu 为一个包含 30 个元素的数组，其中每个元素都是结构体 student 类型变量。和其他类型数组一样，在编译时系统为它分配连续的内存单元，各数组元素在内存中依次存放，即各元素连续存放每一个成员数据。如图 11－4 所示。

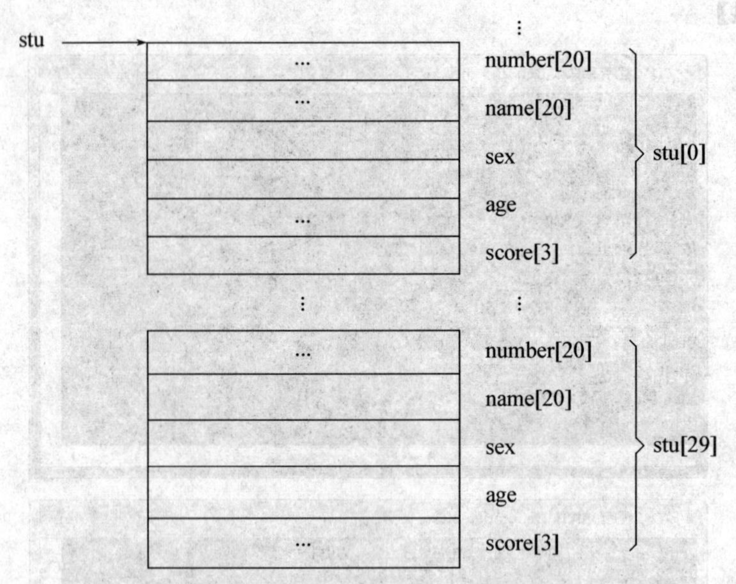

图 11-4 结构体数组内存分配示意图

11.2.3 结构体数组的初始化

结构体数组的初始化方法与普通二维数组的初始化方法形式相似。如：

```
struct student                    /*定义结构体 student*/
{
    char number[20];              /*学号*/
    char name[20];                /*姓名*/
    char sex;                     /*性别*/
    int age;                      /*年龄*/
    float score[3];               /*成绩数组*/
};
```

```
定义结构体数组并进行初始化*
struct student stu[3] ={{"10010101", "张三", 'M', 20, {80, 90, 88}},
                        {"10010102", "李斯", 'F', 18, {78, 92, 86}},
                        {"10010103", "王五", 'M', 19, {90, 80, 78}}
                       };
```

结构体数组元素是一个结构体变量，可以将它赋值给同类型变量或数组元素；或者对结构体数组元素的各个成员进行引用。

11.2.4 结构体数组的应用

【例 11.5】 输出有不及格课程的学生名单，包括学生学号和姓名。

【程序代码】

```
#include <stdio.h>
#define N 3                           /*学生人数*/

struct student                        /*定义结构体 student*/
{
    char number[20];                  /*学号*/
    char name[20];                    /*姓名*/
    char sex;                         /*性别*/
    int age;                          /*年龄*/
    float score[3];                   /*成绩数组*/
};

int main()
{
    /*定义结构体数组并进行初始化*/
    struct student stu[N] = { {"10010101", "张三", 'M', 20, {80, 90, 58}},
                              {"10010102", "李斯", 'F', 18, {78, 92, 86}},
                              {"10010103", "王五", 'M', 19, {90, 49, 78}}
                            };

    int i, j;

    /*遍历结构体数组,查找有不及格课程的学生并输出*/
    for(i = 0; i < N; i++)
    {
        for(j = 0; j < 3; j++)
        {
            if(stu[i].score[j] < 60) break;
        }
        if(j < 3)
        {
            printf("%s  %s\n", stu[i].number, stu[i].name);
        }
    }

    return 0;
}
```

【运行结果】

```
10010101  张三
```

10010103　王五

11.3　结构体与指针

11.3.1　投票统计

【例 11.6】 有3位候选人CHENG、WANG、ZHANG进行投票选举，每次输入一个得票的候选人的名字，统计各人得票的结果。

【问题分析】

因为要统计的信息中包含多位候选人的姓名和得票数，需采用结构体数组来存储数据。存储候选人姓名和得票数的结构体类型可以定义为：

```
typedef struct person
{
    char name[20];
    int count;
} PERSON;
```

以此类型定义结构体数组并进行初始化：

```
PERSON p[3] = {"CHENG", 0, "WANG", 0, "ZHANG", 0};
```

如果使用指针来访问结构体数组元素，需定义结构体类型的指针变量：

```
PERSON *lead = p;
```

当指针 lead 指向结构体数组元素，访问成员时，要使用指向运算符"→"，如"lead→count++;"表示将当前 lead 指向的候选人的票数增1。

【解题步骤】

(1) 定义结构体数组和指向结构体类型的指针变量，并进行初始化。

(2) 输入候选人的姓名，依次与结构体数组中每个元素的 name 成员比较，若相同，将该元素的 count 成员值增1；若不同，继续与下一元素的 name 成员比较；直至数组中的最后一个元素。

(3) 显示每位候选人的得票数。

【程序代码】

```
#include <stdio.h>
#include <string.h>

typedef struct person                          /*定义结构体——候选人*/
{
    char name[20];                             /*候选人姓名*/
    int count;                                 /*候选人得票数*/
} PERSON;

int main(void)
```

```
{
    int i;
    PERSON p[3]={"CHENG", 0, "WANG", 0 , "ZHANG", 0};
                                             /*定义结构体数组并初始化*/
    PERSON *lead=p;                          /*定义结构体指针,指向数组p*/
    char leadname[20];                       /*候选人姓名*/

    printf("please input leader name[ CHENG WANG ZHANG ](end of 0):\n");
    scanf("%s", leadname);                   /*输入候选人姓名*/
    while(strcmp(leadname, "0")!=0)          /*用户输入0,投票结束*/
    {
        lead=p;
        for(i=0; i<3; i++)
        {
            if(strcmp(leadname, lead->name)==0)
                lead->count++;
            lead++;
        }
        scanf("%s", leadname);               /*输入候选人姓名*/
    }

    for(i=0; i<3; i++)                       /*输出候选人及其得票数*/
    {
        printf("%10s: %d\n", p[i].name, p[i].count);
    }

    return 0;
}
```

【运行结果】

```
CHENG
WANG
CHENG
ZHANG
WANG
CHENG
WANG
CHENG
CHENG
ZHANG
```

```
0
The Result is:
CHENG: 5
WANG: 3
ZHANG: 2
```

11.3.2 指向结构体变量的指针

指针变量可以指向简单类型变量,也可以指向结构体类型变量。我们将指向结构体变量的指针称为结构体指针。

定义指向结构体指针变量的指针同定义指向其他类型指针变量方法类似。例如:

```
struct student stu1;                /* 定义结构体变量 */
struct student *p;                  /* 定义结构体指针 */
p = &stu1;                          /* 结构体指针 p 指向结构体变量 stu1 */
```

也可以在定义指针变量 p 的同时对其进行初始化,使其指向结构体变量 stu1。例如:

```
struct student *p = &stu1;          /* 定义结构体指针 p,同时进行初始化 */
```

我们已经知道,结构体变量访问结构体成员可以使用成员访问符“.”,其形式如下:

结构体变量名.成员名

例如:

```
stu1.age = 20;
```

如何使用结构体指针访问结构体成员呢?C语言规定了另一种访问结构体成员的运算符,即指向运算符,其访问形式如下:

结构体指针->成员名

例如:

```
p->age = 20;
```

【例 11.7】 使用结构体指针引用结构体变量成员。

【程序代码】

```
#include <stdio.h>
struct student
{
    char number[20];                     /* 学号 */
    char name[20];                       /* 姓名 */
    char sex;                            /* 性别 */
    int age;                             /* 年龄 */
};
int main(void)
{
    struct student stu = {"1001102", "Mary", 'F', 18};
    struct student *p = &stu;
```

```
    printf("stu 学生信息:\n");
    printf("学号: %s\t", p->number);
    printf("姓名: %s\t", p->name);
    printf("性别: %s\t", p->sex == 'M' ? "男" : "女");
    printf("年龄: %d\n", p->age);

    return 0;
}
```

【运行结果】

stu 学生信息:
学号: 10011102　姓名: Mary　性别:女　年龄: 18

11.3.3　指向结构体数组的指针

结构体指针不仅可以指向结构体指针变量,也可以指向结构体数组。

【例 11.8】　使用指向结构体数组的指针变量,输出每个学生的平均成绩。

```
#include <stdio.h>
#define N 3                                 /*学生人数*/

typedef struct student                      /*定义结构体 student*/
{
    char number[20];                        /*学号*/
    char name[20];                          /*姓名*/
    char sex;                               /*性别*/
    int age;                                /*年龄*/
    float score[3];                         /*成绩数组*/
}STUDENT;

int main()
{
    /*定义结构体数组并进行初始化*/
    STUDENT stu[N] = {{"10010101", "张三", 'M', 20, {80, 90, 58}},
                      {"10010102", "李斯", 'F', 18, {78, 92, 86}},
                      {"10010103", "王五", 'M', 19, {90, 49, 78}}
                     };
    STUDENT *p = stu;                       /*定义指针变量 p 并初始化*/
    int i, j;
    float sum;

    for(i = 0; i < N; i++)
```

```
    {
        sum = 0;                              /* sum 赋值为 0 */
        for(j = 0; j < 3; j++)
        {
            sum += p->score[j];
        }
        printf("%s   %s   %.2lf\n", p->number, p->name, sum/3);

        p++;                                  /* 指向下一个结构体数组元素 */
    }

    return 0;
}
```

【运行结果】

```
10010101 张三   76.00
10010102 李斯   85.33
10010103 王五   72.33
```

11.4 结构体与函数

11.4.1 计算天数

【例 11.9】 编写程序,用户输入一个日期(年、月、日),计算这一天是当年的第几天。

【问题分析】

题目要求用户输入一个日期,所以应定义一个日期结构体类型,包含成员年、月、日。

```
typedef struct Date                           /* 定义结构体类型 DATE */
{
    int year;
    int month;
    int day;
} DATE;
```

其次编写一个函数,完成结构体数据的输入,函数原型为:

```
void input_DATE(DATE *);                      /* 结构体指针变量作为函数形参 */
```

再编写一个函数,参数是一个日期结构体类型,函数返回值为这一天是当年的第几天。函数原型如下:

```
int days(DATE);                               /* 结构体变量作为函数形参 */
```

当输入的月份大于 2 时,还应当考虑改年是否为闰年,若是闰年,还要给 2 月份多加上 1 天。所以,编写一个判断闰年的函数,是闰年,函数返回 1,否则返回 0。函数原型如下:

```
int isLeapYear(int n);
```

【解题步骤】

(1) 定义一个DATE类型结构体变量,调用input_DATE()函数完成结构体变量的输入,注意函数调用方式为传地址。

(2) 调用函数days()计算这一天是当年第几天,函数days()的参数为结构体类型参数。

(3) 如果输入的月份大于2时,需要考虑闰年。编写函数isLeapYear()判断闰年。

【程序代码】

```
#include <stdio.h>
typedef struct Date                          /*定义结构体类型DATE*/
{
    int year;
    int month;
    int day;
} DATE;

void input_DATE(DATE *);                     /*函数原型说明*/
int days(DATE);                              /*函数原型说明*/
int isLeapYear(int n);                       /*函数原型说明*/

int main(void)
{
    DATE d;

    input_DATE(&d);          /*传地址调用,结构体变量的地址作为函数实参*/

    /*调用函数并输出结果,调用函数days时为传值调用*/
    printf("%d年%d月%d日是本年的第%d天\n",
    d.year, d.month, d.day, days(d));

    return 0;
}

/*函数功能:输出结构体数据*/
void input_DATE(DATE *p)                     /*结构体指针变量作为函数形参*/
{
    printf("请输入年 月 日:");
    scanf("%d %d %d", &p->year, &p->month, &p->day);
}

/*函数功能:返回该日期是一年当中的第几天*/
```

```
int days(struct Date d)                          /*结构体变量作为函数形参*/
{
    int month[12] = {31, 28, 31, 30, 31, 30, 31, 31, 30, 31, 30, 31};
    int count = 0;                               /*统计天数*/
    int i;

    for(i = 0; i < d.month; i++)
    {
        count += month[i-1];
    }
    count += d.day;
    if(d.month > 2 && isLeapYear(d.year))
        count++;

    return count;                                /*返回天数*/
}

/*函数功能:判断参数n是否为闰年,若是,返回1,否则返回0*/
int isLeapYear(int n)
{
    return (n%4==0 && n%100! =0) || n%400==0;
}
```

【运行结果】

```
请输入年  月  日:2014  4  10 ↙          /*键盘输入*/
2014年4月10日是本年的第100天
```

11.4.2 结构体作为函数参数

结构体作为函数参数进行传递有两种方式:值传递和地址传递。值传递传递的是实参的副本,形参的改变不会影响到实参。地址传递是传递结构体的地址,因此地址传递的效率较高。一般情况下,应使用地址传递,只有当结构体较小时使用值传递。

【例11.10】 改写例11.1。定义一个函数来输出学生信息。

```
#include <stdio.h>
struct student                                   /*定义结构体类型*/
{
    char number[20];                             /*学号*/
    char name[20];                               /*姓名*/
    char sex;                                    /*性别*/
    int age;                                     /*年龄*/
    float score[3];                              /*成绩数组*/
```

```
};

void print_stu(struct student stu);              /* 函数原型说明 */

int main(void)
{
    struct student stu1 = {"10010101", "张三", 'M', 20, {80, 90, 88}};
    printf("stu1 学生信息:\n");
    print_stu(stu1);                              /* 调用函数 print_stu */

    return 0;
}

/* 函数功能:输出学生信息。参数为结构体类型 */
void print_stu(struct student stu)
{
    int i;
    printf("学号: %s\t", stu.number);
    printf("姓名: %s\t", stu.name);
    printf("性别: %s\t", stu.sex == 'M' ? "男" : "女");
    printf("年龄: %d\n", stu.age);
    printf("成绩: ");
    for(i = 0; i < 3; i++)
    {
        printf("%.1f   ", stu.score[i]);
    }
}
```

【例 11.11】 定义一个表示二维平面点坐标的结构体类型,编写函数求两点间距离。

【问题分析】

平面上点坐标由横坐标 x 和纵坐标 y 构成,所以 POINT 点结构体包括两个成员 x 和 y,成员都为 double 类型。定义函数 distance 求两点间距离,函数参数为两个 POINT 类型,返回值为 double 类型,因此函数头部定义为以下形式:

double distance(POINT p1, POINT p2);

【程序代码】

```
#include <stdio.h>
#include <math.h>

struct Point                                  /* 定义结构体类型 Point */
{
```

```
    double x;
    double y;
};
typedef struct Point POINT;

/* 函数功能:返回两点间距离 */
double distance(POINT p1, POINT p2)
{
    return sqrt((p1.x-p2.x)*(p1.x-p2.x)+(p1.y-p2.y)*(p1.y-p2.y));
}

int main(void)
{
    POINT p1, p2;                    /* 定义两个 Point 结构体变量 */

    printf("点 1 坐标:");
    scanf("%lf %lf", &p1.x, &p1.y);
    printf("点 2 坐标:");
    scanf("%lf %lf", &p2.x, &p2.y);

    printf("两点间距离: %.2lf\n", distance(p1, p2));  /* 函数调用,输出结果 */

    return 0;
}
```

【运行结果】

```
点 1 坐标:0  0↙              /* 键盘输入 */
点 2 坐标:3  4↙              /* 键盘输入 */
两点间距离:5.00
```

11.4.3 返回结构体的函数

函数的返回值类型可以为结构体类型。例如,可以定义一个函数来完成结构体变量的输入。

【例 11.12】 编写函数,完成学生结构体变量的输入输出。

【问题分析】

本题需要定义两个函数,分别完成结构体变量的输入和输出,其中,完成结构体变量输入的函数原型为:

```
struct student input_stu(void);                /* 输入函数原型说明 */
```

注意函数的返回值类型为 struct student 类型。

【程序代码】

```
#include <stdio.h>
struct student
{
    char number[20];                         /*学号*/
    char name[20];                           /*姓名*/
    char sex;                                /*性别*/
    int age;                                 /*年龄*/
    float score[3];                          /*成绩数组*/
};

struct student input_stu(void);              /*函数原型说明*/
void print_stu(struct student stu);          /*函数原型说明*/

int main(void)
{
    struct student stu1;

    stu1 = input_stu( );                     /*调用函数 input_stu 输入学生信息*/
    print_stu(stu1);                         /*调用函数 print_stu 输出学生信息*/

    return 0;
}

/*函数功能:完成结构体数据的输入。返回值为结构体类型*/
struct student input_stu(void)
{
    struct student stu;
    int i;
    printf("请输入学生信息:\n");
    printf("学号:");
    scanf("%s", stu.number);
    printf("姓名:");
    scanf("%s", stu.name);
    printf("年龄:");
    scanf("%d", &stu.age);
    printf("性别 男-M,女-F:");
    scanf(" %c", &stu.sex);
    printf("三门课程成绩:");
```

```
    for(i = 0; i < 3; i++)
    {
        scanf("%f", &stu.score[i]);
    }

    return stu;
}

/*函数功能:输出结构体变量成员。参数为结构体类型*/
void print_stu(struct student stu)
{
    int i;
    printf("\n学号：%s\t", stu.number);
    printf("姓名：%s\t", stu.name);
    printf("性别：%s\t", stu.sex == 'M' ? "男" : "女");
    printf("年龄：%d\n", stu.age);
    printf("成绩：");
    for(i = 0; i < 3; i++)
    {
        printf("%.1f ", stu.score[i]);
    }
}
```

【运行结果】

```
请输入学生信息：
学号：10010101 ↙
姓名：David ↙
年龄：20 ↙
性别  男-M  女-F：M ↙
三门课程成绩：80 90 88 ↙

学号：10010101   姓名:David   性别:男     年龄：20
成绩：80.0  90.0  88.0
```

11.4.4　结构体指针作为函数参数

结构体作为函数参数进行传递有两种方法:值传递和地址传递。值传递传递的是实参的副本,形参的改变不会影响到实参。地址传递是传递结构体的地址,因此地址传递的效率较高。一般情况下,应使用地址传递,只有当结构体较小时才使用值传递。

下例演示结构体指针作为函数的参数进行传递。

【例 11.13】 根据学生体检单,输出学生的身高的最高值。

【问题分析】

程序中定义了两个函数,一个是使用结构体指针作为参数输出结构体数组。其函数原型为:

void print_stu(struct stuPE *p, int n);　　/*原型说明-输出结构体数组*/

print_stu()函数的第一个参数是结构体指针,第二个参数是指针指向数组的大小。调用该函数的语句为:

print_stu(stu, N);　　/*函数调用,第1个参数为地址传递*/

其中第一个形参是数组名 stu,数组名代表数组的首地址,所以第一个参数为地址传递。

第二个函数作用是返回学生中的最高身高。其函数原型为:

float maxheight(struct stuPE *p, int n);　　/*原型说明-返回最高身高*/

其参数与调用和 print_stu()函数类似,不再赘述。

【程序代码】

```
#include <stdio.h>
#define N 3                                  /*学生人数*/

struct stuPE
{
    char name[20];                           /*姓名*/
    char sex;                                /*性别,'M'表示男性,'F'表示女性*/
    int age;                                 /*年龄*/
    float height;                            /*身高*/
    float weight;                            /*体重*/
};

void print_stu(struct stuPE *p, int n);      /*原型说明 — 输出结构体数组*/
float maxheight(struct stuPE *p, int n);     /*原型说明 — 返回最高身高*/

int main()
{
    /*定义结构体数组并进行初始化*/
    struct stuPE stu[N] = {{"张三", 'M', 20, 180, 65.5f},
                           {"李斯", 'F', 18, 168, 55.5f},
                           {"王五", 'M', 19, 183, 75.2f}
                          };

    print_stu(stu, N);                       /*函数调用,第1个参数为地址传递*/
    printf("身高最高:%.1f\n", maxheight(stu, N));
                                             /*函数调用,第1个参数为地址传递*/
```

```
    return 0;
}

/* 函数功能:输出大小为 n 的结构体数组 */
void print_stu(struct stuPE *p, int n)
{
    int i = 0;
    printf(" 编号\t 姓名\t 性别\t 年龄\t 身高(cm)    体重(kg)\n");
    for(i = 0; i < n; i++)
    {
        printf("%3d%10s", i+1, p->name);                /* 输出编号 姓名 */
        printf("%6s\t", p->sex == 'M' ? "男" : "女");  /* 输出性别 */
        printf("%3d\t%5.1f\t%8.1f\n", p->age, p->height, p->weight);
                                                        /* 输出年龄身高体重 */
        p++;                                            /* 指针指向下一个 */
    }
}

/* 函数功能:返回身高的最高值 */
float maxheight(struct stuPE *p, int n)
{
    struct stuPE *q = p;
    float max = q->height;

    while(++q < p+n)
    {
        if(q->height > max) max = q->height;
    }

    return max;
}
```

【运行结果】

```
编号    姓名    性别    年龄    身高(cm)    体重(kg)
  1     张三     男      20      180.0        65.5
  2     李斯     女      18      168.0        55.5
  3     王五     男      19      183.0        75.2
身高最高:183.0
```

11.5　共用体

共用体也称为联合体(union),是一种构造数据类型,它是将不同类型的变量存放在同一内存区域内。共用体的类型定义、变量定义及引用方式与结构体相似,但它们有着本质的区别:结构体变量的各成员占用连续的不同存储空间,而共用体变量的各成员占用同一个存储区域,这些数据可以互相覆盖。

11.5.1　共用体类型的定义

共用体变量的定义与结构体变量的定义相似。首先,构造一个共用体数据类型,再定义这种类型的变量。

共用体类型定义的一般形式如下:

```
union 共用体名
{
    数据类型 成员名 1;
    数据类型 成员名 2;
    …
    数据类型 成员名 n;
};
```

其中,union 是 C 语言中的关键字,表示在进行一个共用体类型的定义。共用体名是一个合法的 C 语言标识符。共用体由若干成员组成,每个成员都要说明其数据类型。最后的分号表示定义结束。

与定义结构体变量一样,定义共用体变量的方法有以下 3 种:

(1) 先定义共用体类型,再定义该类型变量。例如:

```
union data
{
    char c;
    int n;
    double f;
};
union data u1, u2;
```

(2) 在定义共用体类型的同时定义该类型变量。例如:

```
union data
{
    char c;
    int n;
    double f;
} u1, u2;
```

(3) 不定义共用体类型名,直接定义共用体变量。例如:

```
union
{
    char c;
    int n;
    double f;
}; u1, u2;
```

定义了共用体变量后，系统将给它分配内存空间。共用体变量中的各成员占用同一存储空间，共用体变量所占内存单元为占用字节数最大的成员的长度。因此，共用体 data 类型的变量 u1 所占用内存单元是 8 个字节，而不是 1+4+12=13 个字节。如图 11-5 所示。

图 11-5 共用体内存分配示意图

11.5.2 共用体变量的引用

共用体变量成员的引用与结构体变量的引用方法是相同的。访问共用体变量 u1 的成员 n 可用成员运算符“.”实现，写作“u1.n”。例如：

```
u1.n = 100;
```

虽然共用体数据可以在同一内存空间中存放多个不同类型的成员，但在某一时刻只能存放其中的一个成员。例如，对 data 类型共用体变量 u1，执行以下语句：

```
u1.c = 'x';
u1.n = 100;
u1.f = 12.3;
```

则此时只有 u1.f 是有效的，因为后面的赋值语句将前面的共用体数据覆盖了。

使用共用体时，应注意以下问题：

共用体变量的成员共用同一块内存单元，共用体变量与共用体成员的地址是相同的。

给共用体变量成员赋值时，只有最后一次赋值起作用。

在定义共用体变量时，不能同时对其初始化。如有需要，也只能对它的第一个成员赋初始值。例如：

```
union data u1 = {'x', 100, 12.3};        /* 错误，不能全部成员初始化 */
union data u2 = {'x'};                   /* 正确，可以对第一个成员初始化 */
```

这是因为共用体变量的成员是共同占用一段内存空间，所以在任意时刻只能存放其中一个成员的值。也就是说，任意时刻只能有一个成员起作用，所以，在对共用体变量定义并初始化时，只能对第一个成员赋初始值。

共用体变量不能作为函数参数，也不能作为函数的返回值。

11.6　枚举类型

枚举类型是ANSI C新增加的数据类型。当一个变量只能取给定的若干值时，将这些值一一列举出来，就形成了枚举类型。

11.6.1　一周学习生活安排

【例11.14】　表11-3是一位同学的一周学习生活安排。要求输入今天是星期几，判断今天是工作日还是休息日，并输出从今天起直到周五的工作日安排。

表11-3　一周学习生活安排

周一	学习数学
周二	英语写作
周三	参观软件公司
周四	学习C语言程序设计
周五	音乐-小提琴
周六	休息日
周日	休息日

【问题分析】

一周有7天，可以定义枚举类型表示一周的每一天，如下所示：

enum weekday{SUN, MON, TUE, WED, THU, FRI, SAT};

输入星期几时，可以使用间接方式来输入，也就是用数字分别表示不同的一天，例如0代表周日、1代表周一……5代表周五、6代表周六。

【解题步骤】

(1) 定义表示星期几的枚举类型。

(2) 输入今天星期几(以间接方式输入，即输入0到6之间的整数)。

(3) 类型转换，将输入整数转换为枚举类型。

(4) 判断今天是否工作日并输出信息。

(5) 输出今天到周五的学习安排。

【程序代码】

```
#include <stdio.h>
enum weekday{SUN, MON, TUE, WED, THU, FRI, SAT};/*定义枚举类型*/
int main(void)
{
    enum weekday today, weekday;                    /*定义枚举变量*/
```

```
    int day;

    printf("enter today(0-sun, 1-mon, 2-tue, 3-wed, 4-thu, 5-fri, 6-sat):");
    scanf("%d", &day);

    today = (enum weekday)day;             /*类型转换,将整型转换为枚举类型*/

    if(today == SUN || today == SAT)                 /*判断是否休息日*/
        printf("today is rest\n");
    else
        printf("today is workday\n");

    /*循环输出今天到周五学习安排*/
    for(weekday = today; weekday <= FRI; weekday++)
    {
        /*枚举类型的格式输出*/
        switch(weekday)
        {
        case MON: printf("Monday - study math\n"); break;
        case TUE: printf("Tuesday - english writing course\n"); break;
        case WED: printf("Wednesday - visit software company\n"); break;
        case THU: printf("Thursday - C programming\n"); break;
        case FRI: printf("Friday - violin lesson\n"); break;
        }
    }

    return 0;
}
```

【运行结果】

```
enter today(0-sun, 1-mon, 2-tue, 3-wed, 4-thu, 5-fri, 6-sat): 2 ↙
                                                        /*键盘输入*/
today is workday
Tuesday-english writing course
Wednesday-visit software company
Thursday-C programming
Friday-violin lesson
```

11.6.2　枚举类型的定义

现在假设需要定义一个变量表示一周里某一天。我们都知道,一周有 7 天,分别是

Sunday，Monday，Tuesday，Wednesday，Thursday，Friday 和 Saturday。怎样表示某一天呢？如果用整数 0、1、2、3、4、5、6 来表示，虽然可以但这样的代码不直观，容易出错。又比如，我们要表示季节，季节只有“春、夏、秋、冬”四种有限的取值。

对于这种情况，即一个变量只有几种可能的取值，我们可以将其定义为枚举类型。所谓“枚举”是指将变量的值一一列举出来，变量取值只限于列举出来的值的范围。

声明枚举类型的一般形式为：

enum 枚举类型名{枚举常量列表}；

例如：

enum weekday{SUN，MON，TUE，WED，THU，FRI，SAT}；

以上声明了一个枚举类型 weekday，enum 是定义枚举类型的关键字，花括号中 SUN，MOD，…，SAT 等称为枚举元素或枚举常量，表示该类型变量的值只能是以上 7 个值之一。这些枚举常量并不是字符串也不是数值，而仅仅只是一些用户自己定义的标识符，所代表的含义，完全由程序员决定，并在程序中对它们作相应的处理。

表示季节的枚举类型可以定义如下：

enum season{ spring，summer，autumn，winter }；

11.6.3　枚举类型变量的定义与引用

在声明了枚举类型之后，可以用它来定义变量。例如：

weekday today，tomorrow；

这样，today 和 tomorrow 被定义为枚举类型 weekday 的变量。或者也可以直接定义枚举变量，例如：

enum weekday{SUN，MON，TUE，WED，THU，FRI，SAT} today，tomorrow；

根据以上对枚举类型 weekday 的声明，枚举变量的值只能是 sunday 到 saturday 之一。例如：

today = MON；

tomorrow = TUE；

都是正确的。

【例 11.15】 枚举类型的使用。

【程序代码】

```
#include<stdio.h>
/*定义枚举类型 weekday*/
enum weekday{SUN, MON, TUE, WED, THU, FRI, SAT};

/*定义函数,完成枚举类型 weekday 的输出*/
void display(enum weekday day)
{
    switch(day)
    {
    case SUN:     printf("Sunday\n");        break;
```

```
        case MON:  printf("Monday\n");        break;
        case TUE:  printf("Tuesday\n");       break;
        case WED:  printf("Wednesday\n");     break;
        case THU:  printf("Thursday\n");      break;
        case FRI:  printf("Friday\n");        break;
        case SAT:  printf("Saturday\n");      break;
        }
    }

int main(void)
{
    enum weekday today = SUN;
    enum weekday tomorrow = today + 1;

    display(today);             /*调用函数*/
    display(tomorrow);          /*调用函数*/

    return 0;
}
```

【运行结果】

```
Sunday
Monday
```

说明：

(1) 枚举常量是有值的，编译器按定义时的顺序将它们赋值为0，1，2，3，…。在上面weekday的声明中，sunday的值默认为0，monday的值默认为1，…saturday为6。如果有赋值语句：

today=wednesday;

则today对应的整数值为3。

定义枚举常量时也可以显示地赋给它某个正整数，如：

enum weekday {sunday = 7, monday = 1, tuesday, wednesday, thursday, friday, saturday};

指定sunday为7，monday=1，以后按顺序依次加1，saturday=6。

(2) 枚举类型可以进行关系运算、赋值运算。如：

```
if(today == MON)   …
if(today > SUN)   …
today = FRI;
```

11.7　小结

一、知识点概括

1. 定义结构体类型。结构体类型是用户自定义的构造类型,用于处理不同类型的一组相关数据。例如,一个学生的信息包括学号、姓名、性别、年龄等,可以定义学生结构体类型如下:

```
struct student
{
    char number[20];            /* 学号 */
    char name[20];              /* 姓名 */
    char sex;                   /* 性别,'M' 表示男性,'F' 表示女性 */
    int age;                    /* 年龄 */
};
```

2. 结构体类型变量的声明及初始化。

```
struct student stu1;                        /* 结构体变量的声明 */
struct student stu2 = {"10010101", "张三", 'M', 20};
                                            /* 结构体变量的声明及初始化 */
```

3. 结构体指针变量的声明及初始化。

```
struct student stu1;                /* 定义结构体变量 */
struct student *p;                  /* 定义结构体指针 */
p = &stu1;                          /* 结构体指针 p 指向结构体变量 stu1 */
```

也可以在定义指针变量 p 的同时对其进行初始化,使其指向结构体变量 stu1。

```
struct student *p = &stu1;          /* 定义结构体指针 p,同时进行初始化 */
```

4. 结构体变量的引用。结构体变量的引用分为结构体成员变量的引用和结构体变量整体引用两种。

(1) 结构体成员变量的引用

```
struct student stu1;                /* 定义结构体变量 */
struct student *p = &stu1;          /* 定义结构体指针 p,同时进行初始化 */

stu1.age = 20;                      /* 结构体变量名.成员名 */
p->age = 20;                        /* 结构体指针变量名->成员名 */
(*p).age = 20;
```

(2) 结构体变量的整体引用

```
struct student stu1 = {"10010101", "张三", 'M', 20 };
struct student stu2;
stu2 = stu1;           /* 将结构体变量 stu1 的各数据成员值对应赋值给 stu2 */
```

5. 结构体数组。结构体数组的定义同其他类型数组格式一致。

```
struct student stu[30];
```

定义一个包含30个元素的数组，其中每个元素都是结构体student类型变量。

6. 共用体类型的定义及变量声明。

```
union data                          /* 共用体类型的定义 */
{
    char c;
    int n;
    double f;
};

union data u1, u2;                  /* 共用体类型变量的声明 */

u1.c = 'x';                         /* 共用体变量成员的引用 */
u1.n = 100;
u1.f = 12.3;
```

给共用体变量成员赋值时，只有最后一次赋值起作用。

7. 枚举类型的定义及变量声明。

```
enum weekday{SUN, MON, TUE, WED, THU, FRI, SAT};
                                    /* 定义枚举类型 weekday */
weekday today;                      /* 枚举类型变量的声明 */
today = MON;                        /* 枚举变量的赋值 */
```

8. 使用typedef定义数据类型。

```
typedef struct student STUDENT;
STUDENT stu;                        /* 等价于 struct student stu; */
```

9. 结构体变量作函数参数。

```
void print_stu(struct student stu);
```

10. 返回结构体类型的函数。

```
struct student input_stu(void);
```

11. 结构体指针作为函数参数。

```
int findmax(struct student *p);
```

二、常见错误列表

错误实例	错误分析

struct student
{
  char number[20];
  char name[20];
  char sex;
  int age;
}
	编译错误。
	定义结构体或共用体时，最后花括号后忘记加上分号(;)

（续表）

错误实例	错误分析
struct student stu1； struct student *p = &stu1； stu1.age = 20； p.age = 20；　　/*错误1*/ *p.age = 20；　　/*错误2*/	错误1应改为： p->age = 20； 错误2应改为： (*p).age = 20；
stu1.name = "张三"；　　/*错误*/	char name[20]； name是字符数组，应使用： strcpy(stu1.name, "张三")；
struct student stu； scanf("%s %s %c %d", &stu)；　　/*错误*/ printf("%s %s %c %d", stu)；　　/*错误*/	结构体不能整体输入和输出

习　题

1. 定义一个有关时间的结构体类型(时间成员有小时、分钟、秒)，定义时间结构体变量并完成数据的输入和输出。

2. 定义一个描述三维坐标点(x, y, z)的结构体变量，完成坐标点的输入和输出，并求两点间距离。要求编写三个函数，分别实现输入、输出、及求两点间距离。

3. 定义一个包含10个学生信息的结构体数组，编程实现以下功能。其中学生信息包括学号、姓名、性别、C语言成绩。

(1) 输入10个学生的信息。

(2) 统计男生人数和女生人数，分别求出男、女生的平均成绩。

(3) 按照C语言成绩从高到低输出所有学生信息。

4. 定义一个描述季节的枚举类型，完成这种枚举类型变量的输入和输出。

5. 定义一个描述三种颜色的枚举类型(Red, Blue, Green)，输出这三种颜色的全排列结果。

第十二章 链　　表

数组为处理同类型的大量数据带来了方便,但使用过程中也存在着缺陷。首先使用数组时必须事先确定其长度,为防止出现越界,通常将其长度定义得足够大,但这样会造成存储空间的浪费。其次使用数组在处理元素的插入、删除操作时要伴随着大量元素的移动,严重影响了处理效率。为解决这些问题,C语言引入了链表,这是一种不需要预先分配固定长度的存储空间,而能根据程序需要动态地扩大或缩小存储空间的数据结构。

12.1　动态存储空间的分配与回收

12.1.1　选课学分计算

【例12.1】 每位大学生在新学期开学时都要选修一定数量的选修课。由于每位学生所选的课程数可能不相同,请先输入一位学生选课的数目,再输入所选的每门课程的学分数,计算出该位学生本学期所选课程的总学分数。

【问题分析】

由于每位学生所选的课程数各不相同,因此最好不要使用数组来存储学生所选课程的学分(数组的长度是固定的,不能根据课程数目进行调整)。这里要采用一种动态分配存储空间的方式,先输入学生所选课程的门数,而后根据课程数来分配存储空间存储所选课程的学分,当空间使用完毕后要释放所分配的存储空间。

【解题步骤】

(1) 输入学生所选课程的门数;

(2) 利用动态分配函数分配所需的存储空间,使指针指向新分配的存储空间;

(3) 输入每门课程的学分,保存在新分配的存储空间中,计算学生所选课程的学分之和;

(4) 释放所分配的存储空间。

【关键代码】

根据学生所选课程门数 n 来分配所需的存储空间需要使用函数 calloc:

```
calloc(n, sizeof(int));
```

该函数表示在内存的动态存储区中分配 n 个连续空间,每一个存储空间的长度为 sizeof(int),并且把分配的存储空间全部初始化为0。若分配成功,则返回一个指向被分配内存空间的起始地址的指针;若分配不成功,则返回 NULL(0)值。

当所分配的内存空间不再使用时,可以通过函数 free 来释放:

```
free(p);
```

其中 p 是指向要释放空间的首地址。

【程序代码】

```
#include<stdio.h>
#include<stdlib.h>
int main(void)
{
    int n, sum, i, *p;
    printf("Please input the count of course:");
    scanf("%d", &n);

    if((p = (int *)calloc(n,sizeof(int))) == NULL)  /*动态分配存储空间*/
    {
        printf("Not able to allocate memory.\n");
        exit(1);
    }

    printf("Please input %d course's credit:\n", n);
    for(i = 0; i < n; i++)
    {
        scanf("%d", p + i);
    }
    sum = 0;
    for(i = 0; i < n; i++)
    {
        sum = sum + *(p + i);
    }
    printf("The total credit is: %d\n", sum);
    free(p);                                       /*释放动态分配的存储空间*/
    return 0;
}
```

【运行结果】

```
Please input the count of course:4
Please input 4 course's credit:
3
2
1
4
The total credit is:10
```

12.1.2 内存空间的动态分配与回收

家里来了客人,我们要给客人泡茶。如果在没有确定来几位客人之前就把茶泡好,这就会显得很尴尬:茶泡多了会造成浪费,泡少了怕怠慢客人。所以最好的方法就是等知道了来几位客人再泡茶,来几位客人就泡几杯茶。

同样,我们在使用数组的时候也会面临这种尴尬:数组的存储空间必须在程序运行前申请,即数组的大小在程序编译前必须是已知的常量表达式。数组空间如果申请得太大会造成浪费,申请太小则不够用,可能造成数据溢出。所以,为了解决这个问题,就需要在程序运行时根据实际情况申请内存空间。

C语言中主要用两种方法使用内存:一种是由编译系统分配的内存区,C语言的变量、数组的存储空间是在编译时确定,在程序开始执行前完成分配的。另一种是留给程序动态分配的存储区。动态分配的存储区在用户的程序之外,不是由编译系统分配的,而是由用户在程序中通过动态分配获取的。使用动态内存分配能有效地使用内存,同一段内存区域可以被多次使用,用完后要进行释放。

在进行动态存储分配的操作中,C语言提供了一组标准函数,定义在stdlib.h里。

(1) 动态存储分配函数malloc( )

```
void *malloc(unsigned size)
```

该函数在内存的动态存储区中分配一连续空间,长度为size。若分配成功,则返回指向所分配内存空间的起始地址的指针;若分配内存空间不成功,则返回NULL(值为0)。例如,可以把例12.1中申请内存空间的语句改为如下方式:

```
if((p = (int *)malloc(n * sizeof(int))) == NULL)
{
        printf("Not able to allocate memory. \n");
        exit(1);
}
```

调用函数malloc( )时,可以利用sizeof计算存储区的大小,不要直接写数值,因为不同平台数据类型占用空间的大小可能不同。此外,每次动态分配都必须检查是否成功,要考虑到意外情况的处理。动态空间分配之后,不能越界使用,尤其不能越界赋值,否则可能引起非常严重的错误。

(2) 计数动态存储分配函数calloc( )

```
void *calloc(unsigned n,unsigned size)
```

该函数在内存的动态存储区中分配n个连续空间,每一存储空间的长度为size,并且分配后把存储区全部初始化为0。若分配成功,则返回一个指向被分配内存空间的起始地址的指针;若分配内存空间不成功,则返回NULL(0)值。

(3) 动态存储释放函数free( )

```
void free(void *ptr)
```

该函数释放由动态分配函数申请到的整块内存空间,ptr指向要释放空间的首地址。如果ptr是空指针,则free什么都不做。该函数无返回值。内存空间一旦释放后不允许再通过该指针去访问已经释放的块,否则可能会引起严重错误。

向系统申请的动态内存空间是不会自动被释放的，因此为了保证动态存储区的有效利用，在知道某个动态分配的存储区不再使用时，就应及时将其释放，否则会造成内存泄漏。

内存泄漏是指程序中由系统分配的动态存储区不再使用后，系统也不会再分配给其他应用程序使用，相当于该内存空间在系统中“消失”了。对于包含这类错误的函数，只要它被调用一次，就会丢失一块内存。有时未释放的内存垃圾并不足以导致系统因内存不足而崩溃，但随着调用次数增多，丢失的内存就越多。因此这类错误比较隐蔽，刚开始时，系统内存也是充足的，看不出错误的征兆，当系统运行一段时间后，随着丢失内存数量的增多，程序就会因出现“内存耗尽”而突然死掉。

12.2 链表概述

链表是一种非连续存放的重要线性数据结构，它可以对存储空间进行动态的分配。比如我们要对一个公司员工数据进行记录，由于公司的人员会经常地变动，涉及到员工人数的增减。如果用数组来存放员工的记录，当员工人数发生变化的时候，数组的大小无法随人数变动。如果改用链表来存放员工的数据，就不会产生这些问题，因为链表对存储空间的分配是动态的。

链表是由一个个结点连接而成的，结点中可以存放需要处理的数据，如图 12－1 所示。那结点与结点之间是如何连接的呢？

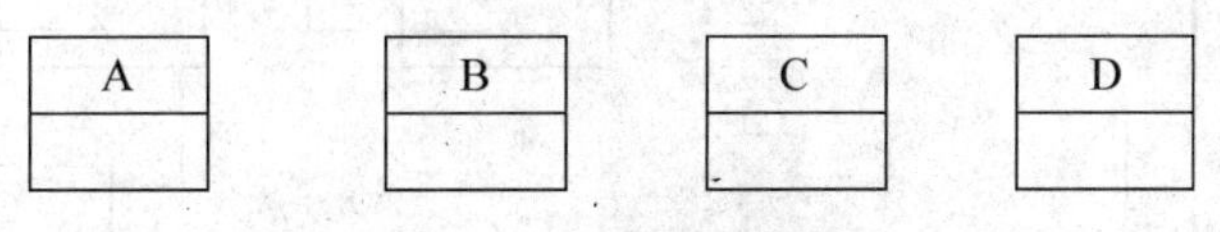

图 12－1　链表中的结点

假设有变量 i，可以将 i 的地址存放到一个指针变量 p 中，根据指针里所存放的地址就可以到内存中找到相应的存储单元，从而访问到变量 i 的值。如图 12－2 所示：

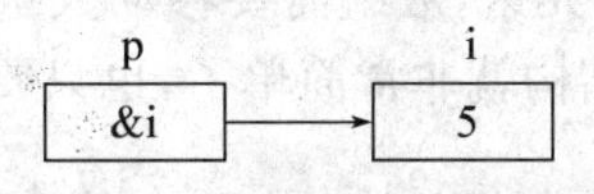

图 12－2　通过指针访问变量

根据地址找到相应的存储单元可以形象地用“指向”箭头来表示，那么在链表中也可以采用这种方式，使上一结点能指向下一结点。因为每个结点可以用来存放数据，因此系统就要为它分配存储空间，我们将每个结点所分配的存储空间的首地址记录下来，连接时只需将下一结点的首地址放在上个结点中就可以了。最后一个结点因为没有后继结点，可以设其地址为 NULL 或 0，这个地址不是任何结点的地址，表明链表到这里就结束了。

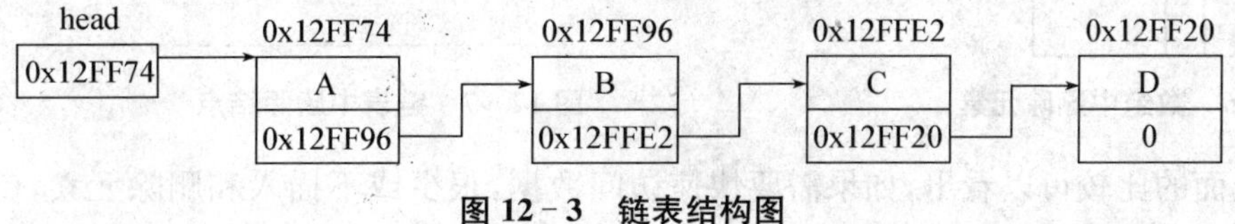

图 12－3　链表结构图

从图 12－3 可以看到，链表中各个结点在内存中可以不是连续存放的。要找到某一个结点,必须先找到它的上一个结点,根据它提供的下一个结点的地址就能找到下一个结点。链表如同一条铁链一样,一环扣一环,中间是不能断开的。而且如果不提供指向链表第一个结点的"头指针",则整个链表都无法访问。因为只有找到头指针,根据其中存放的地址才能找到链表中的第一个结点从而找到所有的结点。所以头指针在链表中非常重要,通常命名为 head,一旦头指针的值丢失了,实际上整个链表就丢失了,再也无法找到了。

既然是存放数据,采用数组和链表各有哪些特点呢?

首先链表是动态存储分配的一种结构,而数组是静态存储分配的结构。用数组存放数据时,必须事先定义固定的长度,即元素的个数。比如有的班级有 100 人而有的班级只有 30 人,如果要用同一个数组先后存放不同班级的学生数据,则必须定义长度大于 100 的数组,如果事先难以确定一个班的最多人数,则必须把数组定得足够大,以能存入任何班级的学生数据。显然这将会浪费内存空间。而链表则没有这种缺点,它根据需要开辟内存单元,有多少学生就创建多少个结点,但在每个结点中要多一个指针单元(地址)的存储开销。

其次,如果要在数组中增加一个元素,需要移动大量元素,空出一个元素的空间,然后将要增加的元素放在其中,如图 12-4 所示。而对于链表只需要修改结点中的指针就可以了,如图 12-5 中虚线所示。

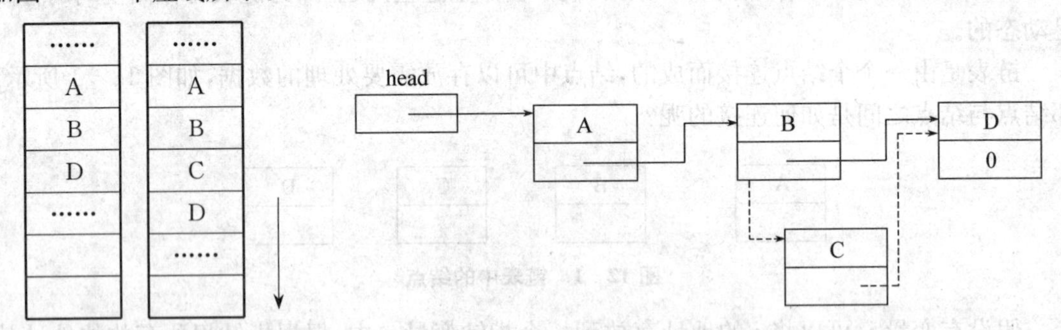

图 12-4 数组中增加元素 **图 12-5 链表中增加结点**

同样的道理,如果想删除一个元素,数组需要移动大量元素去填掉被删除的元素,如图 12-6 所示。但是对于链表数据结构就非常简单了,也只要修改结点中的指针就可以了,如图 12-7 中虚线所示。

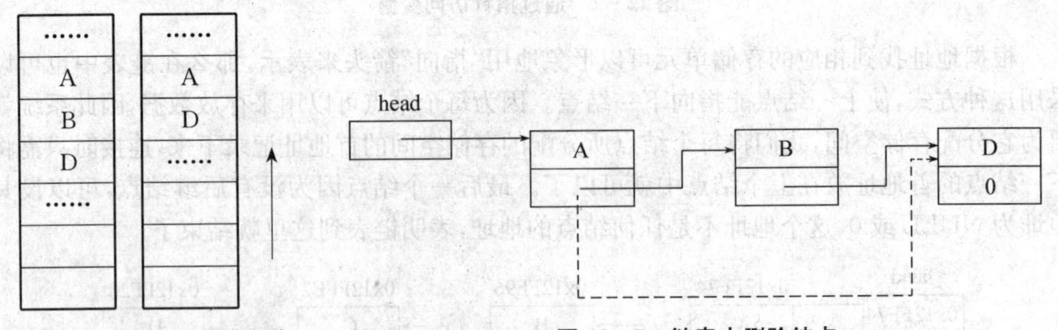

图 12-6 数组中删除元素 **图 12-7 链表中删除结点**

从上面的比较可以看出,如果需要快速访问数据,很少或不插入和删除元素,就应该用数组;相反,如果需要经常插入和删除元素就需要使用链表结构了。对链表的主要操作归纳起来有以下几种:

(1) 建立链表；
(2) 结点的查找与输出；
(3) 插入一个结点；
(4) 删除一个结点；
(5) 删除链表。

12.3　建立和遍历链表

1. 建立链表

介绍了链表的整体结构，下面来看一下链表中每个结点具体是怎样来构成的？

对于一根链表中的所有结点，结构都是一样的，但是里面所存放的数值却是各不相同的。结点中用来存放用户数据的部分称之为值域，里面可以包含多个数据成员，这些成员也可以是不同的数据类型。除此之外，结点中还应该存放链表中下一结点的地址，这一区域我们把它称为链域。结点结构如图 12-8 所示：

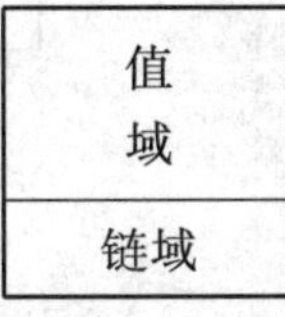

图 12-8　结点结构图

因为在结点中包含了不同类型的数据成员，所以通常使用结构体类型来表示。假设定义一个结点用来存放学生的学号和 C 语言成绩，那么在这个结点的值域中必须包含 2 个成员，分别是用字符数组来表示的学号和用整型表示的 C 语言成绩。链域中存放的是下个结点的地址，链表中所有的结点应该都是同一类型。具有这种结构的结点类型可以将其定义为 STUDENT 的结构体类型。其结构及定义如图 12-9 所示。

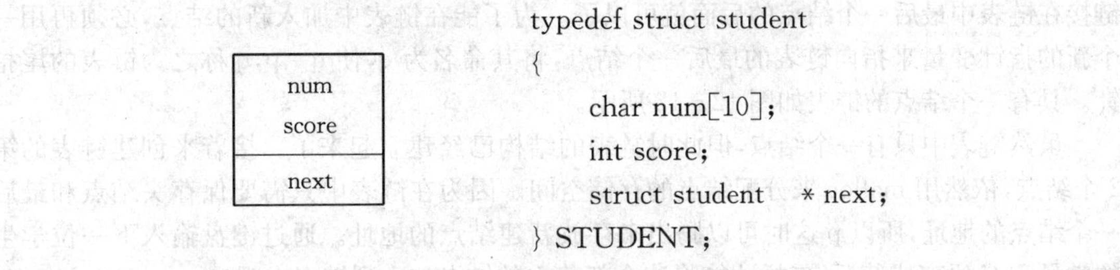

图 12-9　STUDENT 结点结构

需要注意的是，在这里只是定义了一个 STUDENT 的结构体类型，并未实际分配存储空间，只有等到创建结点时才会真正地分配内存空间。这样在程序中可以根据学生的人数来分配，有多少人，就分配多少个结点的存储空间！

假设使用链表来处理某次 C 语言测试的成绩，每位学生对应链表中的一个结点，结点的结构就采用前面定义的 STUDENT 类型。为简化起见，暂且只对一个宿舍中的 4 位学生的 C 语言成绩进行存储，如果要建立这样的一个链表，应该如何来实现呢？

对于一个链表而言，头指针是最重要的，它甚至可以作为链表是否存在的标志。因为通过头指针可以依次访问到链表的每一个结点。若是头指针丢失了，则整个链表也就找不到了，所以，创建链表必须首先定义一个头指针，通常命名为 head。初始的情况下，链表中一个结点都没有，这样的链表被称为空链表。head 不指向任何结点，可以将其值设置为 0。如图 12-10 所示。

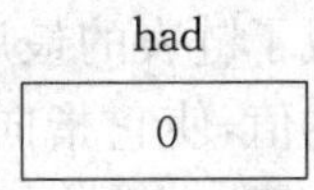

had
0
图 12-10　空链表

接下来就要创建结点了。创建结点实际上就是根据结点的结构为其分配存储空间，空间的大小由结点中各成员占据的空间之和来决定。因为是在程序执行的过程中进行存储空间的分配，所以需要使用动态分配存储空间的函数 malloc( )。使用该函数，系统会在内存中开辟结点大小的存储空间，并返回这片空间的首地址，可以将它暂时保存在一个新的指针变量 p 里，接着就可以通过键盘输入新结点中学生的学号和 C 语言成绩了。这样一个新结点就建立好了，如图 12-11 所示：

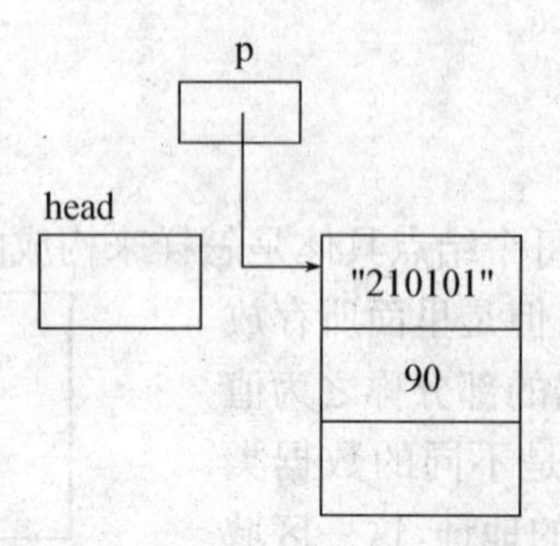

图 12-11 创建链表中的新结点

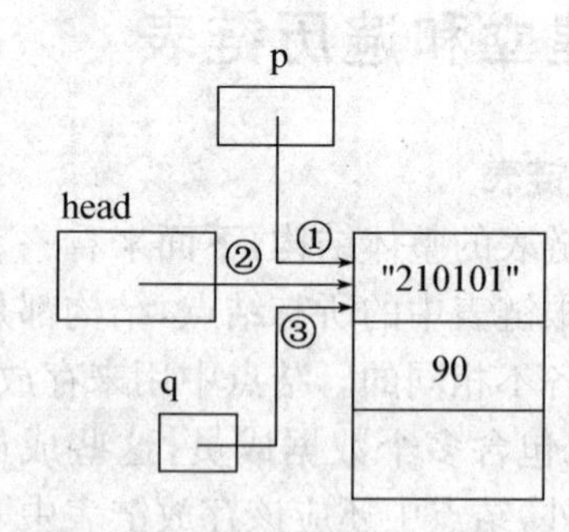

图 12-12 具有一个结点的链表

但是此时它并不属于链表，它是一个独立的结点，怎样才能把它链进链表中呢？此时的链表仍然是一个空链表，因为 head＝0。刚才创建的这个结点应该是链表的第一个结点也就是头结点。按定义，head 应该指向这个头结点，此时只需要将头结点的地址赋给 head 就可以了，即 head＝p。一旦完成了这步操作，链表就不再是空链表了，而是具有一个结点的链表，这个结点既是链表的第一个结点也是最后一个结点。再创建新结点时，只需将新结点链接在链表中最后一个结点的后面就可以了。为了能在链表中加入新的结点，必须再用一个新的指针变量来指向链表的最后一个结点，将其命名为 q，使 q＝p，q 称之为链表的尾指针。具有一个结点的链表如图 12-12 所示。

虽然链表中只有一个结点，但此时链表的结构已经建立起来了。接着来创建链表的第 2 个结点，依然用 malloc 来分配结点的存储空间。因为在链表中只需要保存头结点和最后一个结点的地址，所以 p 这时可以腾出来存放新建结点的地址。通过键盘输入下一位学生的学号和 C 语言成绩后，怎样才能将这个新建立的结点加入到链表中呢？

现在的情况和刚才不同，刚才链表是空的，head＝0，而此时链表中已经有了一个结点，head 指向的就是这个头结点，head !＝0。所以在链接第 2 个结点时，只需将第 2 个结点接在第 1 个结点的后面，也就是将新结点的地址 p 存放在链表中最后一个结点的链域中即可，即 q→next＝p，这也就相当于前一个结点能根据这个地址找到后一个结点。此时的链表中共有 2 个结点了，第 2 个结点变成了链表的最后一个结点。因此要修改尾指针 q 的值，使它指向这个新链接进来的结点。链表加入第二个结点后，指针的指向如图 12-13 所示。

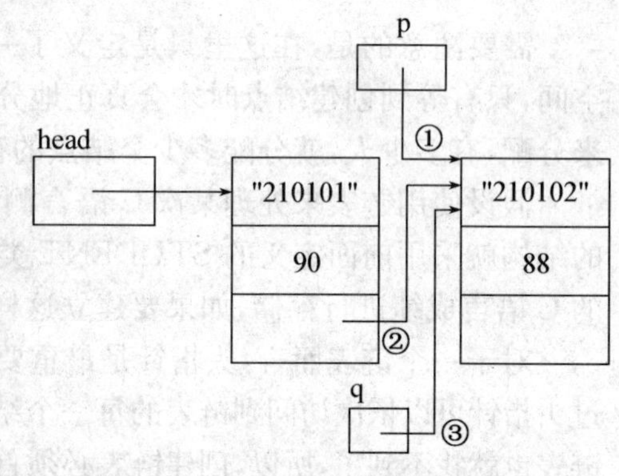

图 12-13 具有两个结点的链表

同样的方法可以继续创建链表的第三个结点。因为链表中已有两个结点，所以将第三个结点直接接在第二个结点的后面，之后的结点可以以此类推。这个链表终于建立起来了，但还有一项非常重要的工作没做！因为链表的最后一个结点的链域还未赋值，所以最后一个结点的 next 成员值是个随机数，如果以这个随机数作为地址，这个链表还会有其他未知结点。所以必须将链域设为 0，表明没有后继结点，这个结点就是链表的最后一个结点。只有这样，创建链表的任务才算是真正的结束。创建成功的链表如图 12-14 所示。

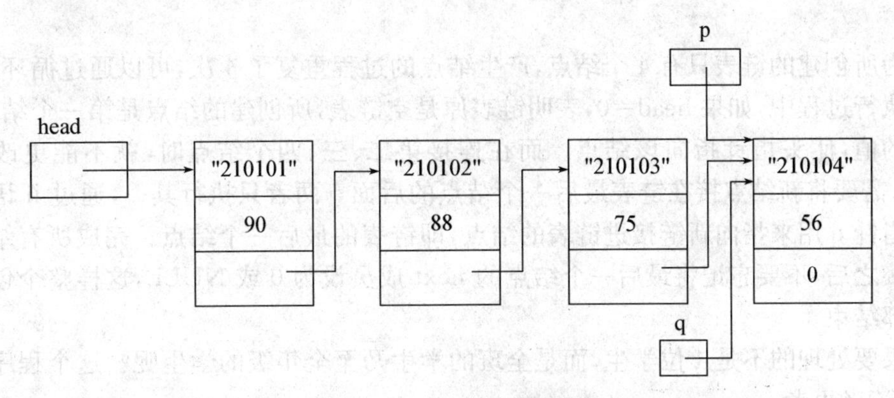

图 12-14 创建成功的链表

【例 12.2】 建立链表的函数。

```
STUDENT *create( )
{
    STUDENT *p, *q, *head;
    int i = 1;
    head = 0;              /*将 head 设置为 0，表示该链表为空链表*/
    while(i <= 4)          /*i 控制链表中的结点的个数*/
    {
        if((p = (STUDENT *)malloc(sizeof(STUDENT))) == NULL)
                           /*创建一个新结点，将该结点地址保存在指针变量 p 中*/
        {
        printf("Not able to allocate memory. \n");
        exit(1);
        }
    printf("please input %d th student's ID and score:\n", i);
    scanf("%s%d", p->num, &p->score);   /*输入新结点中各成员的值*/
    if(head == 0)          /*如果链表此时为空链表，则修改头指针的值*/
    {
        head = p; q = p;
    }
    else                   /*如果链表此时已经有结点了，head≠0，则将该结点链*/
    {                      /*接在链表最后一个结点的后面*/
        q->next = p; q = p;
```

```
    }
    i++;
  }
  q->next = 0;          /* 链表的最后一个结点的 next 成员设置为 0,表明 */
  return(head);         /* 链表无后继结点了 */
}
```

因为所创建的链表只有 4 个结点,产生结点的过程重复了 4 次,可以通过循环来实现。在循环执行过程中,如果 head=0,表明链表原是空链表,所创建的结点是第一个结点,修改头指针的值,使头指针指向该结点。而在连接第二、三、四个结点时,就不能更改头指针 head 了,需要将新结点接在链表最后一个结点的后面。两者只执行其一,通过 if 语句来实现。尾指针 q 用来指向新链接进链表的结点,即链表的最后一个结点。完成所有结点的创建和链接之后,不要忘记将最后一个结点的 next 成员设为 0 或 NULL,这样整个创建工作才算全部结束。

如果要处理的不是 4 位学生,而是全班的学生乃至全年级的学生呢? 这个程序该如何修改,请读者思考。

2. 遍历链表

因为在链表中,结点的存放并不是按照顺序来存储的,它们分布在内存中的不同地方。如果要访问链表中的某一个结点,并不能直接找到,因为链表中任一结点的地址都是存放在它的上一个结点中。所以当需要对链表的任一结点进行操作时,就必须从链表的头结点开始查找,这就需要使用遍历链表的操作。

遍历链表,首先要找到链表的头结点。而头结点的地址保存在链表的头指针 head 中,所以要设定一个指针变量 p,使这个指针变量首先指向头结点,即 p=head,而后依次指向链表中的各个结点。指针变量 p 指向链表头结点如图 12-15 所示。

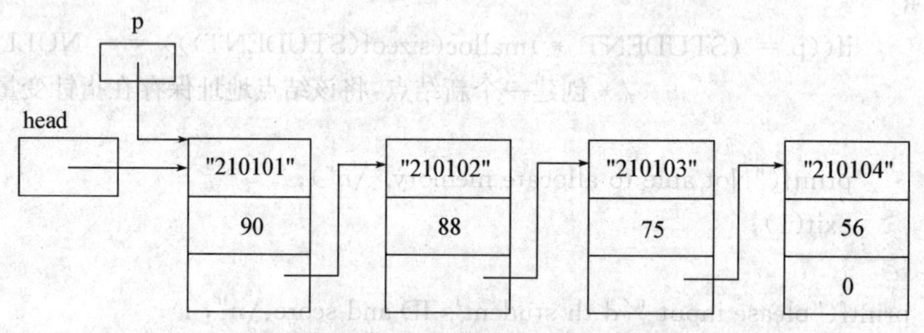

图 12-15　指针变量 p 指向链表头结点

当 p 指向头结点后,就可以访问该结点中的数据了。接着 p 要指向链表中的下一个结点,而下一个结点的地址保存在头结点的 next 成员中,即 p->next 中,所以只需将 p=p->next 即可。要注意的是,不能修改头指针的值,使 head=head->next,这样虽然也可以使 head 指向链表中的下一个结点,但是前面的结点将再也无法找到,所以头指针只能使用不能修改。p 指向下一结点后,链表如图 12-16 所示。

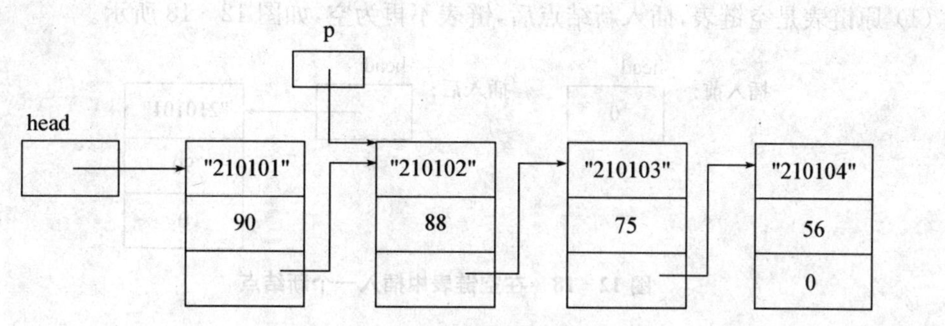

图 12-16　p 指向链表中的第二个结点

当 p 指向链表的最后一个结点时，p－＞next 中的值为 0，所以将 p－＞next 赋给 p 之后，p=0，这也就意味着遍历的操作结束了，链表到此为止。如图 12-17 所示。

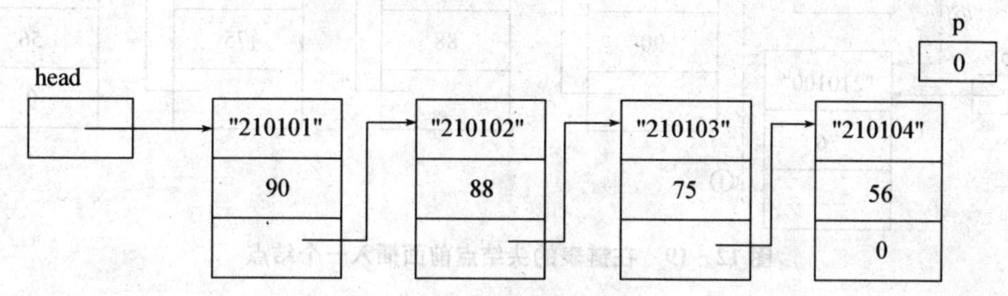

图 12-17　p 指向链表的末尾

【例 12.3】　遍历链表的函数。

```
void travel(STUDENT * head)
{
    STUDENT * p;
    int i = 1;
    p = head;                    /* 将 p 指向链表的头结点 */
    printf("Output data:\n");
    while(p != 0)
    {
        printf("The %d th node is: \n", i);
        printf("%s   %d\n", p->num, p->score);
        p = p->next;             /* p 指向链表中的下一个结点 */
        i++;                     /* i 用来统计链表中结点的个数 */
    }
}
```

12.4　插入和删除结点

1. 在链表中插入结点

如果要在链表中插入一个新结点，需要分三种情况来处理：

（1）原链表是空链表，插入新结点后，链表不再为空，如图 12－18 所示。

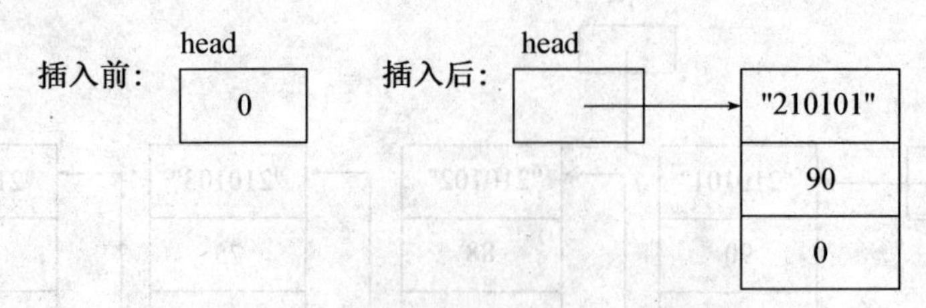

图 12－18　在空链表中插入一个新结点

（2）新结点插入的位置是链表头结点的前面，则要修改头指针的值，如图 12－19 中虚线所示。

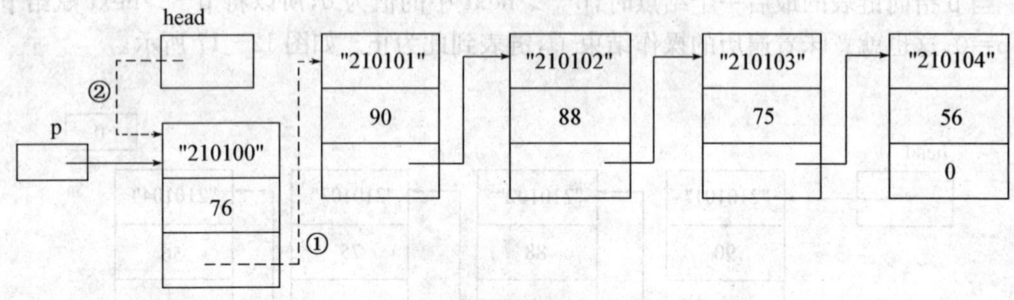

图 12－19　在链表的头结点前面插入一个结点

p 指向的是将要插入到链表中的新结点，将该结点插入链表可以采用先连后断的方式。第一步先将链表中的头结点连接在新结点的后面，然后再将头指针指向新插入的结点，对应的语句为：

p－＞next ＝ head；　/＊将 head 中的地址(头结点地址)保存在 p 指向结点的 next 成员中＊/

head ＝ p；　　　　/＊此时 p 所指向的结点为链表的头结点，使 head 指向该结点＊/

需要注意的是：操作的顺序不能颠倒。假如先将 head 指向新插入的结点，则原链表中的所有结点就会丢失，再也无法找到了，所以操作的顺序是不能颠倒的。

（3）插入新结点在链表的其他位置，如图 12－20 所示。

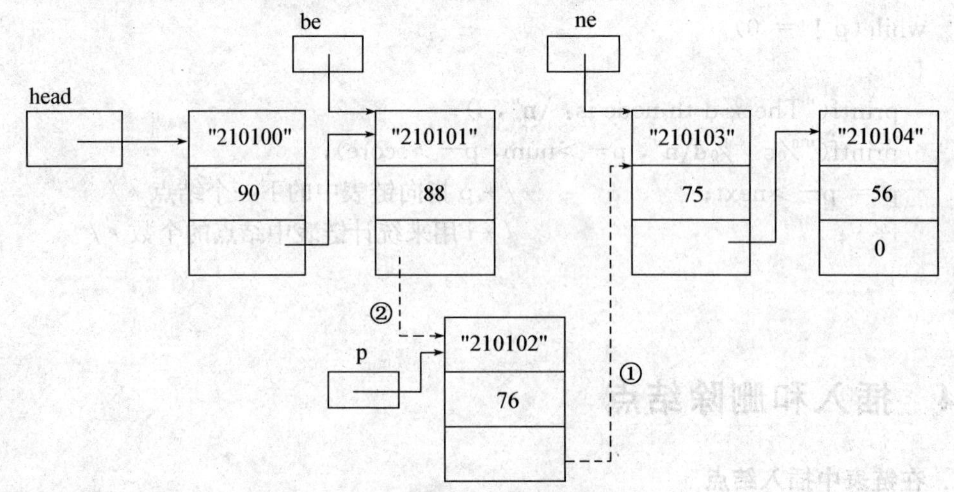

图 12－20　在链表中的其他位置插入结点

将新结点插入在链表中，首先要查找插入新结点的位置。假设链表中的结点已经按学号的顺序排列好，有两个指针 be 和 ne，分别指向插入结点位置的前后结点。将新结点插入仍然是采用先连后断的方式，先把新结点和它的后继结点连接，再把插入位置之前的结点与后继结点断开，并与新结点连接。所对应的操作为：

```
p->next = ne;      /*将新结点与后继结点连接*/
be->next = p;      /*将新结点链接进链表*/
```

【例 12.4】 将新结点插入到链表中，并保持链表上各个结点学号的升序关系。

```
STUDENT * insertnode(STUDENT * head, STUDENT * p)
{
  STUDENT *be, *ne;
  if(head == 0)                    /*第一种情况，链表为空时插入结点*/
  {
     head = p;
     p->next = 0;
     return(head);
  }
  if(strcmp(head->num, p->num) >= 0)
                                   /*第二种情况，新结点插入在头结点的前面*/
  {
     p->next = head;
     head = p;
     return(head);
  }
  be = ne = head;                  /*第三种情况，在链表中插入新结点*/
  while(ne != 0 && strcmp(ne->num, p->num) < 0)
                                   /*查找插入新结点的位置*/
  {
     be = ne;                      /*be 指针始终指向 ne 所指结点的前一个结点*/
     ne = ne->next;
  }
  p->next = ne;                    /*将新结点链接到链表中*/
  be->next = p;
  return(head);
}
```

2. 在链表中删除结点

如果要在链表中删去一个结点，也要分三种情况来处理：

(1) 原链表是空链表，无结点可删，提示出错信息，如图 12－21 所示。

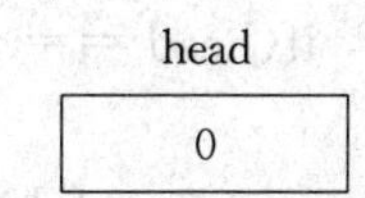

图 12－21 在空链表中删去结点

(2) 如删除的结点是链表的头结点，则要修改头指针的值，如图 12-22 所示。

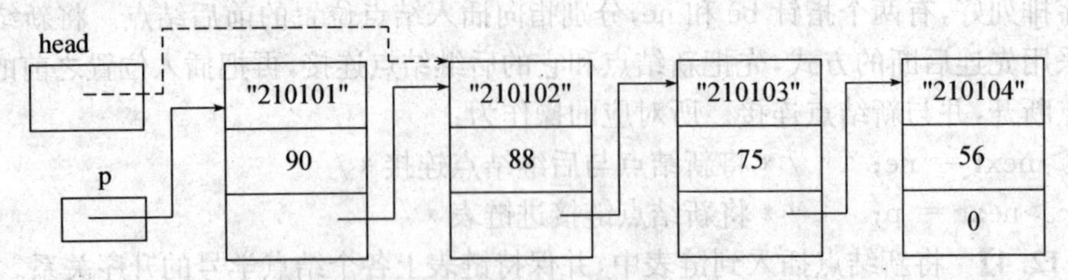

图 12-22 删去链表的头结点

p 指向的是将要删除的结点，将该结点从链表中删除可以将头指针直接指向链表中的第二个结点，并将第一个结点所占用的空间释放掉即可。链表中第二个结点的地址保存在被删除的头结点的 next 成员中，所以对应的语句为：

```
head = p->next;              /* 将 head 指向链表中头结点的下一个结点 */
free(p);                     /* 释放所删除结点的空间 */
```

(3) 在链表的其他位置删除结点，如图 12-23 所示。

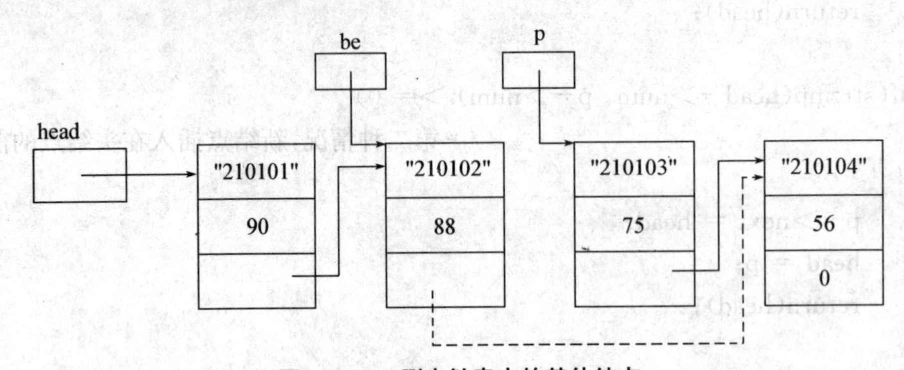

图 12-23 删去链表中的其他结点

将结点从链表中删去，首先要查找到需删除结点的位置。假设链表中 p 指向的是要删除的结点，被删除结点的前一个结点由指针变量 be 指向，删除时只需使被删除结点的前一个结点指向被删除结点的后一个结点即可。即将被删除结点的下一个结点的地址放到被删除结点前一个结点的 next 成员中，所对应的语句为：

```
be->next = p->next;
                /* 将被删除结点的下一结点的地址存放在上一结点的 next 成员中 */
free(p);        /* 将被删除结点所占据的内存空间释放 */
```

【例 12.5】 删除链表中具有指定值的结点

```
STUDENT * deletenode(STUDENT * head, char * num)
{
    STUDENT * be, * p;
    if(head == NULL)                  /* 第一种情况，链表为空，无结点可删 */
    {
        printf("No node to delete! \n");
        return(head);
```

```
    }
    if(strcmp(head->num, num) == 0)
                                /* 第二种情况,需删除的结点是链表的头结点 */
    {
        p = head;
        head = head->next;
        free(p);
    }
    else                        /* 第三种情况,删除的是链表中除头结点外的结点 */
    {
        be = p = head;
        while(strcmp(p->num, num) != 0 && p->next! =NULL)
                                /* 查找被删除结点的位置 */
        {
            be = p;             /* be 始终指向被删除结点的前一个结点 */
            p = p->next;
        }
        if(strcmp(p->num, num) == 0)
                                /* 查找到 p 所指向的结点就是要删除的结点 */
        {
            be->next = p->next;
            free(p);
            printf("Delete one node! \n");
        }
        else                    /* 在链表中没有所要删除的结点 */
            printf("Not Found! \n");
    }
    return(head);
}
```

12.5 删除链表

当链表完成了所有的操作后,如果不再继续使用,就应该将链表从系统中删除。因为链表中结点的空间是在程序中动态分配的,所以删除链表实际上就是释放链表的结点空间,其对应的函数如下:

```
void releasechain(STUDENT * head)
{
    STUDENT * p;
    while(head)
```

```
    {
        p = head;
        head = head->next;
        free(p);
    }
}
```

12.6 应用举例

【例 12.6】 编写函数,利用链表实现两个多项式的合并操作。

【问题分析】

采用链表来存储多项式,可以将多项式的每一项分别存储在链表的一个结点中。链表中每个结点的数据结构设计为:

```
typedef struct node
{
    int a;                /* 多项式每项的系数 */
    int b;                /* 多项式每项的指数 */
    struct node *next;
}NODE;
```

设有多项式 $-2x^5+3x^4+2x^2+3$ 和多项式 $2x^5+5x^4+4x+7$,分别存储在按"指数"值降序排列的有序单向链表 h1 和 h2 中,通过合并,得到的结果多项式 $8x^4+2x^2+4x^1+10$ 保存在链表 h3 中,如图 12-24 所示。

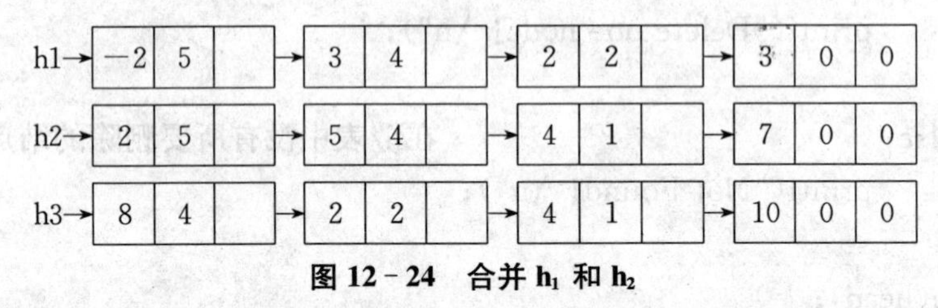

图 12-24 合并 h_1 和 h_2

函数 bind 将完成 h1 链表和 h2 链表中分别存储的两个多项式的合并操作,合并后的多项式保存到 h3 链表中,并返回 h3 链表头指针的值。函数 bind 的首部可以设计为:

```
NODE *bind(NODE *h1, NODE *h2);
```

【解题步骤】

(1) 将 h1 指向结点与 h2 指向结点的"指数"值相比较:

若相同,则将这两个结点的"系数"值相加,取两结点中任一结点的"指数"值,保存到新结点中;若新结点"系数"不为 0,将新结点添加到 h3 链表尾部,否则舍弃新结点;

若不同,将其中"指数"值较大结点的"系数"和"指数"值复制到一个新申请的结点中,将新结点添加到 h3 链表的尾部。

(2) 修改链表 h1 或 h2 的指针,使其指向未处理的下一结点,直至处理完 h1 和 h2 链表的全部结点。

【程序代码】

```
#include<stdio.h>
NODE *bind(NODE *h1, NODE *h2)
{
    NODE *h3 = NULL, *p1, *p2;
    while( h1 != NULL || h2 != NULL)
    {
        p1 = (NODE *)(malloc(sizeof(NODE));
        if(h1 && h2 && h1 ->n == h2->n)
                                        /*若h1与h2所指结点的"指数"值相同*/
        {
            p1->a = h1->a + h2->a;          /*合并系数值*/
            p1->n = h1->n;
            if(p1->a == 0)                   /*若系数值为0,舍弃新结点*/
            {
                free(p1);
                p1 = 0;
            }
            h1 = h1->next;                   /*h1指向链表中的下一结点*/
            h2 = h2->next;                   /*h2指向链表中的下一结点*/
        }
        else
        {
            if(h1 && h2 == 0 || h1->n>h2->n)
            {                        /*若h1所指结点的指数大于h2所指结点指数*/
                p1->a = h1->a;       /*将h1所指结点复制到新结点中*/
                p1->n = h1->n;
                h1 = h1->next;       /*h1指向链表中的下一结点*/
            }
            if(h2 && h1 == 0 || h1->n<h2->n)
            {                        /*若h2所指结点的指数大于h1所指结点指数*/
                p1->a = h2->a;       /*将h2所指结点复制到新结点中*/
                p1->n = h2->n;
                h2 = h2->next;       /*h2指向链表中的下一结点*/
            }
        }
        if(p1)                     /*若p1结点不为空,将其链接到h3链表中*/
            if(h3 == NULL)         /*若h3链表为空,则p1为头结点,修改头指*/
                h3 = p2 = p1;      /*针h3,使其指向p1结点*/
```

```
        else
        {
            p2->next = p1;
                                /*若h3链表不为空,直接将p1结点链接在最后*/
            p2 = p1;
        }
    }
    if(h3 != 0) p2->next = NULL;
    return h3;
}
```

【例 12.7】 建立一个完整的链表,并完成对链表的操作。

【程序代码】

```
#include<stdio.h>
#include<string.h>
#include<stdlib.h>
typedef struct student
{
    char num[10];
    int score;
    struct student *next;
} STUDENT;
STUDENT *create( )              /*新建链表*/
{
    STUDENT *p, *q, *head;
    int i = 1, number;
    printf("please input the number of students:");
    scanf("%d", &number);
    printf("please input student's ID and score\n");
    head = 0;
    while(i <= number)
    {
        if((p = (STUDENT *)malloc(sizeof(STUDENT))) == NULL)
        {
            printf("Not able to allocate memory. \n");
            exit(1);
        }
        printf("please input %d th student's ID and score:",i);
        scanf("%s", p->num);
        scanf("%d", &p->score);
```

```
        if(head == 0)
        {
            head = p; q = p;
        }
        else
        {
            q->next = p; q = p;
        }
        i++;
    }
    q->next = 0;
    return(head);
}

void travel(STUDENT *head)/*遍历链表*/
{
    STUDENT *p;
    int i = 1;
    p = head;
    printf("Output data:\\n");
    while(p != 0)
    {
        printf("The %d th student's ID and score: ", i);
        printf("%s %d\n", p->num, p->score);
        p = p->next;
        i++;
    }
}

STUDENT * insertnode(STUDENT *head, STUDENT *p)
                                        /*在链表中插入一个结点*/
{
    STUDENT *be, *ne;
    if(head == 0)
    {
        head = p;
        p->next = 0;
        return(head);
    }
```

```
    if(strcmp(head->num, p->num) >= 0)
    {
        p->next = head;
        head = p;
        return(head);
    }
    be = ne = head;
    while(ne != 0 && strcmp(ne->num, p->num) < 0)
    {
        be = ne;
        ne = ne->next;
    }
    p->next = ne;
    be->next = p;
    return(head);
}

STUDENT *deletenode(STUDENT *head, char num[])
                                        /*在链表中删除一个结点*/
{
    STUDENT *be, *p;
    if(head == NULL)
    {
        printf("No node to delete! \n");
        return(head);
    }
    if(strcmp(head->num, num) == 0)
    {
        p = head;
        head = head->next;
        free(p);
    }
    else
    {
        be = p = head;
        while(strcmp(p->num, num) != 0 && p->next != NULL)
        {
            be = p;
            p = p->next;
```

```
    }
    if(strcmp(p->num, num) == 0)
    {
        be->next = p->next;
        free(p);
        printf("Delete one node! \n");
    }
    else
        printf("Not Found! \n");
    }
    return(head);
}
void releasechain(STUDENT *head )            /*释放链表*/
{
    STUDENT *p;
    while(head)
    {
        p = head;
        head = head->next;
        free(p);
    }
}
int main(void)
{
    STUDENT *head, *t;
    char n[10];
    head = create( );
    travel(head);
    if((t = (STUDENT *)malloc(sizeof(STUDENT))) == NULL)
    {
        printf("Not able to allocate memory. \n");
        exit(1);
    }
    printf("Please input you want to insert the student's ID:\n");
    scanf("%s%d", &t->num, &t->score);
    head=insertnode(head, t);
    travel(head);
    printf("Please input you want to delete the student's ID:\n");
    scanf("%s", n);
```

```
    head=deletenode(head, n);
    travel(head);
    releasechain(head);
    return 0;
}
```

链表的结构比较灵活,但是最基本的操作就是新建、遍历、插入和删除,在处理时要弄清楚结点之间的指向关系。采用图解法就具有很好的效果,通过图来表现链表的整体结构,对操作很有帮助。

12.7 小结

一、知识点概括

1. 动态空间的分配与回收

(1) 动态存储分配函数 malloc( )

(2) 计数动态存储分配函数 calloc( )

(3) 动态存储释放函数 free( )

2. 链表

链表作为一种动态分配的数据结构,能够有效地避免存储空间的浪费,并且在数据的插入、删除操作中能够避免大量数据的移动问题,大大提高了数据处理效率。链表的基本操作有:

(1) 建立新的链表;

(2) 遍历链表,即输出其所有数据或者查找链表中的某个结点;

(3) 在链表中插入一个新结点;

(4) 删除链表中的某个结点;

(5) 删除链表。

二、常见错误列表

错误实例	错误分析

int * p, i;
p = (int *)malloc(n * sizeof(int));
for(i = 0; i <= n; i++, p++)
scanf("%d", p);
	1. 没有判断内存分配是否成功。内存分配如果不成功就使用它,将会导致非法内存访问错误。
	2. 在 for 循环中对分配的内存空间越界使用。

程序中使用了 malloc( )或 calloc ()函数,但未使用 free( )函数	malloc( )和 calloc( )函数是向系统动态申请内存空间,使用结束后,忘记释放内存,会造成内存泄漏。

int * p;
p = (int *)malloc(n * sizeof(int));
...
free(p);
printf("%d", * p);
	p 所指向的内存空间通过 free( )函数释放后,不允许再通过该指针去访问已经释放的块,否则可能会引起严重错误。

习　题

1. 用 malloc 函数生成一个一维数组，数组长度可以通过键盘输入确定，输入并输出数组中的各个元素的值，然后将数组元素颠倒排列后，再次输出各元素的值。

2. 建立一个无序链表，每一个结点包含：学号、姓名、年龄和 C 语言成绩。结点的个数可以通过键盘输入，输出链表上各个结点的值后，将链表删除。

3. 建立一个链表，每一个结点中包含：工号、姓名、基本工资、绩效工资。求出总工资(基本工资+绩效工资)最高和最低的工号并输出。

4. 建立一个链表，每个结点包括：学号、姓名、性别、年龄。输入年龄，如果链表中的结点所包含的年龄等于此年龄，则将该结点删去。

5. 将一个链表按逆序排列，即将链头当链尾，链尾当链头。分别输出这两条链表上各个结点的值。

6. 设有 a、b 两个链表，每个链表中的结点包括学号、成绩。要求把这两个链表合并，并按学号升序排列。

7. 编写程序将两个链表合并为一个链表，使得两个链表中的结点交替地在新链表中出现。若原来某个链表中具有较多的结点，则把多余的结点接在新链表的末尾。

第十三章　文　件

迄今为止,所有的程序都是在运行时由用户输入数据,在结束运行时数据就会丢失。此时,如果用户想用同样的数据再运行一次程序,那么每次都必须重新输入这些数据。例如,如果想建立一个通讯录,记录人名、地址和电话号码,那么每次程序运行时,都要输入所有人名、地址和电话号码,这样的程序会让人难以忍受,还不如不用。

文件是解决上述问题的有效办法,把数据存储在永久存储设备(如硬盘)上,即使关掉计算机,这些数据仍然存在。当有大量数据输入时,可通过编辑工具事先建立输入数据的文件,程序运行时将不再从键盘输入,而从指定的文件上读入,从而实现数据一次输入多次使用。同样,当有大量数据输出时,可以将其输出到指定文件,任何时候都可以查看结果文件。

13.1　文件的基本概念

13.1.1　字符转换器

【例 13.1】 用户在登录时要输入用户名,输入时有可能是小写字母,也有可能是大写字母,但大小写字母在系统内的存储是不一样的。为了处理方便,通常会将用户输入的字符串中的字符统一转换成大写字母或小写字母。本例是从键盘上输入一个字符串,把该字符串中的小写字母转换为大写字母,并输出到文件 test. txt 中。

【问题分析】

将小写字母转换成大写字母,是将小写字母的 ASCII 码值减去 32。将字符串写入文件,首先要打开文件,逐个写入字符,当所有字符均写入文件后,关闭该文件。程序执行结束后,可通过资源管理器来查看文件 test. txt 的内容。

【解题步骤】

1. 以写的方式打开文件 test. txt;

2. 从键盘读入要转换的字符串;

3. 逐个判断字符串中的字符,如为小写字母,将其转换为大写字母,并写入 test. txt 文件,如不是,将该字符直接写入到 test. txt 文件中;

4. 关闭文件 test. txt。

【关键代码】

C 语言编写文件操作的程序步骤:

(1) 定义文件指针;

FILE * fp;

(2) 打开文件：

fp = fopen("test. txt", "w"))；

因为要将转换的大写字母写入“test. txt”文件，所以在打开文件时要指明方式，第二个参数“w”表示以写的方式打开指定文件，若文件打开不成功，返回NULL值。

(3)文件写操作；

将字符写入指定文件，使用函数fputc('c',fp)；第一个参数表示要写入的字符，第二个参数就是指向对应文件的指针。

(4) 关闭文件。

完成对文件的读写操作后，一定要记得使用fclose( )函数关闭文件。

【程序代码】

```
#include <stdio.h>
#include<stdlib.h>
int main(void )
{
    FILE *fp;
    char str[100];
    int i = 0;
    if((fp = fopen("D:\\test.txt", "w")) == NULL)            /*打开文件*/
    {
        printf("Can't open this file. \n");
        exit(0);
    }
    printf(" input a string:\n");
    gets(str);
    while(str[i])                                            /*将字符转换后写入文件*/
    {
        if (str[i] >= 'a' && str[i] <= 'z') str[i] = str[i] - 32;
        fputc(str[i],fp);
        i++;
    }
    if (fclose(fp))                                          /*关闭文件*/
    {
        printf("Can't close the file! \n");
        exit(0);
    }
    return 0;
}
```

【运行结果】

test. txt 文本文件内容如下：

13.1.2 二进制文件和文本文件

通常所说的文件是指存放在磁盘上的一组相关信息的集合。为了区分不同文件，每个文件都有一个标识，称为“磁盘文件名”。磁盘文件名可以表示为：[盘符][路径]＜主文件名＞.[＜扩展名＞]。

磁盘文件按数据存放的格式分类，可分成“二进制文件”和“文本文件”两种。

文本文件是指把内存中的数据转换成 ASCII 码存储在文件上，每个 ASCII 码代表一个字符。二进制文件是把内存中的数据按其内存中的存储形式不进行格式转换而直接存放在文件上。例如，设有如下变量声明语句：

short int n = 123;

在二进制文件中，变量 n 的值就占 2B(00H 7BH)的存储空间，如图 13-1 所示。而在文本文件中其值则需要 3 个字节的存储空间，因为按 ASCII 形式存入在磁盘文件上，需要 3B(31H 32H 33H)，如图 13-2 所示。

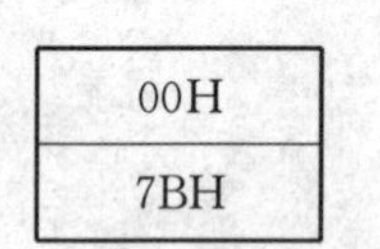

图 13-1 123 在二进制文件的存储形式

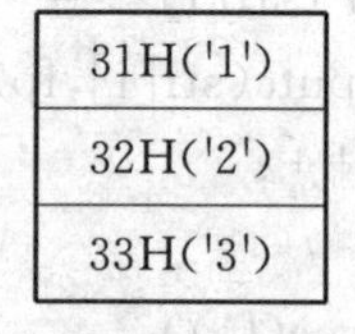

图 13-2 123 在文本文件的存储形式

如果 n 值增加到 1234，结果会怎样呢？对二进制文件，存储 1234 和存储 123 所需的存储空间大小是一样的。而对文本文件，则需要增加 1 个字节来存储额外的数字 4。

二进制文件和文本文件各有优缺点。文本文件一个字节表示一个字符，便于对字符进行逐个处理和输出，但一般占用的存储空间较大，且需花费时间在字符与数值之间进行转换。以二进制文件输出数值，可节省存储空间和转换时间，但一个字节并不对应一个字符，不能直接输出其对应的字符形式。

无论一个 C 文件的内容是什么，它一律把数据看成是由字节构成的序列，即字节流。

对文件的存取也是以字节为单位的，它非常像录音磁带，录音和放音过程是顺序进行的。所以，C 语言文件又称为流式文件。

13.1.3　缓冲文件系统

因为系统对磁盘文件数据的存取速度与内存数据存取访问的速度不同，而且文件数据量较大，数据从磁盘读到内存或从内存写到磁盘文件不可能瞬间完成，所以为了提高数据存取访问的效率，C 语言的文件操作一般采用“缓冲文件系统”的方式，即文件与程序之间的数据通信不是直接的，而是通过文件缓冲区（在内存中划出的一片存储单元）来联系的。

也就是说，从内存向磁盘输出数据，必须先送到缓冲区，装满缓冲区后才一起送到磁盘中；从磁盘向内存读取数据，则一次读一批数据到缓冲区，程序从缓冲区读取数据，如图 13-3 所示。为了能使应用程序同时处理若干个文件，就必须在内存中开辟多个缓冲区。

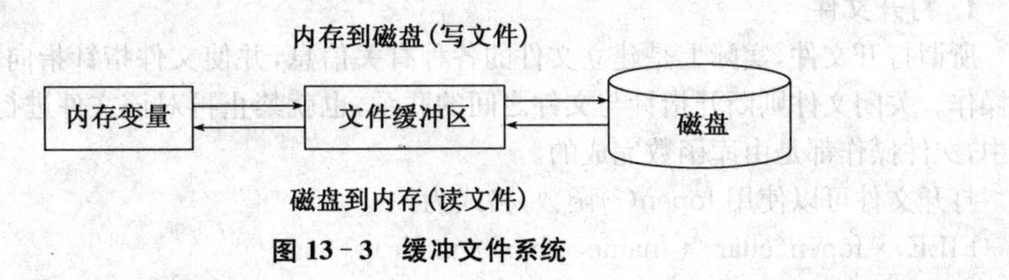

图 13-3　缓冲文件系统

13.1.4　文件指针

文件缓冲区是内存中用于数据存储的数据块，由系统自动分配。在文件处理过程中，程序需要访问缓冲区实现数据的存取。C 语言为了实现对文件的操作，把与文件操作相关的信息定义成了 FILE 结构体类型。FILE 文件类型的说明如下：

```
typedef struct
{
    short level;                  /*缓冲区使用量*/
    unsigned flags;               /*文件状态标志*/
    charfd;                       /*文件描述符*/
    shortbsize;                   /*缓冲区大小*/
    unsigned char * buffer;       /*文件缓冲区的首地址*/
    unsigned char * curp;         /*指向文件缓冲区的位置指针*/
    unsigned char hold;           /*其他信息*/
    unsigned istemp;
    short token;
}FILE;
```

FILE 类型是用 typedef 重命名的，并在 stdio.h 文件中定义，因此使用文件的程序都需要包含＃include＜stdio.h＞。

文件指针指向的是文件类型的结构体，其中包含多项信息，每一个文件都有自己的 FILE 结构和文件缓冲区。如 FILE 结构体中的 curp 成员是一个存放文件读/写位置的变量，能定位文件缓冲区中的具体数据，又称文件的位置指针。在开始对某文件进行操作时将curp值设置为0，表示读/写操作应从文件首部开始执行，每次读/写之后，自动将位置指针的值加上本次读/写的字节数，作为下次读/写的位置。但对一般编程者来说，只要直接使用文件指针即可，不必关心FILE结构内部的具体内容，因为这些内容都是由系统在文件打开时自动填入和使用的。

在C语言中，处理文件都是通过文件指针进行的。文件指针的定义形式如下：

FILE *fp1, *fp2;

fp1和fp2是FILE类型的文件指针，如果再通过fopen( )函数使得它们能够分别指向各自的文件缓冲区，程序就能利用它们访问文件了。

13.1.5　文件的打开和关闭

1. 打开文件

所谓打开文件，实际上是建立文件的各种有关信息，并使文件指针指向它，以便进行其他操作。关闭文件则断开指针与文件之间的联系，也就禁止再对该文件进行操作。在C语言中，文件操作都是由库函数完成的。

打开文件可以使用fopen( )函数，格式为：

FILE *fopen(char *fname, char *mode)

参数fname指定要打开的文件，mode参数表示文件打开后可以进行的处理方式，mode参数的值及其意义如表13-1所示。

表13-1　mode参数值及其意义

r	打开文本文件进行只读，文件必须已存在，否则函数返回出错信息(NULL)。
w	建立新文本文件进行只写，如果文件已存在，则文件的内容将被删除，成为一个空文件。
a	打开文本文件进行追加，即向文件末尾添加数据，原文件数据保留。文件必须已存在，否则函数也将返回出错信息(NULL)。
+	与上面的字符串组合，表示以读写方式打开文本文件，既可向文件中写入数据，也可从文件中读出数据。
b	与上面的字符串组合，表示要打开的是一个二进制文件。

例如：

fp = fopen("D:\\test.txt", "a+");

表示以读写方式打开D盘根目录下的文本文件test.txt，保留原文件所有内容，向其文件尾部添加数据。如果不写出文件路径，则默认与应用程序的当前路径相同。注意，“D:\\test.txt”不能写成“D:\test.txt”，因为C语言认为“\”是转义符，双斜杆“\\”才表示了实际的“\”。

如果fopen( )执行成功，函数将返回包含文件缓冲区等信息的FILE结构地址，赋给文件指针fp。否则，返回一个NULL(空值)，表明文件abc.txt无法正常打开(可能是abc.txt不存在、路径不对或是文件已经被别的程序打开等)。为保证文件操作的可靠性，调用fopen( )函数时最好做一个判断，以确保文件正常打开后再进行读写。其形式为：

if ((fp = fopen("D:\\test.bin", "rb")) == NULL)

```
{
    printf("Can't open this file. \n");
    exit(0);
}
```

表示以读的方式打开二制文件“test. bin”，其中 exit(0)是系统标准函数，作用是关闭所有打开的文件，并终止程序的执行。参数 0 表示程序正常结束，非 0 参数通常表示不正常的程序结束。

C 语言允许同时打开多个文件，不同文件采用不同文件指针指示，但不允许同一个文件在关闭前被再次打开。

2. 关闭文件

当文件操作完成后，应及时将其关闭。对于缓冲文件系统来说，文件的操作都是通过缓冲区进行的。如果把数据写入文件，首先是写到文件缓冲区里，只有当写满 512B，才会由系统真正写入磁盘扇区。如果写的数据不到 512B，发生程序异常终止，那么这些缓冲区中的数据将会被丢失。当文件操作结束时，即使未写满 512B，通过文件关闭，也能强制把缓冲区中的数据写入磁盘扇区，确保写文件的正常完成。

关闭文件通过调用标准函数 fclose( )实现，其一般格式为：

fclose(文件指针)；

该函数将返回一个整数，若该数为 0 表示正常关闭文件，否则表示无法正常关闭文件，所以关闭文件也应使用条件判断：

```
if(fclose(fp))
{
    printf("Can not close the file! \n");
    exit(0);
}
```

关闭文件操作除了强制把缓冲区中的数据写入磁盘外，还将释放文件缓冲区单元和 FILE 结构，使文件指针与具体文件脱钩。但磁盘文件和文件指针变量仍然存在，只是指针不再指向原来的文件。

读者在编写程序时应养成文件使用结束后及时关闭文件的习惯，一则确保数据完整写入文件，二则及时释放不用的文件缓冲区单元。

13.1.6　文件的访问步骤

C 语言编写文件操作的程序要遵循如下步骤：

(1) 定义文件指针；

(2) 打开文件；

(3) 文件处理：文件读写操作；

(4) 关闭文件。

C 语言标准库 stdio. h 中提供了一系列文件的读写操作函数，常用的函数如下：

① 字符方式文件读写函数：fgetc( )和 fputc( )；

② 字符串方式文件读写函数：fgets( )和 fputs( )；

③ 格式化方式文件读写函数：fscanf( )和 fprintf( )；

④ 数据块方式文件读写函数：fread( )和 fwrite( )。

13.2 文件的顺序读写

13.2.1 复制文件

【例 13.2】 设有文本文件 test. txt，请将其内容复制到文件 cptest. txt 中。test. txt 文件内容如下：

DENNIS RITCHIE

【问题分析】

将文件 test. txt 的内容复制到文件 cptest. txt 中，实际是依次从源文件 text. txt 读出字符，而后顺序写入到目标文件 cptest. txt 中。

【解题步骤】

(1) 定义文件指针 fp1，fp2；

(2) fp1，fp2 分别指向以读方式打开的文件"test. txt"和以写方式打开的文件"cptest. txt"；

(3) 当文件指针未到文件末尾时，转第 4 步，否则转第 5 步；

(4) 从"test. txt"读出一个字符，并将该字符写入"cptest. txt"文件，转第 3 步；

(5) 关闭文件。

【关键代码】

从"test. txt"读出一个字符，可以使用 fgetc( )函数，将该字符写入"cptest. txt"文件可以使用 fputc( )函数。

函数 feof( )用于检测文件指针是否指向了文件末尾，返回 1 表示已经到了文件结束位置，0 表示文件未结束，所以第 3、4 步可以写成：

```
ch=fgetc(fp1);
while(! feof(fp1))
{
    fputc(ch,fp2);
    ch = fgetc(fp1);
}
```

【程序代码】

```
#include<stdio.h>
#include<stdlib.h>
int main(void)
{
    FILE *fp1, *fp2;
    char ch;
    if((fp1 = fopen("D:\\test.txt", "r")) == NULL) /*打开文件*/
    {
```

```
        printf("Can't open this file. \n");
        exit(0);
    }
    if((fp2 = fopen("D:\\cptest.txt", "w")) == NULL)
    {
        printf("Can't open this file. \n");
        exit(0);
    }
    ch = fgetc(fp1);
    while(! feof(fp1))                    /*复制数据*/
    {
        fputc(ch,fp2);
        ch = fgetc(fp1);
    }
    if (fclose(fp1))                       /*关闭文件*/
    {
        printf("Can't close the file! \n");
        exit(0);
    }
    if (fclose(fp2))
    {
        printf("Can't close the file! \n");
        exit(0);
    }
}
```

13.2.2　文件的字符方式读写函数

1. 文件的字符读函数

函数 fgetc( )用于从一个以只读或读写方式打开的文件上读取字符，其函数原型为：

int fgetc(FILE * fp);

其中，fp 是由函数 fopen( )返回的文件指针，该函数的功能是在 fp 所指的文件中将位置指针指向下一字符，读取该字符，并返回读取的字符值。若读取成功，则返回该字符，若读到文件末尾或出错时，则返回 EOF(EOF 是一个符号常量，在 stdio.h 中定义为－1)。例如顺序读出 fp 所指向文件中的所有字符，可以用以下的形式：

```
while((ch = fgetc(fp)) ! = EOF)
{
    printf("%c",ch);
    ……
}
```

在实际使用时，经常用函数 feof( )检查是否到达文件末尾，当文件位置指针指向文件末尾时，返回非0值，否则返回0值。

```
ch = fgetc(fp);
while(! feof(fp))
{
    ……
    ch = fgetc(fp);
}
```

2. 文件的字符写函数

函数 fputc( )用于将一个字符写到一个文件中，其函数原型为：

int fputc(int c, FILE * fp);

其中，fp 是由函数 fopen( )返回的文件指针，c 是要输出的字符。该函数的功能是将字符 c 写到文件指针 fp 所指的文件中，若写入错误，则返回 EOF，否则返回字符 c。

13.2.3 文件的字符串方式读写函数

1. 文件的字符串读函数

从文件中读取字符串可使用函数 fgets( )，其函数原型为：

char * fgets(char * s, int n, FILE * fp);

该函数从 fp 所指的文件中读取字符串，存入 s 为起始地址的存储单元内。其中 s 是存放字符串的起始地址，n 是一个 int 类型的变量，因为系统在读入结束后会自动在最后加一个'\0'，所以使用该函数最多只能读入 n－1 个字符。函数返回该字符串的首地址。

如果在未读满 n－1 个字符之时，已读到一个换行符或一个 EOF(文件结束标志)，则结束本次读操作，读入的字符串中包含最后读到的换行符或 EOF。

2. 文件的字符串写函数

将字符串写入文件中可使用函数 fputs( )，其函数原型为：

int fputs(char * s,FILE * fp);

该函数将字符串 s 的内容写入到 fp 所指向的文件中。其中，s 可以是字符串常量、指向字符串的指针或存放字符串的字符数组名等。用此函数进行写入时，字符串中最后的'\0'并不写入，也不自动添加'\n'。写入成功则函数返回为正整数，否则为－1(EOF)。

需要注意的是，调用 fputs( )函数写入字符串时，文件中各字符串将首尾相接，它们之间将不存在任何间隔符。为了便于读出，在向文件写入字符串时，应当注意加入诸如"\n"这样的字符串。

13.2.4 文件的格式化方式读写函数

1. 文件的格式化读函数

C 语言允许按指定格式读写文件。函数 fscanf( )用于按指定格式从文件读数据，其函数原型为：

int fscanf(FILE * fp, const char * format,...);

其中第1个参数为文件指针，第2个参数为格式控制参数，第3个参数为输入参数列表，后两个参数和返回值与函数 scanf( )相同。

2. 文件的格式化写函数

函数 fprintf( )用于按指定格式向文件写数据，其函数原型为：

int fprintf(FILE *fp, const char *format, ...);

其中第 1 个参数为文件指针，第 2 个参数为格式控制参数，第 3 个参数为输出参数列表，后两个参数和返回值与函数 printf( )相同。

用函数 fscanf( )和 fprintf( )进行文件的格式化读写，读写方便，容易理解，但输入时要将 ASCII 字符转换成二进制数，输出时要将二进制数转换为 ASCII 字符，耗时较多。

13.2.5　文件的数据块方式读写函数

通常，fgetc( )函数和 fputc( )函数只能读/写文件中的一个字符，但是在编程时常常要求一次读写一组数据。fread( )和 fwrite( )函数可实现读写数据块(指定字节数量)，多用于读写二进制文件。

1. 文件的数据块读函数

fread( )函数用于从文件中一次读取一组数据，其函数原型为：

int fread(void *buffer, int size , int count , FILE *fp)

该函数从 fp 所指的文件中读取 count 个数据块(每个数据块长度为 size 个字节)，存入 buffer 所指的存储区中。如果成功，则返回实际所读的数据块个数，否则返回 0。

2. 文件的数据块写函数

fwrite( )函数用于向文件中一次写入一组数据，其函数原型为：

int fwrite(void *buffer, int size, int count , FILE *fp)

该函数将以 buffer 为起始地址的 count 个数据块(每个数据块长度为 size 个字节)写入到 fp 所指的文件。如果成功，则返回写入数据块的个数，否则返回 0。

13.2.6　应用举例

【例 13.3】　从键盘输入一串字符，将其添加到文本文件 test.txt(该文件已存在，存放在 D 盘的根目录下)的末尾，并显示添加字符串后文件 test.txt 的内容。假设文本文件 test.txt 中已有内容如下：

DENNIS RITCHIE.

【问题分析】

将字符串添加到已存在文本文件的末尾一定要使用追加方式打开文件，使用写入字符串函数 fputs( )就可以将字符串添加到文本文件的末尾。

【解题步骤】

(1) 以追加方式打开文本文件 test.txt；

(2) 从键盘读入字符串；

(3) 将字符串写入 test.txt 文件的末尾；

(4) 关闭文件；

(5) 重新以读的方式打开该文件；

(6) 读出文件中的字符串，显示在屏幕上；

(7)关闭文件。

【程序代码】

```
#include<stdio.h>
#include<string.h>
#include<stdlib.h>
int main(void)
{
    FILE *fp;
    char str[80];
    if((fp = fopen("D:\\test.txt", "a")) == NULL)        /*打开文件*/
    {
        printf("Can't open this file. \n");
        exit(0);
    }
    gets(str);
    fputs(str,fp);                                       /*将字符串写入文件末尾*/
    if (fclose(fp))                                      /*关闭文件*/
    {
        printf("Can't close the file! \n");
        exit(0);
    }
    if((fp = fopen("D:\\test.txt", "r")) == NULL)        /*重新打开文件*/
    {
        printf("Can't open this file. \n");
        exit(0);
    }
    fgets(str, 80, fp);                                  /*从文件中读取字符串*/
    puts(str);
    if (fclose(fp))                                      /*关闭文件*/
    {
        printf("Can't close the file! \n");
        exit(0);
    }
    return 0;
}
```

【运行结果】

C++ PROGRAMMING LANGUAGE

test.txt 文件中文本如下：

DENNIS RITCHIE. C++ PROGRAMMING LANGUAGE

【程序分析】 从这个程序的解题步骤中可以发现，当以“追加”方式打开文件后，可以向文件尾部添加新的内容，但是不能再从文件中读取数据。为解决这个问题，本程序采用了先关闭文件，再以“读”的方式重新打开文件的方法。但实际上如果以“a＋”方式打开文件，如：

fp = fopen("D:\\test.txt","a+")

就不必先关闭文件再重新打开。它可以在保留原文件内容的基础上，在尾部添加新的内容，而且还可以在文件关闭之前再从文件中读取数据。但在从文件读取数据之前，要将文件的位置指针重新指向文件的开头，C语言提供了 rewind()函数来实现这个功能。类似的实现过程可以参考例 13.4。

【例 13.4】 将 5 位学生的计算机等级考试成绩写入文件 score.txt，并读出文件的所有内容显示到屏幕上，计算出 5 位学生的等级考试平均成绩。5 位学生的学号、姓名和分数如下：

8051 Chengwei 91
8052 Zhangjin 87
8053 Lichenghan 98
8054 Guotao 51
8055 Wangxi 78

【问题分析】

5 位学生需写入文件中的信息包括学号、姓名和分数，分别属于不同的数据类型，可以使用文件的格式化读写函数实现。

【解题步骤】

(1) 以“w＋”的方式建立文件 score.txt；
(2) 从键盘输入每位学生的学号、姓名和分数，将其写入文件；
(3) 使用 rewind( )函数定位文件位置指针至文件开头；
(4) 从文件中按格式顺序读出每位学生的学号、姓名和分数显示在屏幕上；
(5) 关闭文件。

【程序代码】

```
#include<stdio.h>
#include<stdlib.h>
typedef struct stu
{
    char num[10],name[20];
    int score;
}STU;
int main(void)
{
    FILE *fp;
    STU s;
    int i;
    double avg = 0;
```

```
    if((fp = fopen("D:\\score.txt", "w+")) == NULL)
                                        /*建立新文本文件进行读写*/
    {
            printf("Can't open this file.\n");
            exit(0);
    }
    for(i = 1; i <= 5; i++)
    {
            printf("Please input %i th student's number name and score:", i);
            scanf("%s%s%d",s.num, s.name, &s.score);
                                    /*从键盘输入学生的学号、姓名和成绩*/
            fprintf(fp, "%s\t%s\t%d\n", s.num, s.name, s.score);
                                        /*按格式写入文件中*/
    }
    rewind(fp);                     /*将文件位置指针定位至文件开头*/
    for(i = 1; i <= 5; i++)
    {
            fscanf(fp, "%s%s%d", s.num, s.name, &s.score);
                                    /*按格式从文件中读出学号等信息*/
            avg = avg + s.score;            /*计算平均成绩*/
            printf("%s\t %s\t%d\n", s.num, s.name, s.score);
    }
    printf("Average score: %.2f\n", avg/5);
    if (fclose(fp))                 /*关闭文件*/
    {
            printf("Can't close the file!\n");
            exit(0);
    }
    return 0;
}
```

【运行结果】

```
Please input 1 th student's number   name and score: 8051 Chengwei 91
Please input 2 th student's number   name and score: 8052 Zhangjin 87
Please input 3 th student's number   name and score: 8053 Lichenghan 98
Please input 4 th student's number   name and score: 8054 Guotao 51
Please input 5 th student's number   name and score: 8055 Wangxi 78
8051 Chengwei 91
8052 Zhangjin 87
8053 Lichenghan 98
```

8054 Guotao 51

8055 Wangxi 78

Average score:81.00

【例 13.5】 为了保障系统使用安全,通常采取用户帐号和密码登录。将 5 位用户信息(包含帐号和密码)写入二进制文件 D:\message.dat 并读出,要求文件中每个用户信息占一行,帐号和密码之间用一个空格分隔。因安全需要,文件中的密码不能是明文,必须要经过加密处理。密码加密算法:对每个字符 ASCII 码的低四位求反,高四位保持不变(即将其与 15 进行异或运算)。

【问题分析】

将信息写入二进制文件并读出,需要以读写方式打开二进制文件。将五位用户的信息(含用户名和密码)一次写入文件可以使用文件的数据块写函数 fwrite(),如将用户信息读出可使用函数 fread( )。密码加密可以将字符与 15 进行异或运算,如大写字母"A",其 ASCII 码的二进制为"01000001",与 15(0000111)进行异或运算后得到的就是加密后的字符。

0100 0001 ^ 0000 1111 = 0100 1110 (4EH)

【解题步骤】

(1) 以二进制读写方式打开文件 message.dat;

(2) 从键盘输入用户名和密码,并对密码进行简单加密;

(3) 将用户名和密码写入文件;

(4) 定位文件位置指针到文件开始处;

(5) 从文件中读入用户名和密码信息并显示于屏幕;

(6) 关闭文件。

【程序代码】

```
#include<stdio.h>
#include<stdlib.h>
#include<string.h>
#define NUM 5
typedef struct user
{
    char name[20];
    char pass[10];
}USER;
int main(void)
{
    FILE *fp;
    int i,j;
    USER su[NUM], readsu[NUM], *psu = su, *rsu = readsu;
    if((fp = fopen("D:\\message.dat", "wb+")) == NULL)
                                        /*建立二进制文件进行读/写*/
```

```
    {
        printf("Can't open this file. \n");
        cxit(0);
    }
    for(i = 0; i < NUM; i++)
    {
        printf("Please enter %i th user's name and password:", i+1);
        scanf("%s%s", su[i]. name, su[i]. pass);
        for(j = 0;j < strlen(su[i]. pass); j++)
            su[i]. pass[j] = su[i]. pass[j] ^ 15;        /* 进行密码加密 */
    }
    fwrite(psu,sizeof(struct user), NUM, fp);
                                        /* 将五位用户的信息一次写入文件 */
    rewind(fp);                         /* 将文件指针指向文件开头 */
    fread(rsu,sizeof(struct user), NUM, fp);
                                        /* 将文件中五位用户信息读出到 rsu 指向的数组 */
    for(i = 0; i < NUM; i++,psu++)      /* 将读出的信息显示在屏幕上 */
        printf("%s %s\n", readsu[i]. name, readsu[i]. pass);
    if (fclose(fp))                     /* 关闭文件 */
    {
        printf("Can't close the file! \n");
        exit(0);
    }
    return 0;
}
```

【运行结果】

```
"D:\C程序\文件\demo\Debug\demo.exe"
Please enter 1 th user's name and password:Tom agde
Please enter 2 th user's name and password:Jack tmcc
Please enter 3 th user's name and password:Mike bcde
Please enter 4 th user's name and password:Ben opwq
Please enter 5 th user's name and password:Lily deny
Tom  nhkj
Jack  <bll
Mike  mlkj
Ben  `ox~
Lily  kjav
Press any key to continue
```

13.3　文件的随机读写

13.3.1　文件随机读写函数

在前面介绍的文件顺序读写方式下，数据项是一个接着一个进行读出或者写入的。例如，如果想读取文件中的第 5 个数据项，那么使用顺序存取方法必须先读取前 4 个数据项才能读取第 5 个数据项。而文件的随机读写则允许在文件中随意定位，并在文件中的任何位置直接读取或者写入数据。

为了实现文件的定位，在每一个打开的文件中，都有一个文件位置指针（或称文件位置标记），用来指向当前读写文件的位置，它保存了文件的位置信息。当对文件进行顺序读写时，每读完一个字节后，该位置指针自动移到下一个字节的位置。当需要随机读写文件数据时，则需强制移动文件位置指针指向所需的位置。那么如何设定文件的位置指针呢？C 语言提供了如下函数用于文件随机读写。

(1) rewind( )函数

rewind( )函数使文件位置指针重新返回到文件的开头，此函数无返回值。其函数原型为：

```
void rewind(FILE * fp);
```

(2) fseek( )函数

fseek( )函数可以定位文件位置指针，其函数原型为：

```
int fseek(FILE * fp,long offset , int start);
```

函数 fseek( )一般用于二进制方式打开的文件，其功能是将 fp 所指文件的位置指针从 start 开始移动 offset 个字节，指示下一个要读取的数据的位置。如果函数 fseek( )调用成功，则返回 0 值，否则返回非 0 值。

offset 是一个偏移量，它告诉文件位置指针要跳过多少个字节。offset 为正时，向后移动，为负时，向前移动。ANSI C 要求位移量 offse 是长整型数据（常量数据后要加 L），这样当文件的长度大于 64K 时不至于出问题。start 用于确定偏移量计算的起始位置，它的可能取值有 3 种，如表 13-2 所示。

表 13-2　fseek( )函数中 start 参数的取值

start 取值	文件指针位置
SEEK_SET 或 0	指向文件开始处
SEEK_CUR 或 1	指向文件当前位置
SEEK_END 或 2	指向文件结尾处

(3) ftell( )函数

C 语言还提供了一个用来读取当前文件位置指针的函数 ftell( )，其函数原型为：

```
long ftell(FILE * fp);
```

若函数调用成功，返回当前文件位置指针相对于文件起始位置的字节偏移量，否则返回

—1L。

13.3.2 应用举例

【例 13.6】 将学生的计算机等级考试成绩写入二进制文件 score.dat，以学号输入 0 结束数据输入。从键盘输入学生的学号，根据学号在文件中查找该名学生的姓名和等级考试成绩，并将结果显示到屏幕上。若文件中无此学号，显示提示信息。学生的学号、姓名和分数如下：

8051 Chengwei 91
8052 Zhangjin 87
8053 Lichenghan 98
8054 Guotao 51
8055 Wangxi 78

【问题分析】

将一批学生数据存入数据文件，可以将输入的一位学生的信息用一个结构体变量 st 保存，然后使用 fwrite( )函数把该结构变量的值写入到二进制数据文件中，重复此过程至输入结束。由于本题是以输入学号 0 表示输入结束，所以应先读入学号并进行判断，再读入姓名和成绩。

学生数据是用 fwrite( )函数写入二进制文件的，每位学生的信息是等长的，所以可以用 fread( )函数将每位学生的信息读入到结构体变量中，将结构变量中的学号分量与输入的学号进行比较。重复读出和比较操作，直到找到或遍历完整个文件为止。若读出的学号分量与输入的学号相同，则输出该结构变量中所有分量的值，否则，输出错误提示信息。

由于从文件中读出数据前不知道学生人数，所以首先需要计算文件中学生数据的个数。可以使用 fseek( )函数使文件位置指针指向文件末尾，再利用 ftell( )函数得到文件位置指针相对于文件首的字节数，将其除以学生结构体变量的字节数来计算文件中的学生人数。

```
fseek(fp, 0,2);                    /* 将指针移到文件末尾 */
n = ftell(fp)/sizeof(struct student);
                    /* 用当前指针相对于文件首的字节数计算人数 */
```

【解题步骤】

(1) 以读写方式建立二进制文件 score.dat；

(2) 从键盘输入学号，若为 0，结束输入；若不为 0，继续输入姓名和成绩；

(3) 使用 fwrite( )函数将学生信息写入文件；

(4) 计算文件中保存的学生人数；

(5) 从键盘输入要查找的学生的学号；

(6) 从文件中读出每位学生的信息，将学号与要查找的学号比较，若相同则显示该位学生的所有信息；若所有学生的学号与要查找的学号都不同，则显示提示信息；

(7) 关闭文件。

【程序代码】

```
#include<stdio.h>
#include<stdlib.h>
```

```
#include<string.h>
typedef struct student                        /*定义学生的结构体类型*/
{
    char num[10];
    char name[20];
    int score;
} STUDENT;
int main(void)
{
    STUDENT st, *p = &st;
    FILE *fp;
    char number[10];
    int i,n,flag = 0;
    if((fp = fopen("D:\\score.dat", "wb+")) == NULL)
                              /*以读/写方式建立二进制文件 score.dat*/
    {
        printf("Can't open this file. \n");
        exit(0);
    }
    i = 0;
    printf("Please input %i th student's ID name and score:", i+1);
    scanf("%s", st.num);                     /*输入学生的学号*/
    while(strcmp(st.num, "0") != 0) /*对学号进行判断,确定是否终止输入*/
    {
        scanf("%s%d", st.name, &st.score);
        fwrite(p,sizeof(STUDENT), 1, fp); /*将一位学生的信息写入文件*/
        i++;
        printf("Please input %i th student's ID name and score:", i+1);
        scanf("%s", st.num);
    }
    printf("Please input student's ID:");
    scanf("%s", number);
    fseek(fp,0,2);                          /*将文件位置指针指向文件的末尾*/
    n=ftell(fp) / sizeof(STUDENT);          /*计算文件内学生的人数*/
    rewind(fp);                             /*将文件位置指针指向文件开头*/
    for(i = 0; i < n; i++)
    {
        fread(p, sizeof(STUDENT),1,fp);/*从文件中读取一位学生的信息*/
        if(strcmp(p->num, number) == 0)
```

```
        {
            printf("%s\t%s\t%d\n", st.num, st.name, st.score);
            flag = 1;
        }
    }
    if(flag == 0)
        printf("Invalid ID! \n");
    if (fclose(fp))                              /*关闭文件*/
    {
        printf("Can't close the file! \n");
        exit(0);
    }
    return 0;
}
```

【运行结果】

```
Please input 1 th student's ID   name and score: 8051 Chengwei 91
Please input 2 th student's ID   name and score: 8052 Zhangjin 87
Please input 3 th student's ID   name and score: 8053 Lichenghan 98
Please input 4 th student's ID   name and score: 8054 Guotao 51
Please input 5 th student's ID   name and score: 8055 Wangxi 78
Please input 6 th student's ID   name and score:0
Please input student's ID:8052
8052 Zhangjin 87
```

13.4 小结

一、知识点概括

1. 文件操作流程

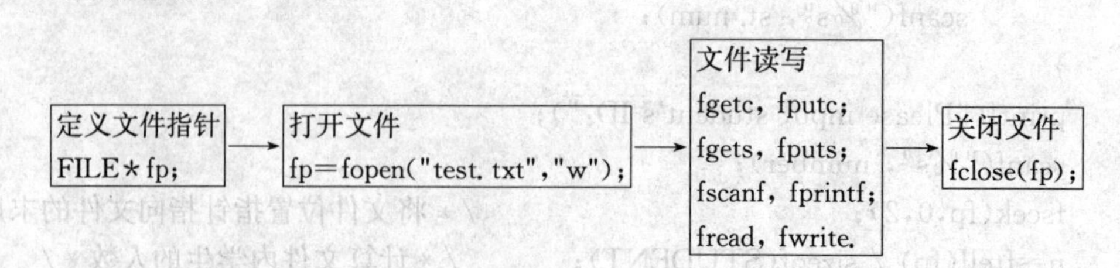

2. 文件的打开方式

w 表示写文本文件,r 表示读文本文件

wb 表示写二进制文件,rb 表示读二进制文件

a 表示向文件末尾追加数据,十与以上的字符串组合,表示以读写方式打开文件

3. 文件随机读写函数

rewind( )函数：使文件位置指针重新返回到文件的开头；

fseek( )函数：定位文件位置指针；

ftell( )函数：读取当前文件位置指针相对于文件起始位置的字节偏移量。

二、常见错误列表

错误实例	错误分析

FILE *fp;
fp=fopen("D:\test.txt", "w");
fgetc(fp);
	1. 打开文件时，文件名的路径中少写了一个反斜杠
	2. 打开文件时，没有检查文件打开是否成功
	3. 文件以写的方式打开，不能从文件中读取字符

习　题

1. 对文件的打开与关闭的含义是什么？

2. 编写程序统计一个文本文件中字母、数字及其他字符的个数。

3. 将一个C语言源程序文件中所有注释去掉后，存入另一个文件，编写程序实现相应功能。

4. 设文本文件 data.txt 包含若干个整数，请把文件中所有数据相加，并把累加和写入文件的最后。

5. 设有两个文件“a.txt”和“b.txt”，文件中各存放一行字母，然后将“a.txt”文件的内容追加到“b.txt”文件的原内容之后，利用文本编辑软件查看文件内容，验证程序执行结果。

6. 编写程序，将从键盘输入的10位同学的学号和C语言成绩存入到文件“student.dat”中。再从文件中读取学生的信息，求出最高分、最低分和总分，并将最高分、最低分的学生姓名及成绩存入到文件 cj.dat 中。

第十四章　C 语言程序设计实例

——学生成绩管理系统

本章通过综合性的程序设计示例，展现了 C 语言面向过程的程序设计方法，有助于读者了解基本的软件开发过程。

14.1　系统功能设计

学生成绩管理是学校教务工作中非常重要的组成部分。设某班有最多不超过 40 人(具体人数由键盘输入)参加期末考试，考试科目为数学(MT)、英语(EN)和计算机(CP)，设计一个学生成绩管理系统对本次期末考试成绩进行管理。

通过调研与分析，学生成绩管理系统应实现如下功能：

输入：

(1) 键盘输入每个学生的学号、姓名和各科考试成绩。

(2) 从文件中读出每个学生的学号、姓名和各科考试成绩。

修改

(1) 增加一位学生的信息

(2) 删除一位学生的信息

(3) 修改一位学生的信息

计算

(1) 计算每门课程的总分和平均分。

(2) 计算每个学生的总分和平均分。

排序

(1) 按学生的总分由高到低排序。

(2) 按学生的总分由低到高排序。

(3) 按学号由小到大排序。

查询

(1) 按学号查询学生及其考试成绩。

(2) 按姓名查询学生及其考试成绩。

统计

(1) 按优秀(90～100 分)、良好(80～89 分)、中等(70～79 分)、及格(60～69 分)、不及格(0～59 分)5 个类别，对每门课程分别统计每个类别的人数以及所占的百分比。

输出

(1) 在屏幕上显示所有学生的学号、姓名、各科考试成绩以及总分和平均分。

(2) 将所有学生的记录信息写入文件。

根据学生成绩管理的需求及实现目标，系统结构如图所示。

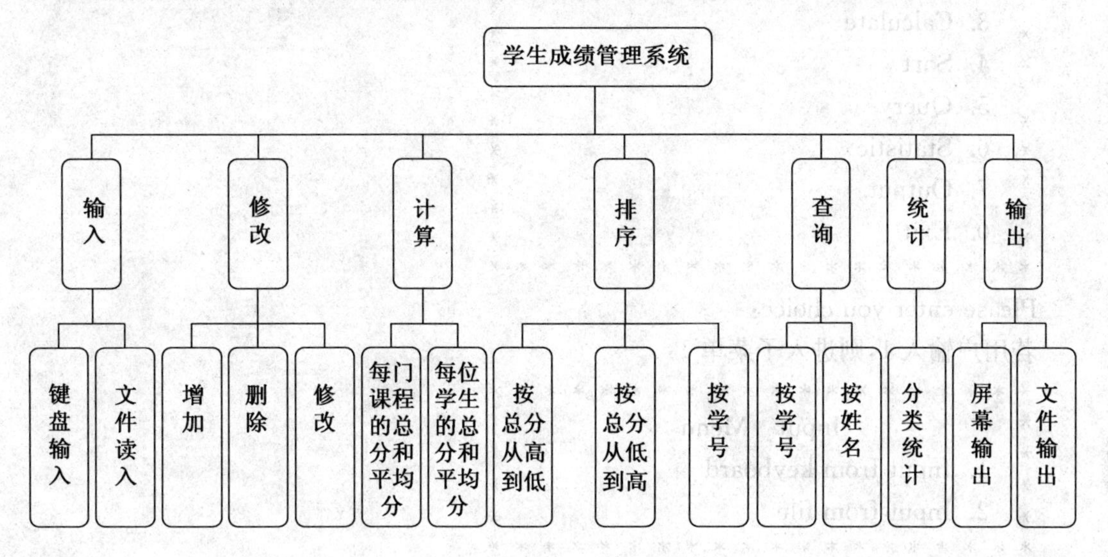

14.2 详细设计

14.2.1 数据结构设计

根据学生成绩管理系统中对学生信息的要求，定义结构体类型：

```
typedef struct student
{
    long num;                   /*学号*/
    char name[MAX_LEN];         /*姓名*/
    float score[COURSE_NUM];    /*依次存储数学、英语、计算机三门课的成绩*/
    float sum;                  /*总分*/
    float aver;                 /*平均分*/
}STU;
```

其中 MAX_LEN 和 COURSE_NUM 定义为常量，分别代表名字允许的最长字符数和课程的数量。

14.2.2 菜单设计

程序运行后先显示如下主菜单，并提示用户输入选项：

```
* * * * * * * * * * * * * * * * * * * *
*              Main  Menu              *
*                                      *
*   1. Input                           *
*   2. Modify                          *
*                                      *
*   3. Calculate                       *
*   4. Sort                            *
*   5. Query                           *
*   6. Statistic                       *
*   7. Output                          *
*                                      *
*   0. Exit                            *
* * * * * * * * * * * * * * * * * * * *
```

Please enter you choice:

若用户输入1,则进入子菜单1:

```
* * * * * * * * * * * * * * * * * * * *
*              Input  Menu             *
*   1. Input from keyboard             *
*   2. Input from file                 *
* * * * * * * * * * * * * * * * * * * *
```

若用户输入2,则进入子菜单2:

```
* * * * * * * * * * * * * * * * * * * *
*             Modify  Menu             *
*                                      *
*   1. Append                          *
*   2. Delete                          *
*                                      *
*   3. Modify                          *
* * * * * * * * * * * * * * * * * * * *
```

若用户输入3,则进入子菜单3:

```
* * * * * * * * * * * * * * * * * * * * * * * * * * * * * *
*                      Caculate  Menu                      *
*                                                          *
*   1. Caculate total and average score of every course    *
*   2 . Caculate total and average score of every student  *
* * * * * * * * * * * * * * * * * * * * * * * * * * * * * *
```

若用户输入4,则进入子菜单4:

```
* * * * * * * * * * * * * * * * * * * * * * * * * * * * * *
*                        Sort  Menu                        *
*                                                          *
*   1. Sort in desecending order by total score of every student  *
*   2. Sort in ascending order by total score of every student    *
*                                                          *
*   3. Sort in ascending order by number                   *
* * * * * * * * * * * * * * * * * * * * * * * * * * * * * *
```

若用户输入5,则进入子菜单5:

```
* * * * * * * * * * * * * * * * * * * * * *
*              Query  Menu                 *
*  1. Search by number                     *
*  2. Search by name                       *
* * * * * * * * * * * * * * * * * * * * * *
```

若用户输入 7,则进入子菜单 6:

```
* * * * * * * * * * * * * * * * * * * * * *
*              Output  Menu                *
*  1. List record                          *
*  2. Write to a file                      *
* * * * * * * * * * * * * * * * * * * * * *
```

14.2.3　主要函数功能设计

【函数首部】 void ReadScore(STU stu[], int n)

【函数功能】 从键盘输入每个学生的学号、姓名和各科考试成绩,参数 stu 为结构体数组,存储学生信息,n 为学生人数。

【函数实现】

```
void ReadScore(STU stu[], int n)
{
    int i, j;
    printf("Input student's ID,name and MATH,ENGLISH,COMPUTER score:\n");
    for(i = 0; i < n; i++)
    {
        scanf("%ld%s", &stu[i].num, stu[i].name);    /*输入学号、姓名*/
        stu[i].sum = 0;
        for(j = 0; j < COURSE_NUM; j++)
        {
            scanf("%f", &stu[i].score[j]);              /*输入三门课成绩*/
            stu[i].sum = stu[i].sum + stu[i].score[j];  /*计算总分*/
        }
        stu[i].aver = stu[i].sum / COURSE_NUM;          /*计算平均成绩*/
    }
}
```

【函数首部】 int ReadfromFile(STU stu[])

【函数功能】 从文件"D:\student.txt"中读取学生的学号、姓名及成绩到结构体数组中,并返回学生的人数。

【函数实现】

```
int ReadfromFile(STU stu[])
{
    FILE *fp;
```

```
    int i, j;
    if((fp = fopen("D:\\student.txt","r")) == NULL)
                                    /*以读方式打开文件D:\student.txt*/
    {
        printf("Failure to open student.txt! \n");
        exit(0);
    }
    for(i = 0; ! feof(fp); i++)
    {
        fscanf(fp, "%10ld", &stu[i].num);   /*从文件中读取学生的学号*/
        fscanf(fp, "%10s", stu[i].name);     /*从文件中读取学生的姓名*/
        for(j = 0; j < COURSE_NUM; j++)
        {
        fscanf(fp, "%10f", &stu[i].score[j]);
                                    /*从文件中读取三门课的成绩*/
        }
        fscanf(fp, "%10f%10f", &stu[i].sum, &stu[i].aver);
                                    /*从文件中读取总分和平均成绩*/
    }
    fclose(fp);                             /*关闭文件*/
    printf("Total Students is %d.\n", i-1);
    return i-1;                             /*返回学生人数*/
}
```

【函数首部】 int appendStu(STU stu[],int n)

【函数功能】 若学生人数小于40人,在结构体数组中增加一位学生的信息,返回增加学生后的班级总人数;若学生人数等于40人,不予添加,返回原学生人数。

【函数实现】

```
int appendStu(STU stu[],int n)
{
    int i;
    if(n >= 40)                 /*若人数等于40人,不予添加 */
    {
        printf("The Number is Full! Can't APPEND! \n");
        return n;
    }
    else                /*若人数小于40,在数组的最后一位学生后添加新学生*/
    {
        printf("Input student's ID,name and MATH,ENGLISH,COMPUTER
            score:\n");
```

```
        scanf("%ld%s", &stu[n].num, stu[n].name);
        stu[n].sum = 0;
        for(i = 0; i < COURSE_NUM; i++)
        {
            scanf("%f", &stu[n].score[i]);
            stu[n].sum = stu[n].sum + stu[n].score[i];
        }
        stu[n].aver = stu[n].sum / COURSE_NUM;
        return n + 1;         /*返回添加新学生后的人数*/
    }
}
```

【函数首部】 int deleteStu(STU stu[],int n)

【函数功能】 输入要删除学生的学号,在结构体数组中查找该位学生,若找到则在数组中删除该学生的信息,并返回删除学生后的班级总人数;否则显示错误提示信息。

【函数实现】

```
int deleteStu(STU stu[], int n)
{
    int i, k;
    long num;
    printf("Input student's ID:");
    scanf("%ld", &num);              /*输入要删除学生的学号*/
    for(i = 0; i < n; i++)            /*在数组中查找该位学生*/
    {
        if(num == stu[i].num)
            break;
    }
    if(i < n)
        /*若找到,数组中该学生后的所有学生整体前移,覆盖被删除学生的信息*/
    {
        for(k = i + 1; k < n; k++)
            stu[k-1] = stu[k];
        return n-1;
    }
    else                              /*若未找到,显示提示信息*/
        printf("NOT FOUND! \n");
        return n;
}
```

【函数首部】 void modify(STU stu[],int n)

【函数功能】 输入要修改学生的学号,在结构体数组中查找该位学生,若找到则显示该学生的原有信息，并提示输入学生的新信息；否则显示错误提示信息。

【函数实现】

```
void modify(STU stu[], int n)
{
        int i, j;
        long num;
        printf("Input student's ID:");
        scanf("%ld", &num);              /* 输入待修改学生的学号 */
        for(i = 0; i < n; i++)
            if(num == stu[i]. num)       /* 在数组中查找该位学生 */
                break;
        if(i < n)                        /* 若查找到该位学生 */
        {
            printf("ID \t Name \t MATH \tENG \tCOM \n");
            printf("%ld\t%s \t", stu[i]. num,stu[i]. name);
                                          /* 输出该学生原有信息 */
            for(j = 0; j < COURSE_NUM; j++)
            {
                printf("%. 0f\t", stu[i]. score[j]);
            }
            printf ( " \ nInput  student's  ID, name  and  MATH, ENGLISH,
                COMPUTER score:\n");
            scanf("%ld%s", &stu[i]. num, stu[i]. name);
                                          /* 输入该位学生的新信息 */
            stu[i]. sum = 0;
            for(j = 0; j < COURSE_NUM; j++)
            {
            scanf("%f", &stu[i]. score[j]);
            stu[i]. sum = stu[i]. sum + stu[i]. score[j];
                                          /* 计算学生的总成绩 */
            }
            stu[i]. aver = stu[i]. sum / COURSE_NUM;
                                          /* 计算学生的平均成绩 */
        }
        else                             /* 若未找到该位学生，显示提示信息 */
            printf("NOT FOUND! \n");
}
```

【函数首部】 void AverSumofEveryCourse(STU stu[], float sum[], float aver[],int n)

【函数功能】 计算每门课程的总分和平均分，总分存放在于 sum 数组中，平均分存放于 aver 数组中。

【函数实现】

```
void AverSumofEveryCourse(STU stu[], float sum[], float aver[], int n)
{
    int i, j;
    for(j = 0; j < COURSE_NUM; j++)
    {
        sum[j] = 0;                          /* 计算每门课程的总分 */
        for(i = 0; i < n; i++)
        {
            sum[j] = sum[j] + stu[i].score[j];
        }
        aver[j] = sum[j] / n;                /* 计算每门课程的平均分 */
    }
}
```

【函数首部】 void AverSumofEveryStudent(STU stu[], int n)

【函数功能】 计算每个学生各门课程的总分和平均分

【函数实现】

```
void AverSumofEveryStudent(STU stu[], int n)
{
    int i, j;
    for(i = 0; i < n; i++)
    {
        stu[i].sum = 0;
        for(j = 0; j < COURSE_NUM; j++)
        {
            stu[i].sum = stu[i].sum + stu[i].score[j];
        }
        stu[i].aver = stu[i].sum / COURSE_NUM;
        printf("student %d: sum=%.0f, aver=%.0f\n", i+1, stu[i].sum, stu
            [i].aver);
    }
}
```

【函数首部】 void SortbyScore(STU stu[], int n, int (*compare)(float a, float b))

【函数功能】 按总分值对学生排序，int (*compare)(float a, float b)为指向函数的指针变量，根据指向的函数不同，确定是按升序还是降序排列。当 compare 函数指针指向：

```
int Ascending(float a, float b)
{
    return a < b;
```

```
}
```

按学生总分值的升序排序，若 compare 函数指针指向：

```
int Descending(float a, float b)
{
    return a > b;
}
```

按学生总分值降序排序。

【函数实现】

```
void SortbyScore(STU stu[], int n, int ( * compare)(float a, float b))
{
    int i, j, k;
    STU temp1;
    for(i = 0; i < n-1; i++)                         /* 选择法排序 */
    {
        k = i;
        for(j = i + 1; j < n; j++)
            if(( * compare)(stu[j]. sum, stu[k]. sum))
                                                     /* 调用函数指针指向的函数 */
                k = j;
        if(k ! = i)
        {
            temp1 = stu[k];                          /* 交换 */
            stu[k] = stu[i];
            stu[i] = temp1;
        }
    }
}
```

【函数首部】 void AsSortbyNum(STU stu[], int n)

【函数功能】 按学号对学生排序。

【函数实现】

```
void AsSortbyNum(STU stu[], int n)
{
    int i, j, k;
    STU temp1;
    for(i = 0; i < n-1; i++)
    {
        k = i;
        for(j = i+1; j < n; j++)
            if(stu[j]. num < stu[k]. num)           /* 比较学号 */
```

```
            k = j;
        if(k ! = i)
        {                                                /*交换*/
            temp1 = stu[k];
            stu[k] = stu[i];
            stu[i] = temp1;
        }
    }
}
```

【函数首部】 void SearchbyNum(STU stu[], int n)

【函数功能】 按学号查找学生并显示查找结果。

【函数实现】

```
void SearchbyNum(STU stu[], int n)
{
    long number;
    int i, j;
    printf("Input the student's ID you want to search:");
    scanf("%ld", &number);
    for(i = 0; i < n; i++)
    {
        if(stu[i]. num == number)     /*若查找到该学生,显示该学生信息*/
        {
            printf("ID \t Name \t MATH \tENG \tCOM \tSUM \tAVER\n");
            printf("%ld\t%s\t", stu[i]. num, stu[i]. name);
            for(j = 0; j < COURSE_NUM; j++)
            {
                printf("%. 0f\t", stu[i]. score[j]);
            }
            printf("%. 0f\t %. 0f\n", stu[i]. sum, stu[i]. aver);
            return;
        }
    }                                 /*若未查找到该学生,显示提示信息*/
    printf("\n Not found! \n");
}
```

【函数首部】 void SearchbyName(STU stu[], int n)

【函数功能】 按姓名查找学生并显示查找结果。

【函数实现】

```
void SearchbyName(STU stu[], int n)
{
```

```
    char x[MAX_LEN];
    int i, j;
    printf("Input the name you want to searh:");
    scanf("%s", x);
    for(i = 0; i < n; i++)
    {
        if (strcmp(stu[i].name,x) == 0)/*若查找到该学生,显示该学生信息*/
        {
            printf("ID \t Name \t MATH \tENG \tCOM \tSUM \tAVER\n");
            printf("%ld\t%s\t", stu[i].num, stu[i].name);
            for(j = 0; j < COURSE_NUM; j++)
            {
                printf("%.0f\t", stu[i].score[j]);
            }
            printf("%.0f\t%.0f\n", stu[i].sum, stu[i].aver);
            return;
        }
    }
    printf("\n Not Found! \n");            /*若未查找到该学生,显示提示信息*/
}
```

【函数首部】 void StatisticAnalysis(STU stu[], int n)

【函数功能】 统计各分数段的学生人数及所占的百分比。

【函数实现】

```
void StatisticAnalysis(STU stu[], int n)
{
    int i, j, total=0, t[6];
    for(j = 0; j < COURSE_NUM; j++)
    {
        printf("For course%d\n", j+1);
        for(i = 0; i < 6; i++)                  /*初始化计数数组*/
            t[i] = 0;
        for(i = 0; i < n; i++)
        {                                       /*统计各分数段人数*/
            if(stu[i].score[j] >= 0 && stu[i].score[j] <60)
                t[0]++;
            else if(stu[i].score[j]<70)
                t[1]++;
                else if(stu[i].score[j]<80)
                    t[2]++;
```

```
                    else if(stu[i].score[j]<90)
                        t[3]++;
                    else if(stu[i].score[j] < 100)
                        t[4]++;
                    else if(stu[i].score[j] == 100)
                        t[5]++;
        }
        for(total = 0,i = 0; i <= 5; i++)
            total = total + t[i];
        if(total != n)        /*若分段人数之和与总人数不符,提示出错信息*/
        {
            printf("Scores inputed are not in right scope! \n");
            return;
        }
        for(i = 0; i <= 5; i ++)          /*显示分段人数*/
        {
            if(i == 0)
                printf("<60\t%d\t%.2f%%\n", t[i],(float)t[i] / n *
                    100);
            else if(i == 5)
                printf("%d\t%d\t%.2f%%\n", (i+5) * 10, t[i],
                    (float)t[i] / n * 100);
            else
                printf("%d-%d\t%d\t%.2f%%\n", (i+5)*10,(i+5)*10
                    +9, t[i], (float)t[i]/n*100);
        }
    }
}
```

【函数首部】 void PrintScore(STU stu[],int n)

【函数功能】 在屏幕上显示所有学生的信息。

【函数实现】

```
void PrintScore(STU stu[], int n)
{
    int i, j;
    printf("ID \t Name \t MATH \tENG \tCOM \tSUM \tAVER \n");
    for(i = 0; i < n; i++)
    {
        printf("%ld\t%s \t", stu[i].num, stu[i].name);
        for(j = 0; j < COURSE_NUM; j++)
```

```
        {
            printf("%.0f\t", stu[i].score[j]);
        }
        printf("%.0f\t%.0f\n", stu[i].sum, stu[i].aver);
    }
}
```

【函数首部】 void WritetoFile(STU stu[], int n)

【函数功能】 输出n个学生的学号、姓名及成绩到文件d:\student.txt中。

【函数实现】

```
void WritetoFile(STU stu[], int n)
{
    FILE *fp;
    int i, j;
    if((fp = fopen("D:\\student.txt","w")) == NULL)
                                    /*以写的方式打开文件D:\student.txt*/
    {
        printf("Failure to open student.txt! \n");
        exit(0);
    }
    for(i = 0; i < n; i++)
    {
        fprintf(fp, "%ld%s",stu[i].num, stu[i].name);
                                    /*将学生的学号和姓名写入文件*/
        for(j = 0; j < COURSE_NUM; j++)
        {
            fprintf(fp, "%10.0f",stu[i].score[j]);
                                    /*将学生三门课的成绩写入文件*/
        }
        fprintf(fp, "%10.0f%10.0f\n", stu[i].sum, stu[i].aver);
                                    /*将总分和平均分写入文件*/
    }
    fclose(fp);                     /*关闭文件*/
}
```

14.3 程序代码清单

```
#include<stdio.h>
#include<stdlib.h>
#include<string.h>
```

```
#define MAX_LEN 10
#define STU_NUM 40
#define COURSE_NUM 3
typedef struct student                    /*定义学生的结构体类型*/
{
    long num;
    char name[MAX_LEN];
    float score[COURSE_NUM];
    float sum;
    float aver;
}STU;
/*函数原型声明*/
int MainMenu(void);
int SubMenu1(void);
int SubMenu2(void);
int SubMenu3(void);
int SubMenu4(void);
int SubMenu5(void);
int SubMenu6(void);
int Ascending(float, float );
int Descending(float , float );
void ReadScore(STU stu[], int n);
int ReadfromFile(STU stu[]);
int appendStu(STU stu[],int n);
int deleteStu(STU stu[],int n);
void modify(STU stu[],int n);
void AverSumofEveryCourse(STU stu[], float sum[], float aver[],int n);
void AverSumofEveryStudent(STU stu[], int n);
void SortbyScore(STU stu[], int n, int (*compare)(float a, float b));
void AsSortbyNum(STU stu[], int n);
void SearchbyNum(STU stu[], int n);
void SearchbyName(STU stu[], int n);
void StatisticAnalysis(STU stu[], int n);
void PrintScore(STU stu[],int n);
void WritetoFile(STU stu[], int n);

/*主函数*/
int main( )
{
```

```
int ch,sch;
int n, i;
STU stuRecord[STU_NUM];
float sumofCourse[COURSE_NUM], averofCourse[COURSE_NUM];
while(1)
{
    ch=MainMenu();                          /* 显示主菜单 */
    switch(ch)
    {
        case 1: sch = SubMenu1();               /* 显示子菜单 1 */
                if (sch == 1)
                {
                    printf("Input student number(n<%d):", STU_NUM);
                    scanf("%d", &n);
                    ReadScore(stuRecord, n);     /* 键盘读入学生成绩 */
                }
                else if(sch == 2)
                  n = ReadfromFile(stuRecord);  /* 从文件读入学生成绩 */
                break;
        case 2: sch = SubMenu2();               /* 显示子菜单 2 */
                if (sch == 1)
                  n = appendStu(stuRecord, n);/* 添加学生 */
                else if(sch == 2)
                    n = deleteStu(stuRecord, n);   /* 删除学生 */
                else if(sch == 3)
                        modify(stuRecord, n); /* 修改学生信息 */
                break;
        case 3: sch = SubMenu3();               /* 显示子菜单 3 */
                if(sch == 1)          /* 统计每门课程的总分和平均分 */
                {
                  AverSumofEveryCourse(stuRecord, sumofCourse, averofCourse,n);
                  for(i = 0; i < COURSE_NUM; i++)  /* 统计结果显示 */
                  {
                      printf("course %d: sum=%.0f, aver=%.0f\n",
                      i+1, sumofCourse[i], averofCourse[i]);
                  }
                }
                else if(sch == 2)           /* 统计每位学生的总分和平均分 */
                    AverSumofEveryStudent(stuRecord,n);
```

```
break;
case 4: sch = SubMenu4();               /* 显示子菜单 4 */
        if(sch == 1)                    /* 按总分降序排序 */
        {
          SortbyScore(stuRecord,n, Descending);
          printf("\nSort in descending order by total score of every
          student:\n");
         PrintScore(stuRecord,n);
        }
       else if(sch == 2)                /* 按总分升序排序 */
        {
            SortbyScore(stuRecord,n , Ascending);
            printf("\nSort in ascending order by total score of every
            student:\n");
            PrintScore(stuRecord,n);
        }
         else if(sch == 3)              /* 按学号排序 */
            {
              AsSortbyNum(stuRecord,n);
              printf("\nSort in ascending order by number:\n");
              PrintScore(stuRecord,n);
            }
         break;
case 5:sch = SubMenu5();                /* 显示子菜单 5 */
        if(sch == 1)                    /* 按学号查找学生 */
             SearchbyNum(stuRecord,n);
        else if(sch == 2)               /* 按姓名查找学生 */
             SearchbyName(stuRecord, n);
        break;
case 6: StatisticAnalysis(stuRecord, n); /* 分段统计 */
        break;
case 7: sch = SubMenu6();               /* 显示子菜单 6 */
        if(sch == 1)                    /* 在屏幕上显示学生信息 */
              PrintScore(stuRecord, n);
        else if(sch == 2)               /* 将学生信息写入文件 */
             WritetoFile(stuRecord, n);
        break;
case 0: printf("End of program! \n");   /* 程序结束运行 */
        exit(0);
```

```
            default: printf("Input error! \n");      /*输入错误,重新输入*/
                     break;
        }
    }
    return 0;
}
/*显示主菜单*/
int MainMenu(void)
{
    int sel;
    printf("****************************************\n");
    printf("*          Main Menu                  *\n");
    printf("*        1. Input                     *\n");
    printf("*        2. Modify                    *\n");
    printf("*        3. Calculate                 *\n");
    printf("*        4. Sort                      *\n");
    printf("*        5. Query                     *\n");
    printf("*        6. Statistic                 *\n");
    printf("*        7. Output                    *\n");
    printf("*        0. Exit                      *\n");
    printf("****************************************\n");
    printf("Please enter you choice:");
    scanf("%d",&sel);
    return sel;
}
/*显示子菜单1*/
int SubMenu1(void)
{
    int sel;
    printf("****************************************\n");
    printf("*          Input Menu                 *\n");
    printf("*   1. Input from keyboard            *\n");
    printf("*   2. Input from file                *\n");
    printf("****************************************\n");
    printf("Please enter you choice:");
    scanf("%d",&sel);
    return sel;
}
/*显示子菜单2*/
```

```
int SubMenu2(void)
{
    int sel;
    printf("***************************************\n");
    printf("*         ModifyMenu                  *\n");
    printf("*       1. Append                     *\n");
    printf("*       2. Delete                     *\n");
    printf("*       3. Modify                     *\n");
    printf("***************************************\n");
    printf("Please enter you choice:");
    scanf("%d",&sel);
    return sel;
}
/*显示子菜单3*/
int SubMenu3(void)
{
    int sel;
    printf("*******************************************************\n");
    printf("*         Caculate Menu                               *\n");
    printf("*       1. Caculate total and average score of every course *\n");
    printf("*       2. Caculate total and average score of every student *\n");
    printf("*******************************************************\n");
    printf("Please enter you choice:");
    scanf("%d",&sel);
    return sel;
}
/*显示子菜单4*/
int SubMenu4(void)
{
    int sel;
    printf("**********************************************************\n");
    printf("*            Sort Menu                                   *\n");
    printf("*       1. Sort in desecending order by total score of every student
                                                                     *\n");
    printf("*       2. Sort in ascending order by total score of every student
                                                                     *\n");
    printf("*       3. Sort in ascending order by number             *\n");
    printf("***********************************************************\n");
    printf("Please enter you choice:");
```

```
    scanf("%d",&sel);
    return sel;
}
/*显示子菜单5*/
int SubMenu5(void)
{
    int sel;
    printf("***********************************\n");
    printf("*       Query Menu               *\n");
    printf("*     1. Search by number        *\n");
    printf("*     2. Search by name          *\n");
    printf("***********************************\n");
    printf("Please enter you choice:");
    scanf("%d",&sel);
    return sel;
}
/*显示子菜单6*/
int SubMenu6(void)
{
    int sel;
    printf("***********************************\n");
    printf("*       Output Menu              *\n");
    printf("*     1. List record             *\n");
    printf("*     2. Write to a file         *\n");
    printf("***********************************\n");
    printf("Please enter you choice:");
    scanf("%d",&sel);
    return sel;
}
/*从键盘输入n个学生的信息*/
void ReadScore(STU stu[], int n)
{
    int i,j;
    printf("Input student's ID,name and MATH,ENGLISH,COMPUTER score:\n");
    for(i = 0; i < n; i++)
    {
        scanf("%ld%s", &stu[i].num, stu[i].name);
        stu[i].sum = 0;
        for(j = 0; j < COURSE_NUM; j++)
```

```
            {
                scanf("%f", &stu[i].score[j]);
                stu[i].sum = stu[i].sum + stu[i].score[j];
            }
                stu[i].aver = stu[i].sum / COURSE_NUM;
        }
}
/*从文件中读取学生信息*/
int ReadfromFile(STU stu[])
{
    FILE *fp;
    int i, j;
    if((fp = fopen("D:\\student.txt","r")) == NULL)
    {
        printf("Failure to open student.txt! \n");
        exit(0);
    }
    for(i = 0; ! feof(fp); i++)
    {
        fscanf(fp, "%10ld", &stu[i].num);
        fscanf(fp, "%10s", stu[i].name);
        for(j = 0; j < COURSE_NUM; j++)
        {
            fscanf(fp, "%10f", &stu[i].score[j]);
        }
        fscanf(fp, "%10f%10f", &stu[i].sum, &stu[i].aver);
    }
    fclose(fp);
    printf("Total Students is %d.\n", i-1);
    return i-1;
}
/*添加学生*/
int appendStu(STU stu[],int n)
{
    int i;
    if(n >= 40)
    {
        printf("The Number is Full! Can't APPEND! \n");
        return n;
```

```
    }
    else
    {
        printf ("Input student's ID, name and MATH, ENGLISH, COMPUTER
                score:\n");
        scanf("%ld%s", &stu[n]. num, stu[n]. name);
        stu[n]. sum = 0;
        for(i = 0; i < COURSE_NUM; i++)
        {
            scanf("%f", &stu[n]. score[i]);
            stu[n]. sum = stu[n]. sum + stu[n]. score[i];
        }
        stu[n]. aver = stu[n]. sum / COURSE_NUM;
        return n + 1;
    }
}
/* 删除学生 */
int deleteStu(STU stu[],int n)
{
    int i,k;
    long num;
    printf("Input student's ID:");
    scanf("%ld", &num);
    for(i = 0; i < n; i++)
        if(num == stu[i]. num)
            break;
    if(i < n)
    {
        for(k = i + 1; k < n; k++)
            stu[k-1] = stu[k];
        return n-1;
    }
    else
        printf("NOT FOUND! \n");
        return n;
}
/* 修改学生信息 */
void modify(STU stu[], int n)
{
```

```
        int i, j;
        long num;
        printf("Input student's ID:");
        scanf("%ld", &num);
        for(i = 0; i < n; i++)
            if(num == stu[i].num)
                break;
        if(i < n)
        {
            printf("ID \t Name \t MATH \tENG \tCOM \n");
            printf("%ld\t%s \t", stu[i].num,stu[i].name);
            for(j = 0; j < COURSE_NUM; j++)
            {
                printf("%.0f\t", stu[i].score[j]);
            }
            printf ("\ nInput student's ID, name and MATH, ENGLISH,
                COMPUTER score:\n");
            scanf("%ld%s", &stu[i].num, stu[i].name);
            stu[i].sum = 0;
            for(j = 0; j < COURSE_NUM; j++)
            {
                scanf("%f", &stu[i].score[j]);
                stu[i].sum = stu[i].sum + stu[i].score[j];
            }
            stu[i].aver = stu[i].sum / COURSE_NUM;
        }
        ielse
            printf("NOT FOUND! \n");
}
/*计算每门课程的总分和平均分*/
void AverSumofEveryCourse(STU stu[], float sum[], float aver[], int n)
{
    int i, j;
    for(j = 0; j < COURSE_NUM; j++)
    {
        sum[j] = 0;
        for(i = 0; i < n; i++)
        {
            sum[j] = sum[j] + stu[i].score[j];
```

```
        }
        aver[j] = sum[j] / n;
    }
}
/*计算每个学生各门课程的总分和平均分*/
void AverSumofEveryStudent(STU stu[], int n)
{
    int i, j;
    for(i = 0; i < n; i++)
    {
        stu[i].sum = 0;
        for(j = 0; j < COURSE_NUM; j++)
        {
            stu[i].sum = stu[i].sum + stu[i].score[j];
        }
        stu[i].aver = stu[i].sum / COURSE_NUM;
        printf("student %d: sum=%.0f, aver=%.0f\n", i+1, stu[i].sum, stu
            [i].aver);
    }
}
/*按学生总分排序*/
void SortbyScore(STU stu[], int n, int (*compare)(float a, float b))
{
    int i, j, k;
    STU temp1;
    for(i = 0; i < n-1; i++)
    {
        k = i;
        for(j = i + 1; j < n; j++)
            if((*compare)(stu[j].sum, stu[k].sum))
                k = j;
        if(k != i)
        {
            temp1 = stu[k];
            stu[k] = stu[i];
            stu[i] = temp1;
        }
    }
}
```

```
/*使数据按升序排序*/
int Ascending(float a, float b)
{
    return a < b;
}
/*使数据按降序排序*/
int Descending(float a, float b)
{
        return a > b;
}
/*按学号对学生排序*/
void AsSortbyNum(STU stu[], int n)
{
    int i, j, k;
    STU temp1;
    for(i = 0; i < n-1; i++)
    {
        k = i;
        for(j = i+1; j < n; j++)
            if(stu[j].num < stu[k].num)
                k = j;
        if(k != i)
        {
            temp1 = stu[k];
            stu[k] = stu[i];
            stu[i] = temp1;
        }
    }
}
/*按学号查找学生成绩并显示查找结果*/
void SearchbyNum(STU stu[], int n)
{
    long number;
    int i, j;
    printf("Input the student's ID you want to search:");
    scanf("%ld", &number);
    for(i = 0; i < n; i++)
    {
        if(stu[i].num == number)
```

```
            {
                printf("ID \t Name \t MATH \tENG \tCOM \tSUM \tAVER\n");
                printf("%ld\t%s\t", stu[i]. num, stu[i]. name);
                for(j = 0; j < COURSE_NUM; j++)
                {
                    printf("%.0f\t", stu[i]. score[j]);
                }
                printf("%.0f\t %.0f\n", stu[i]. sum, stu[i]. aver);
                return;
            }
    }
    printf("\n Not found! \n");
}
/*按姓名查找学生并显示查找结果*/
void SearchbyName(STU stu[], int n)
{
    char x[MAX_LEN];
    int i, j;
    printf("Input the name you want to searh:");
    scanf("%s", x);
    for(i = 0; i < n; i++)
    {
        if (strcmp(stu[i]. name,x) == 0)
        {
            printf("ID \t Name \t MATH \tENG \tCOM \tSUM \tAVER\n");
            printf("%ld\t%s\t", stu[i]. num, stu[i]. name);
            for(j = 0; j < COURSE_NUM; j++)
            {
                printf("%.0f\t", stu[i]. score[j]);
            }
            printf("%.0f\t%.0f\n", stu[i]. sum, stu[i]. aver);
            return;
        }
    }
    printf("\n Not Found! \n");
}
/*统计各分数段的学生人数及所占的百分比*/
void StatisticAnalysis(STU stu[], int n)
{
```

```
int i, j, total=0, t[6];
for(j = 0; j < COURSE_NUM; j++)
{
    printf("For course%d\n", j+1);
    for(i = 0; i < 6; i++)
        t[i] = 0;
    for(i = 0; i < n; i++)
    {
        if(stu[i].score[j] >= 0 && stu[i].score[j] < 60)
            t[0]++;
        else if(stu[i].score[j]<70)
                t[1]++;
            else if(stu[i].score[j]<80)
                    t[2]++;
                else if(stu[i].score[j]<90)
                        t[3]++;
                    else if(stu[i].score[j] < 100)
                            t[4]++;
                        else if(stu[i].score[j] == 100)
                                t[5]++;
    }
    for(total = 0,i = 0; i <= 5; i++)
        total = total + t[i];
    if(total != n)
    {
        printf("Scores inputed are not in right scope! \n");
        return;
    }
    for(i = 0; i <= 5; i++)
    {
        if(i == 0)
            printf("<60\t%d\t%.2f%%\n", t[i], (float)t[i] / n *
                100);
        else if(i == 5)
            printf("%d\t%d\t%.2f%%\n", (i+5) * 10, t[i], (float)t
                [i] / n * 100);
        else
        printf("%d-%d\t%d\t%.2f%%\n", (i+5) * 10,(i+5) * 10
            +9, t[i], (float)t[i]/n * 100);
```

```
        }
    }
}
/*在屏幕上显示所有学生的信息*/
void PrintScore(STU stu[], int n)
{
    int i, j;
    printf("ID \t Name \\t MATH \\tENG \tCOM \tSUM \tAVER \n");
    for(i = 0; i < n; i++)
    {
        printf("%ld\t%s \t", stu[i].num, stu[i].name);
        for(j = 0; j < COURSE_NUM; j++)
        {
            printf("%.0f\t", stu[i].score[j]);
        }
        printf("%.0f\t%.0f\n", stu[i].sum, stu[i].aver);
        }
}
/*输出所有学生的信息到文件D:\student.txt中*/
void WritetoFile(STU stu[], int n)
{
    FILE *fp;
    int i, j;
    if((fp = fopen("D:\\student.txt","w")) == NULL)
    {
        printf("Failure to open student.txt! \n");
        exit(0);
    }
    for(i = 0; i < n; i++)
    {
        fprintf(fp, "%ld%s",stu[i].num, stu[i].name);
        for(j = 0; j < COURSE_NUM; j++)
        {
            fprintf(fp, "%10.0f",stu[i].score[j]);
        }
        fprintf(fp, "%10.0f%10.0f\n", stu[i].sum, stu[i].aver);
    }
    fclose(fp);
}
```

附录I 关键字

ANSIC 共有 32 个关键字：

auto	break	case	char	const
continue	default	do	double	else
enum	extern	float	for	goto
if	int	long	register	return
short	signed	sizeof	static	struct
switch	typedef	union	unsigned	void
violatile	while			

附录Ⅱ　运算符的优先级及结合方式

优先级	运 算 符	名称	结合方向
1	() [] → .	圆括号 下标 指针引用结构体成员 取结构体变量成员	从左到右
2	！ ～ ＋ － （类型名） * & ++ -- sizeof	逻辑非 按位取反 正号 负号 强制类型转换 取指针内容 取地址 自增 自减 长度运算符	从右到左
3	* / %	乘法 除法 取余	从左到右
4	＋ －	加法 减法	从左到右
5	<< >>	左移 右移	从左到右
6	> < >= <=	大于 小于 大于或等于 小于或等于	从左到右
7	== ！=	等于 不等于	从左到右
8	&	按位“与”	从左到右
9	^	按位“异或”	从左到右

（续表）

<table>
<tr><th>优先级</th><th>运 算 符</th><th>名称</th><th>结合方向</th></tr>
<tr><td>10</td><td>|</td><td>按位“或”</td><td>从左到右</td></tr>
<tr><td>11</td><td>&&</td><td>逻辑“与”</td><td>从左到右</td></tr>
<tr><td>12</td><td>||</td><td>逻辑“或”</td><td>从左到右</td></tr>
<tr><td>13</td><td>?:</td><td>条件运算</td><td>从右到左</td></tr>
<tr><td>14</td><td>=　+=　-=　*=
/=　%=　&=　^=
|=　>>=　<<=</td><td>赋值运算</td><td>从右到左</td></tr>
<tr><td>15</td><td>,</td><td>逗号运算</td><td>从左到右</td></tr>
</table>

附录Ⅲ ASCII码表

符号	十进制	十六进制	符号	十进制	十六进制	符号	十进制	十六进制
空格	32	20	@	64	40	'	96	60
！	33	21	A	65	41	a	97	61
″	34	22	B	66	42	b	98	62
＃	35	23	C	67	43	c	99	63
$	36	24	D	68	44	d	100	64
%	37	25	E	69	45	e	101	65
&	38	26	F	70	46	f	102	66
′	39	27	G	71	47	g	103	67
（	40	28	H	72	48	h	104	68
）	41	29	I	73	49	i	105	69
*	42	2A	J	74	4A	j	106	6A
＋	43	2B	K	75	4B	k	107	6B
，	44	2C	L	76	4C	l	108	6C
－	45	2D	M	77	4D	m	109	6D
．	46	2E	N	78	4E	n	110	6E
/	47	2F	O	79	4F	o	111	6F
0	48	30	P	80	50	p	112	70
1	49	31	Q	81	51	q	113	71
2	50	32	R	82	52	r	114	72
3	51	33	S	83	53	s	115	73
4	52	34	T	84	54	t	116	74
5	53	35	U	85	55	u	117	75
6	54	36	V	86	56	v	118	76
7	55	37	W	87	57	w	119	77
8	56	38	X	88	58	x	120	78
9	57	39	Y	89	59	y	121	79
：	58	3A	Z	90	5A	z	122	7A
；	59	3B	[	91	5B	{	123	7B
＜	60	3C	\	92	5C	|	124	7C
＝	61	3D	]	93	5D	}	125	7D
＞	62	3E	^	94	5E	～	126	7E
?	63	3F	_	95	5F			

附录Ⅳ　常用标准库函数

1. 数学函数

数学函数中除求整型数绝对值函数abs()外，均在头文件math.h中说明。

函数名	函数定义格式	函数功能	说明
abs	int abs(int x)	求整型数x的绝对值	函数说明在stdlib.h中
fabs	double fabs(double x)	求x的绝对值	
sqrt	double sqrt(double x)	计算x的平方根	要求$x \geq 0$
exp	double exp(double x)	计算e^x	e为2.718……
pow	double pow(double x,double y)	计算x^y	
log	double log(double x)	求lnx	
log10	double log10(double x)	求$\log_{10} x$	
ceil	double ceil(double x)	求不大于x的最小整数	
floor	double floor(double x)	求小于x的最大整数	
fmod	double fmod(double x,double y)	求x/y的余数	
modf	double modf(double x,double * ptr)	把x分解，整数部分存入 * ptr，返回x的小数部分	
sin	double sin(double x)	计算sin(x)	x为弧度值
cos	double cos(double x)	计算cos(x)	x为弧度值
tan	double tan(double x)	计算tan(x)	x为弧度值
asin	double asin(double x)	计算$\sin^{-1}(x)$	$x \in [-1,1]$
acos	double acos(double x)	计算$\cos^{-1}(x)$	$x \in [-1,1]$
atan	double atan(double x)	计算$\tan^{-1}(x)$	

2. 字符串操作函数

表中所列字符串操作函数在头文件string.h中说明。

函数名	函数定义格式	函数功能	返回值
strcat	char * strcat(char * s, char * t)	把字符串t连接到s，使s成为包含s和t的结果串	字符串s

（续表）

函数名	函数定义格式	函数功能	返回值
strcmp	int strcmp(char * s, char * t)	逐个比较字符串 s 和 t 中对应字符，直至对应字符不等或比较到串尾	相等：0 不等：不相同字符的差值
strncmp	int strncmp (char * s, char * t, int n)	逐个比较字符串 s 和 t 中的前 n 个字符，直至对应字符不等或前 n 个字符比较完毕。	相等：0 不等：不相同字符的差值
strcpy	char * strcpy(char * s, char * t)	把字符串 t 复制到字符串 s 中	字符串 s
strncpy	char * strncpy(char * s, char * t, int n)	将字符串 t 的前 n 个字符复制到字符串 s 中	字符串 s
strlen	unsigned int strlen (char * s)	计算字符串 s 的长度（不含'\0'）	字符串的长度
strchr	char * strchr (char * s, char c)	在字符串 s 中查找字符 c 首次出现的地址	找到：相应地址 找不到：NULL
strstr	char * strstr (char * s, char * t)	在字符串 s 中查找字符串 t 首次出现的地址	找到：相应地址 找不到：NULL

3. 字符判别函数

表中所列的字符判别函数在头文件 ctype.h 中说明。

函数名	函数定义格式	函数功能	返回值
isalpha	int isalpha(char c)	判别 c 是否为字母字符	是：返回非 0 值 否：返回 0 值
islower	int islower(char c)	判别 c 是否为小写字母	
isupper	int isupper(char c)	判别 c 是否为大写字母	
isdigit	int isdigit(char c)	判别 c 是否为数字字符	
isalnum	int isalnum(char c)	判别 c 是否为字母、数字字符	
isspace	int isspace(char c)	判别 c 是否为空格字符	
iscntrl	int iscntrl(char c)	判别 c 是否为控制字符	
isprint	int isprint(char c)	判别 c 是否为可打印字符	
ispunct	int ispunct(char c)	判别 c 是否为标点符号	
isgraph	int isgraph(char c)	判别 c 是否为除字母、数字、空格外的可打印字符	
tolower	char tolower(char c)	将大写字母 c 转换为小写字母	c 对应的小写字母
toupper	char toupper(char c)	将小写字母 c 转换成大写字母	c 对应的大写字母

4. 常见的数值转换函数

表中所列的数值转换函数在头文件 stdlib.h 中说明。

函数名	函数定义格式	函数功能	返回值
abs	int abs(int x)	求整型数 x 的绝对值	
atof	double atof(char * s)	把字符串 s 转换成双精度浮点数	运算结果
atoi	int atoi(char * s)	把字符串 s 转换成整型数	
atol	long atol(char * s)	把字符串 s 转换成长整型数	
rand	int rand()	产生一个伪随机的无符号整数	伪随机数
srand	srand(unsigned int seed)	以 seed 为种子(初始值)计算产生一个无符号的随机整数	随机数

5. 输入输出函数

下列输入输出函数在头文件 stdio. h 中说明。

函数名	函数定义格式	函数功能	返回值
getchar	int getchar( )	从标准输入设备读入一个字符	所读字符。若文件结束或出错,返回 EOF
putchar	int putchar(char ch)	向标准输出设备输出字符 ch	输出的字符 ch。若出错,返回 EOF。
gets	char * gets(char * s)	从标准输入设备读入一个字符串到字符数组 s,输入字符串以回车结束	读入的字符串 s。若出错,返回 NULL。
puts	int puts(char * s)	把 s 指向的字符串输出到标准输出设备,'\0'转换为'\n'输出	返回换行符。若失败,返回 EOF。
printf	int printf(char * format,输出表)	按 format 给定的输出格式,把输出表各表达式的值,输出到标准输出设备	输出字符的个数,若出错,返回 EOF
scanf	int scanf(char * format,输入项地址列表)	按 format 给定的输入格式,从标准输入设备读入数据,存入各输入项地址列表指定的存储单元	输入数据的个数,若出错,返回 EOF
sprintf	int sprintf(char * s, char * format,输出表)	功能类似于 printf()函数,但输出目标为字符串 s	输出的字符个数,若出错,返回 EOF
sscanf	int sscanf(char * s, char * format,输入项地址列表)	功能类似于 scanf()函数,但输入源为字符串 s	输入数据的个数,若出错,返回 EOF

6. 文件操作函数

表中所列的文件操作函数在头文件 stdio. h 中说明。

函数名	函数定义格式	函数功能	返回值
fopen	FILE * fopen(char * fname, char * mode)	以 mode 方式打开文件 fname	成功:文件指针 失败:NULL

（续表）

函数名	函数定义格式	函数功能	返回值
fclose	int fclose(FILE * fp)	关闭 fp 所指文件	成功:0 失败:非 0
feof	int feof(FILE * fp)	检查 fp 所指文件是否结束	是:非 0 失败:0
fgetc	int fgetc(FILE * fp)	从 fp 所指文件中读取一个字符	成功:所读取字符 失败:EOF
fputc	int fputc(char ch, FILE * fp)	将字符 ch 输出到 fp 所指向的文件	成功:ch 失败:EOF
fgets	char * fgets(char * s, int n, FILE * fp)	从 fp 所指文件最多读取 n－1 个字符(遇'\n'、^z 终止)到字符串 s 中	成功:s 失败:NULL
fputs	int fputs(char * s, FILE * fp)	将字符串 s 输出到 fp 所指向的文件	成功:s 的末字符 失败:EOF
fread	int fread(T * a, long sizeof(T), unsigned int n, FILE * fp)	从 fp 所指文件复制 n * sizeof(T)个字节,到 T 类型指针变量 a 所指的内存区域	成功:n 失败:0
fwrite	int fwrite(T * a, long sizeof(T), unsigned int n, FILE * fp)	从 T 类型指针变量 a 所指处起复制 n * sizeof(T)个字节的数据,到 fp 所指向的文件	成功:n 失败:0
rewind	void rewind(FILE * fp)	移动 fp 所指文件的读写位置到文件头	
fseek	int fseek(FILE * fp, long n, unsigned int pos)	移动 fp 所指文件读写位置,n 为位移量,pos 为起点位置	成功:0 失败:非 0
ftell	long ftell(FILE * fp)	求文件当前读写位置到文件头的字节数	成功:所求字节数 失败:EOF
remove	int remove(char * fname)	删除名为 fname 的文件	成功:0 失败:EOF
rename	int rename(char * oldfname, char * newfname)	改文件名 oldfname 为 newfname	成功:0 失败:EOF

注:fread()和 fwrite()中的类型 T 可以是任一合法定义的类型。

7. 动态内存分配函数

ANSI C 的动态内存分配函数共 4 个,在头文件 stdlib. h 中说明。

函数名	函数定义格式	函数功能	返回值
calloc	void * calloc(unsigned int n, unsigned int size)	分配 n 个连续存储单元(每个单元包含 size 字节)	成功:分配的存储单元首地址 失败:NULL

（续表）

函数名	函数定义格式	函数功能	返回值
malloc	void * malloc (unsigned int size)	分配 size 个字节的存储单元块	成功:分配的存储单元首地址 失败:NULL
free	void free(void * p)	释放 p 所指存储单元块(必须是由动态内存分配函数一次性分配的全部单元)	
realloc	void * realloc (void * p, unsigned int size)	将 p 所指的已分配存储单元块的大小改为 size	成功:单元块首地址 失败:NULL

附录Ⅴ　常见编译错误和警告信息的英汉对照

Ambiguous symbol ‘XXX’：	具有二义性的符号“XXX”
Argument list syntax error：	参数表出现语法错误
Array bounds missing]：	数组的定界符]丢失
Array size too large：	数组太大，超过了可用内存空间
Assignment from incompatible pointer type：	不兼容的指针类型赋值
Bad file name format in include directive：	文件包含指令中文件名格式不正确
Call of non－function：	调用了未定义的函数
Cannot modify a const object：	不能修改一个常量对象
Case outside of switch：	case 语句出现在 switch 语句之外
Case statement missing：：	case 语句漏掉冒号
Comparison of unsigned expression<0 is always false：	对无符号表达式小于 0 的比较将永远为假
Confliction types for ‘Fact’：	Fact()函数的函数原型冲突
Constant expression required：	需要常量表达式
Conversion from ‘const double’ to ‘const int’, possible loss of data：	将 double 型数据赋值给 int 型 const 常量有可能出现截断误差
Declaration syntax error：	声明出现语法错误
Default outside of switch：	default 语句在 switch 语句外出现
Different types for formal and actual parameter：	函数的实参类型与形参类型不一致
Division by zero：	除数为 0
Do statement must have while：	do 语句中必须有关键字 while
Do while statement missing；：	do-while 语句缺少分号
Duplicate case：	case 情况不唯一
Enum syntax error：	enum 语法错误
Enumeration constant syntax error：	枚举常量语法错误
Error Writing output file：	写输出文件错误
Expression syntax error：	表达式语法错误
Extra parameter in call to ‘XXX’：	调用‘XXX’函数时再现了多余参数
File name too long：	文件名太长
for statement missing；：	for 语句缺少分号

Function call missing):	函数调用缺少右括号
Function returns address of local variable:	函数返回了局部变量的地址
If statement missing (:	if 语句缺少左括号
If statement missing):	if 语句缺少右括号
Illegal else without matching if:	非法的 else，没有能与之直接配对的 if
Incompatible types:	不兼容的类型转换
Invalid l-value in assignment:	在赋值中出现无效的左值
Left operand must be l-value:	左操作数必须是左值
Local variable 'b' used without having been initialized:	局部变量 b 未被初始化就使用了
L-value specifies const object:	赋值操作中的左值被指定为了 const 对象
Mismatch number of parameters in definition:	定义中参数个数不匹配
Misplaced else:	else 位置错
Not all control paths return a value:	并非所有的控制分支都有返回值
Out of memory:	内存不够
Pointer required on left side of:	操作符左边必须是一个指针
Redeclaration of 'xxx':	"xxx"重定义
Returning address of local variable or temporary:	返回了局部变量的地址
Size of structure or array not known:	结构或数组大小未知
Statement missing;:	语句缺少分号
Subscription missing]:	下标缺少右方括号
Too few parameter in call to 'xxx':	调用"xxx"时参数太少
Type mismatch in parameter 'yyy' in call to 'xxx':	调用"xxx"时参数"yyy"的数据类型不匹配
Type mismatch in redeclaration of 'xxx':	重定义"xxx"类型不匹配
Truncation from 'const double' to 'float':	将 double 型常量赋值给 float 型常量时将发生数据截断错误
Undefined symbol 'xxx':	标识符"xxx"没有定义
Unable to create output file 'xxx':	不能创建输出文件"xxx"
Unable to open include file 'xxx. xxx':	不能打开包含文件"xxx. xxx"
Unable to open input file 'xxx. xxx':	不能打开输入文件"xxx. xxx"
Undefined structure 'xxx':	结构"xxx"未定义
Unterminated character constant:	未终结的字符串常量
Unterminated string:	未终结的字符串
While statement missing (:	while 语句漏掉左括号
While statement missing):	while 语句漏掉右括号
Wrong number of arguments in of 'xxx':	调用"xxx"时参数个数错误

参考文献

[1] Gary J. Bronson. 标准C语言基础教程(第四版)[M]. 张永健等译，电子工业出版社，2012. 6.
[2] 柴田忘样[日]，管杰，罗勇译. C语言明解[M]. 人民邮电出版社，2013. 5.
[3] 谭浩强. C语言程序设计(第四版)[M]. 清华大学出版社，2010. 6.
[4] 苏小红，王宇颖等. C语言程序设计[M]. 高等教育出版社，2011. 4.
[5] 赵璐，吕俊，李斌，吉祖鹏. Visual C++程序设计教程[M]. 南京大学出版社，2009. 1.
[6] 刘艳飞，迟剑，房健等. C语言范例开发大全[M]，2010. 6.
[7] 姜恒远，陶烨等. C语言程序设计教程[M]. 高等教育出版社，2010. 8.
[8] 薛非. 抛弃C程序设计中的谬误与恶习[M]. 清华大学出版社，2012. 10.
[9] 何钦铭，颜晖. C语言程序设计[M]. 高等教育出版社，2012. 3.